"十四五"职业教育国家规划教材

"十三五"江苏
高等职业教育

U0461074

地基基础工程（第3版）

DIJI JICHU GONGCHENG

主　编　吕凡任

副主编　邵红才　沙爱敏

参　编　郑中元　单　青　金家明　徐国祥

主　审　罗　筠

重庆大学出版社

内容提要

本书根据地基基础工程施工技术需要,结合相关规范规程和科技期刊论文等资料,梳理项目化教学内容,采用项目化体例进行编写,主要内容包括地基岩土认知、基坑施工、浅基础、桩基础、沉井基础、地下连续墙、地基处理、岩土工程抗震、岩土工程 BIM 技术应用等。

本书基于工程需要,力求贴近高职学生的认知特点,淡化理论计算,重视地基基础基本概念和理念的介绍,力求反映地基、基础最新规范的内容,在工程项目过程中融入地基基础基本知识,反映新技术的应用,重视实践技能的培养和知识应用能力的训练。知识体系融入工程项目,项目化安排,每个项目设置项目导入、学习目标、任务描述、理论知识、学以致用、技能训练等。每个任务后配有知识检测,结合施工员、建造师考试,融入相应练习题。为便于教学,本书配套丰富的教学课件、课后习题答案、试卷及答案、重难知识点视频等资源。

本书适合作为高等职业教育道路桥梁工程技术、建筑工程技术以及其他土建施工类相关专业教材,也可供有关专业工程技术人员参考。

图书在版编目(CIP)数据

地基基础工程/吕凡任主编. -- 3 版. -- 重庆:
重庆大学出版社,2024.12. --(高等职业教育路桥工程
类专业系列教材). -- ISBN 978-7-5689-4755-8

Ⅰ. TU47

中国国家版本馆 CIP 数据核字第 2024ZQ5385 号

地基基础工程
(第3版)

主 编 吕凡任

副主编 邵红才 沙爱敏

主 审 罗 筠

责任编辑:肖乾泉　　版式设计:肖乾泉
责任校对:关德强　　责任印制:赵 晟

*

重庆大学出版社出版发行
出版人:陈晓阳
社址:重庆市沙坪坝区大学城西路 21 号
邮编:401331
电话:(023) 88617190　88617185(中小学)
传真:(023) 88617186　88617166
网址:http://www.cqup.com.cn
邮箱:fxk@ cqup.com.cn(营销中心)
全国新华书店经销
重庆天旭印务有限责任公司印刷

*

开本:787mm×1092mm　1/16　印张:17.75　字数:445 千
2018 年 8 月第 1 版　2024 年 12 月第 3 版　2024 年 12 月第 4 次印刷
印数:6 501—9 500
ISBN 978-7-5689-4755-8　定价:49.00 元

本书如有印刷、装订等质量问题,本社负责调换
版权所有,请勿擅自翻印和用本书
制作各类出版物及配套用书,违者必究

前　言（第3版）

当前,在我国大力发展新质生产力、建设中国式现代化强国的时代背景下,职业教育正在发生着深刻变化,类型定位、三教改革、课堂革命、教学竞赛等深刻改变着职业教育的教学模式和方式。课程建设是职业教育的重要基础。本书在第2版的基础上,根据职业教育专家和相关专业院校提出的意见,融入党的二十大精神,并根据行业特点进行项目化编排,增加工程实践、技能训练等内容,基于规范规程更新部分概念和数据,更新完善相关资源。

本书共9个项目,课堂参考学时为80学时,可以一学期教学,也可以分为两学期教学,把项目一、项目二和项目三作为一学期讲授,把项目四至项目九放在下一个学期讲授。部分项目内容具有相对独立性,如学以致用、技能训练等,可以根据教学需要灵活取舍。为了提高学生知识技能的全面性,建议设置浅基础或桩基础的课程设计,以简单计算和施工方案编制为主要内容。建议课时分配如下:

内容	参考学时	内容	参考学时
项目一　地基岩土认知	14	项目六　地下连续墙	10
项目二　基坑施工	10	项目七　地基处理	6
项目三　浅基础	10	项目八　岩土工程抗震	6
项目四　桩基础	10	项目九　岩土工程 BIM 技术应用	4
项目五　沉井基础	10	合　计	80

本书由扬州市职业大学吕凡任担任主编,扬州市职业大学邵红才、沙爱敏担任副主编,扬州大学广陵学院单青、连云港职业技术学院郑中元、浙江建设职业技术学院金家明、扬州华正建筑工程质量检测有限公司徐国祥参与编写,贵州交通职业大学教授罗筠担任主审。具体编写分工如下:邵红才编写项目一、项目五,沙爱敏编写项目二、项目三,单青编写项目四,郑中元编写项目六,吕凡任编写项目七、项目八,金家明编写项目九,徐国祥编写浅基础、桩基础、地下连续墙的相关检测部分。

“地基基础工程”是土木工程类各专业的技术基础课。本书适合作为高等职业教育道路桥梁工程技术、建筑工程技术以及其他土建施工类相关专业教材,也可供有关专业工程技术人员参考。

限于编者水平,书中难免存在不足和疏漏,恳请有关专家和广大读者提出宝贵意见(E-mail:frlv88@ qq.com)。

编　者
2024 年 5 月

目 录

项目一　地基岩土认知

项目导入

土体既是土木工程的重要原材料,可以用作回填土、建筑物地基、隧道支撑结构,也是土木工程的重要改造对象,如软弱地基的改造、开挖基槽和基坑所挖出的土体等。因此,土的性质对土木工程活动有着重要影响。

学习目标

能力目标

◇能根据筛分试验划分粒组,绘制土的颗粒级配曲线,评价土的颗粒级配。

◇重点掌握土的粒组划分方法、土的颗粒级配评价、土的筛分试验,以及土中水、土中气的特征及其对工程的影响。

知识目标

◇掌握土的粒组划分方法、颗粒分析方法,会评价土的颗粒级配。

◇理解土体的类型和特征、土中结合水对土体性质的影响、毛细水及封闭气体对土的工程性质的影响。

◇了解土中水、土中气的分类和物理状态及土的结构和构造。

素质目标

◇通过地基岩土的认知及实验,养成勤于动手、规范操作、团结合作及善于沟通的职业素养。

任务一　地基岩土分类认知

任务描述

　　土在自然界中大量存在,几乎随处可见,甚至因为过于普通而让人意识不到它的存在。但是,土是如何产生的?广阔的祖国大地,各地的土的性质是否相同?影响土的性质有哪些因素?这些不同地方、不同性质的土,是否都可以在其上建设建筑物?这些正是土木工程专业人员必须重视的基础性问题。

理论知识

一、概述

(一)土的概念

　　土是地壳表层母岩风化后的产物,是各种矿物颗粒的集合体,包括岩石经物理风化崩解而成的碎块以及经化学风化后形成的细粒物质,粗至巨砾,细至黏粒。土是岩石风化后的产物,但具有区别于岩石的散粒性特性。正是由于这一基本特性,土与钢筋、混凝土等其他工程材料相比,具有压缩性大、强度低、渗透性强的特点。

(二)土的形成和演变

　　土体是完整坚硬的岩石经过风化、剥蚀等外力作用而形成的碎块或矿物颗粒,经水流、风力或重力及冰川等作用的搬运,在适当的条件下沉积成各种类型的土体(图1.1)。

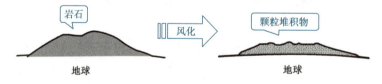

图1.1　地表岩石风化成土

　　由于形成土的母岩成分的差异以及颗粒大小、形态的不同,在搬运过程中,矿物成分又进一步发生变化,经搬运和沉积过程的分选作用后,形成了在成分、结构、构造和性质上有一定变化规律的土体。

　　总之,土体的形成和演化经历了不同的作用,沉积于不同的阶段,土体表现出不同的特点。土的性质受到母岩成分、颗粒大小组成、沉积环境、孔隙大小、含水情况等的影响。

(三)土的主要成因类型

　　土的形成要经历风化、剥蚀、搬运、沉积等作用过程。土的成因类型根据搬运沉积情况,一般可分为残积土、坡积土、洪积土、湖积土、冲积土、海积土、冰积土和风积土等。下面主要介绍常见的残积土、坡积土、洪积土、湖积土和冲积土。

（1）残积土

残积土是岩石风化剥蚀后的颗粒,残留在原地未被搬运的那一部分碎屑堆积物。其成分与母岩相同或相近,一般没有层理构造,均质性差,孔隙较大,作为建筑物地基容易引起不均匀沉降。

（2）坡积土

坡积土是高处的风化碎屑物在雨、雪水或自身重力的作用下搬运、沉积而成的山坡堆积物（图 1.2）。它一般分布在坡腰或坡脚下,其上部与残积土相接,厚度变化较大,在斜坡陡处厚度较薄,坡脚处较厚。在坡积土上进行工程建设时,要考虑坡积土本身的稳定性和施工开挖后边坡的稳定性。此外,新近沉积的坡积土具有较高的压缩性。

（3）洪积土

洪积土是在暂时性水流（如洪水）作用下,山区或高地大量的残积物、坡积物等被搬运堆积在山谷中或山前平原上而形成的堆积物（图 1.3）。洪积土随近山到远山呈现由粗到细的分选作用,但由于每次洪流的搬运能力不同,使得洪积土具有不规则交错层理。

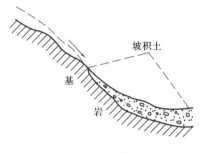

图 1.2　坡积土

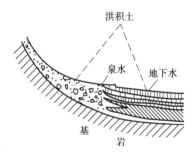

图 1.3　洪积土

（4）湖积土

湖积土在内陆分布广泛,一般分为淡水湖积土和咸水湖积土。淡水湖积土分为湖岸土和湖心土两种。湖岸土多为砾石土、砂土或粉质砂土;湖心土主要为静水沉积物,成分复杂,以淤泥、黏性土为主,可见水平层理。咸水湖积土以石膏、岩盐、芒硝及 RCO_3（碳酸盐）岩类为主,有时以淤泥为主。

（5）冲积土

冲积土是由河流流水的地质作用,将两岸基岩及其上部覆盖的坡积、洪积物质剥蚀后搬运沉积在河流坡降平缓地带形成的沉积物。颗粒在河流上游较粗,向下游逐渐变细,分选性和磨圆度较好,呈现明显的层理构造。

二、土的三相组成及结构

（一）土中的固体颗粒（固相）

土的固相是土中最主要的组成部分,它由各种矿物成分组成,有时还包括土中所含的有机质。土粒的矿物成分、粗细、形状不同,土的性质也不同。

1. 粒径级配

（1）粒组及其划分原则

土颗粒的大小常以粒径来表示。土的粒径大小对土的性质有着重要影响,粒径相近时,土的矿物成分接近,所呈现出的物理力学性质基本相同。通常,将颗粒大小和性质相近的土粒划分为一组,称为粒组。粒组之间的分界粒径称为界限粒径。

（2）粒组划分方案

我国不同行业对粒组的划分略有不同,《公路土工试验规程》(JTG 3430—2020)粒组划分标准见表 1.1。

表 1.1 土的粒组划分

粒组划分	漂石（块石）	卵石（小块石）	粗砾	中砾	细砾	粗砂	中砂	砂	粉粒	黏粒
粒组范围/mm	>200	60～200	20～60	5～20	2～5	0.5～2	0.25～0.5	0.07～0.25	0.075～0.25	<0.075

2. 土粒成分

土的矿物成分取决于成土母岩的成分以及所经受的风化作用。按所经受的风化作用不同,土的矿物成分可分为原生矿物和次生矿物两大类。

（1）原生矿物

岩石经物理风化作用后破碎形成的矿物颗粒,称为原生矿物。原生矿物在风化过程中,其化学成分并没有发生变化,它与母岩的矿物成分是相同的。常见的原生矿物有石英、长石和云母等。

（2）次生矿物

岩石经化学风化作用所形成的矿物颗粒,称为次生矿物。次生矿物的矿物成分与母岩不同。常见的次生矿物有高岭石、伊利石（水云母）和蒙脱石（微晶高岭石）三大黏土矿物。另外,还有溶于水的次生矿物,称为水溶盐。

（3）有机质

土中的有机质是在土的形成过程中,动、植物的残骸及其分解物与土混合沉积在一起,经生物化学作用生成的物质。有机质成分比较复杂,主要是植物残骸、未完全分解的泥炭和完全分解的腐殖质。当有机质含量超过 5% 时,称为有机土。有机质亲水性很强,并易于分解,因此具有压缩性大、强度低的特点。有机土不能作为工程的填筑土料,否则会影响工程的质量。

(二)土中的水(液相)

水在土中以固态、液态、气态3种形式存在。液态水可分为结合水和自由水,其对土的性能影响较大。

1. 结合水

研究表明,大多数黏土颗粒表面带有负电荷,因而围绕土粒周围形成了一定强度的电场,使孔隙中的水分子极化。这些极化后的水分子和水溶液中所含的阳离子(如钾、钠、钙、镁等),在电场力的作用下定向地吸附在土颗粒周围,形成一层不可自由移动的水膜,该水膜称为结合水。根据受电场力作用的强弱,结合水分为强结合水和弱结合水,如图1.4所示。

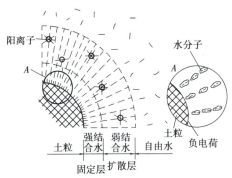

图1.4　土粒与水分子相互作用模拟图

(1)强结合水

强结合水(又称"吸着水"),是指被强电场力紧紧地吸附在土粒表面附近的结合水。这部分水膜因受电场力大,与土粒表面结合得十分紧密,所以分子排列密度大,其密度为1.2~2.4 g/cm^3。强结合水的冰点很低,可达-78 ℃;沸点较高,在105 ℃以上才蒸发。强结合水很难移动,没有溶解能力,不传递静水压力,失去了普通水的基本特性,其性质接近于固体,具有很高的黏滞性、弹性和抗剪强度。

(2)弱结合水

弱结合水(又称"薄膜水"),是指分布在强结合水外围的结合水。这部分水膜由于距土粒表面较远,受电场力作用较小,与土粒表面的结合不如强结合水紧密。弱结合水密度为1.0~1.7 g/cm^3,冰点低于0 ℃,不传递静水压力,也不能在孔隙中自由流动,只能以水膜的形式由水膜较厚处缓慢移向水膜较薄的地方,这种移动不受重力的影响。

2. 自由水

土孔隙中位于结合水以外的水称为自由水。自由水不受土粒表面静电场力的作用,且可以在孔隙中自由移动。按其运动时所受的作用力不同,可分为重力水和毛细水。

(1)重力水

受重力作用而运动的水称为重力水。重力水位于地下水位以下。重力水与一般水一样,可以传递静水和动水压力,具有溶解能力(可溶解土中的水溶盐),使土的强度降低,压缩性增大;可以对土粒产生浮托力,使土的重力密度减小;还可以在水头差的作用下形成渗透水流,并对土粒产生渗透力,使土体发生渗透变形。

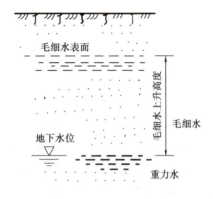

图 1.5　土中毛细水上升

成土地盐渍化等问题。

（2）毛细水

土中存在着很多大小不同的孔隙,这些孔隙有的可以相互连通形成弯曲的细小通道(毛细管)。由于水分子与土粒表面之间的附着力和水表面张力的作用,地下水将沿着土中的细小通道上升,形成一定高度的毛细水带。地下水位以上的自由水称为毛细水。

毛细水上升的高度取决于土的粒径、矿物成分、孔隙的大小和形状等因素。一般黏性土中的毛细水上升的高度较大,而砂土中的毛细水的上升高度较小。在工程实践中,毛细水的上升可能使地基浸湿(图 1.5),使地下室受潮或使地基、路基产生冻胀,造

（三）土中气体（气相）

土中气体,除来自空气外,也可由生物化学作用和化学反应生成。常将土中的气体分为与大气连通的自由气体和以气泡形式存在的封闭气体。封闭气体可以使土的弹性增大,延长土的压缩过程,使土层不易压实。此外,封闭气体还能阻塞土内的渗流通道,使土的渗透性降低。

（四）土的结构与构造

1. 土的结构

土的结构是指土粒或粒团的排列方式及其粒间或粒团间黏结的特征,它与土的矿物成分、颗粒形状和沉积条件有关。通常,土的结构可分为 3 种基本类型,即单粒结构、蜂窝结构和絮凝结构,如图 1.6 所示。

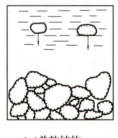　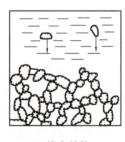　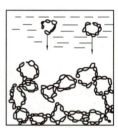

(a)单粒结构　　　　　　　(b)蜂窝结构　　　　　　　(c)絮凝结构

图 1.6　土的结构

（1）单粒结构

粗粒土(如砂土和砂砾石土等)由于其比表面积小,在沉积过程中主要依靠自重下沉。下沉过程中的土颗粒一旦与已经沉积稳定的颗粒接触,找到自己的平衡位置而稳定下来,就形成点与点接触的单粒结构。疏松排列的单粒结构,由于孔隙大,在荷载作用下,土粒易发生移动,引起土体变形,承载力也较低,特别是饱和状态的细砂、粉砂及匀粒粉土,受振动荷载作用后,容易出现液化现象。

（2）蜂窝结构

较细的土粒（主要指粉粒和部分黏粒），由于土粒细、比表面积大，粒间引力大于下沉土粒的重力，在自重作用下沉积时，碰到正在下沉或已经沉稳的土粒，在粒间接触点上产生黏结，逐渐形成链环状团粒。很多这样的链环状团粒黏结起来，形成孔隙较大的蜂窝结构。

（3）絮凝结构

极细小的黏土颗粒（颗粒直径 $d<0.002$ mm）能在水中长期悬浮，一般不以单粒下沉，而是聚合成絮状团粒下沉。下沉后，接触到已经沉稳的絮状团粒时，由于引力作用又产生黏结，最终形成孔隙很大的絮凝结构。

蜂窝结构和絮凝结构的特点都是土中孔隙较多，结构不稳定，相对于单粒结构而言，具有较大的压缩性，强度也较低。

2. 土的构造

土的构造是指同一土层中，土粒或土粒集合体之间相互关系的特征。常见的有：

①层状构造。层状构造是由不同性质或不同粒径的土，在垂向上的规律排列。

②分散构造。土粒分布均匀，性质相近。

③结核状构造。在细粒土中含有粗颗粒或结核，如含礓石的黏土。

④裂隙状构造。裂隙状构造指土中存在的各种裂隙，如黄土中的柱状节理等。

通常，分散构造的土工程性质较好，裂隙状构造的土工程性质最差。

三、土的颗粒特征

（一）土颗粒大小分析

土中各粒组质量占土粒总质量的百分数，称为土的颗粒级配。颗粒级配通过颗粒分析试验（简称"颗分试验"）测定。常用的颗分试验方法有筛分法和密度计法两种。筛分法适用于粒径大于 0.075 mm 的粗粒土，密度计法适用于粒径小于 0.075 mm 的细粒土。

筛分法是将一定质量的风干土样倒入一组标准筛中进行筛分（图 1.7），称出各筛上土粒的质量，计算出各粒组的质量百分数，该试验常被称为颗分试验。密度计法是将一定质量的风干土样倒入盛水的玻璃量筒中，将其搅拌成均匀的悬液状。根据大小不同的土颗粒在水中沉降的速度也不同的特性，将密度计放入悬液中（图 1.8），测记 1、5、30、120、1 440 min 时的密度计读数，然后计算出不同粒径及其小于该粒径土粒的质量百分数。

若土中粗、细粒组兼有，可将土样过 0.075 mm 的筛子，使其分为两部分。大于 0.075 mm 的土样用筛分法进行分析，小于 0.075 mm 的土样用密度计法进行分析。

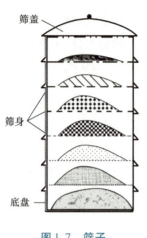

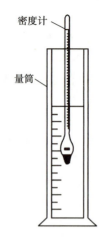

图1.7　筛子　　　　　　图1.8　密度计法试验　　　　筛分法

(二)粒径级配表达

颗分试验的成果通常在半对数坐标系中绘成一条曲线,称为土的颗粒级配曲线,如图1.9所示。图1.9中,曲线的纵坐标为小于某粒径的质量百分数,横坐标为用对数坐标表示的土粒粒径。因为土中的粒径通常相差悬殊,横坐标用对数坐标可以把粒径相差悬殊的粗、细粒的含量都表示出来。

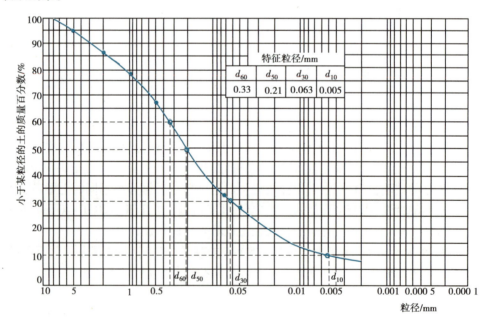

图1.9　土的颗粒级配曲线

土中各粒组的相对含量为小于两个分界粒径质量百分数之差。例如,图1.9中的曲线,对应各粒组的百分含量分别为:砾石(2～60 mm)占100%-86%=14%;砂粒(0.075～2 mm)占86%-33%=53%;粉粒(0.002～0.075 mm)占33%-8%=25%;黏粒(<0.002 mm)占8%。

(三)粒径级配曲线的分析

在颗粒级配曲线上,可根据土粒的分布情况,定性地判别土的均匀程度或级配情况。如果曲线的坡度是渐变的,则表示土的颗粒大小分布是连续的,称为连续级配;如果曲线中出现水平段,则表示土中缺乏某些粒径的土粒,这样的级配称为不连续级配。

颗粒级配常作为选择填筑土料的依据。为了定量判断土的颗粒级配是否良好,常用不均匀系数 C_u 和曲率系数 C_c 两个判别指标:

$$C_u = \frac{d_{60}}{d_{10}} \qquad\qquad (1.1)$$

$$C_c = \frac{d_{30}^2}{d_{60} d_{10}} \qquad\qquad (1.2)$$

式中 d_{60}, d_{30}, d_{10} ——颗粒级配曲线上小于某粒径含量为 60% 、30% 、10% 所对应的粒径,称为控制粒径、中间粒径、有效粒径。

(四)土的级配评价

不均匀系数 C_u 是反映级配曲线坡度和颗粒大小分布范围的指标。C_u 值越大,表示土粒粒径的变化范围越大,土粒越不均匀,颗粒级配曲线的坡度就越平缓;反之,C_u 值越小,土粒粒径的变化范围越小,土粒越均匀,级配曲线的坡度就越陡。工程上,常将 $C_u < 5$ 的土称为均匀土,$C_u \geq 5$ 的土称为不均匀土。

曲率系数 C_c 是反映 d_{60} 与 d_{10} 之间曲线主段弯曲形状的指标。一般 C_c 值为 1～3 时,表明颗粒级配曲线主段的弯曲适中,土粒大小的连续性较好;$C_c < 1$ 或 $C_c > 3$ 时,颗粒级配曲线都有明显弯曲而呈阶梯状。级配良好的土必须同时满足两个条件,即 $C_u \geq 5$ 和 $C_c = 1～3$;如不能同时满足这两个条件,则为级配不良的土。

四、地基岩土的工程分类

土的分类法有两大类:一类是实验室分类法,主要是根据土的颗粒级配及塑性等进行分类,常在工程技术设计阶段使用;另一类是目测法,是在现场勘察中根据经验和简易的试验,由土的干强度、含水率、手捻感觉、摇振反应和韧性等对土进行简易分类。此处主要介绍实验室分类法。

目前,我国使用的土名和土的室内分类方法在不同行业并不统一。这是由于各类工程的特点不同,对土的某些工程性质的重视程度和要求并不完全相同,制定分类标准时的着眼点、侧重面也就不同,加上长期的经验和习惯,形成了不同分类体系。有时,即使在同一行业中,不同的规范之间也存在着差异。总体上,都是首先根据土的颗粒大小进行大体分类,其次根据颗粒组成、液塑限、有机质含量等进行土的细化分类。下面根据《公路土工试验规程》(JTG 3430—2020)介绍土的工程分类。

(一)按粒径大小分类

根据颗粒粒径大小组成情况,土的颗粒组成划分为巨粒组、粗粒组、细粒组等粒组,见表

1.2。土的分类体系如图1.10所示。

表1.2　土的颗粒分组

粒径/mm	>200	60~200	20~60	5~20	2~5	0.5~2	0.25~0.5	0.075~0.25	0.002~0.075	<0.002
粒组	巨粒组		粗粒组						细粒组	
名称	漂石（块石）	卵石（小块石）	砾（角砾）			砂			粉粒	黏粒
			粗	中	细	粗	中	细		

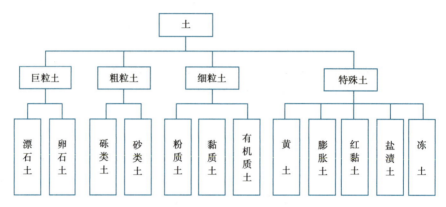

图1.10　土的分类体系

（二）巨粒土分类

试样中,巨粒组土粒含量大于总质量50%的土粒称为巨粒土。若土中巨粒含量为15%~50%,属含巨粒土。巨粒土具体分类名称用相应代号表示,如图1.11所示。

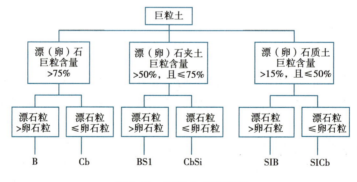

图1.11　巨粒土分类体系

（三）粗粒土分类

试样中,巨粒组土粒质量小于或等于总质量的15%,且巨粒组土粒与粗粒组土粒质量之和大于总土质量50%的土称为粗粒土。

粗粒土中,砾粒组质量大于砂粒组质量的土称为砾类土。砾类土具体分类体系如图1.12所示。

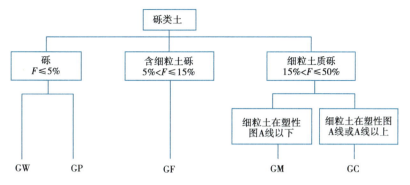

图1.12 砾类土分类体系

F—相应土的质量占总质量的百分比;GW—级配良好砾;GP—级配不良砾;
GF—含细粒土砾;GM—粉土质砾;GC—黏土质砾

粗粒土中,砾粒组质量小于或等于砂粒组质量的土称为砂类土。砂类土具体分类体系如图1.13所示。砂类土可分为粗砂、中砂和细砂。粒径大于0.5 mm颗粒多于总质量50%的称为粗砂,粒径大于0.25 mm颗粒多于总质量50%的称为中砂,粒径大于0.075 mm颗粒多于总质量75%的称为细砂。

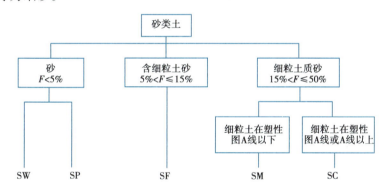

图1.13 砂类土分类体系

F—相应土的质量占总质量的百分比;SW—级配良好砂;SP—级配不良砂;
SF—含细粒土砂;SM—粉土质砂;SC—黏土质砂

(四)细粒土分类

试样中,细粒组土粒质量大于或等于总质量50%的土粒称为细粒土。细粒土分类体系如图1.14所示。

①细粒土中,粗粒组质量小于或等于总质量25%的土,称为粉质土或黏质土。

②细粒土中,粗粒组质量占总质量25%~50%(含50%)的土,称为含粗粒的粉质土或含粗粒的黏质土。

③试样中,有机质含量大于或等于总质量5%,且小于总质量10%的土,称为有机质土。有机质含量大于或等于总质量10%的土,称为有机土。

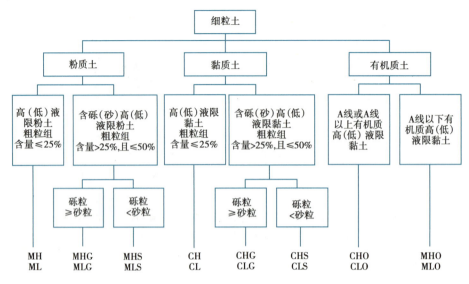

图 1.14　细粒土分类体系

学以致用

【例题 1.1】　在某黄河滩区,取 1 000 g 风干砂土样进行筛分试验,结果列于表 1.3 中(第 1 行、第 2 行)。试补充完整试验表格(第 3～5 行),并分析各粒组含量。

【解】　留在孔径 2.0 mm 筛上的土粒质量为 100 g,则小于该孔径的土粒质量为 1 000 – 100 = 900(g),小于该孔径的土粒质量百分数为 900/1 000×100% = 90%;留在孔径 1.0 mm 筛上的土粒质量为 100 g,则小于该孔径的土粒质量百分数为 (900 – 100)/1 000×100% = 80%;同样,可求得小于其他孔径的土粒质量百分数,并列于表 1.3(第 3、4 行)中。同样,可计算出各粒组的土粒质量百分数,分别为砾 10%、砂 80%(其中粗砂 35%、中砂 30%、细砂 15%)、细粒(包括粉粒和黏粒)10%。

表 1.3　筛分试验结果

筛孔径/mm	2.0	1.0	0.5	0.25	0.1	0.075	底盘
留筛质量/g	100	120	230	280	100	70	100
小于该孔径的土粒质量/g	900	780	550	270	170	100	—
小于该孔径的土粒质量百分数/%	90	78	55	27	17	10	—
粒径的范围/mm	$d>2.0$	$2\geqslant d>0.5$		$0.5\geqslant d>0.25$	$0.25\geqslant d>0.075$		$d\leqslant0.075$
各粒组土的质量百分数/%	10	35		28	17		10

【例题 1.2】　试对图 1.9 中曲线的颗粒级配情况进行定量评价。

【解】　查图 1.9 曲线可知:$d_{60}=0.33$ mm,$d_{30}=0.063$ mm,$d_{10}=0.005$ mm。计算不均匀系数 C_u 和曲率系数 C_c 得到:

$$C_u = \frac{d_{60}}{d_{10}} = \frac{0.33}{0.005} = 66 > 5$$

$$C_c = \frac{d_{30}^2}{d_{60}d_{10}} = \frac{0.063^2}{0.33 \times 0.005} \approx 2.41$$

$C_u > 5$，故土粒不均匀，又 $C_c = 1 \sim 3$，即 C_u 和 C_c 同时满足 $C_u \geqslant 5$ 和 $C_c = 1 \sim 3$ 的条件，故该土级配良好。

技能训练

某路基填筑料场取 1 000 g 风干土样进行筛分试验，筛孔径分别为 5.0、2.0、1.0、0.5、0.25、0.075 mm，留筛质量分别为 110、90、240、310、80、70 g，筛子底盘土颗粒质量为 100 g。试分析计算各筛累计筛余百分量，并绘制级配曲线，评价土的级配。

根据实验数据，计算小于某粒径的土质量占总质量的百分数，填写表 1.4。绘制颗粒级配曲线，计算不均匀系数和曲率系数，判断土的类别。

表 1.4 颗粒分析试验记录（筛分法）

工程名称＿＿＿＿＿＿＿　试验者＿＿＿＿＿＿＿　土样编号＿＿＿＿＿＿＿　计算者＿＿＿＿＿＿＿

土样说明＿＿＿＿＿＿＿　试验日期＿＿＿＿＿＿＿　校核者＿＿＿＿＿＿＿

筛前总土质量＝＿＿＿＿＿＿＿g，小于 2 mm 取试样质量＝＿＿＿＿＿＿＿g，小于 2 mm 土质量＝＿＿＿＿＿＿＿g，小于 2 mm 土占总土质量的百分比＝＿＿＿＿＿＿＿％

粗筛分析				细筛分析				
孔径/mm	累积留筛土质量/g	小于该孔径的土质量/g	小于该孔径的土质量百分比/%	孔径/mm	累积留筛土质量/g	小于该孔径的土质量/g	小于该孔径的土质量百分比/%	占总土质量百分比/%
60				2.0				
40				1.0				
20				0.5				
10				0.25				
5				0.075				
2								

知识检测

1. 土的微观结构分为哪些类型？各有什么特点？

2. 根据形成方式的不同，土分为哪几种类型？分别简述其特点。

3. 某路基填筑料场取 1 000 g 风干土样进行筛分试验，筛孔径分别为 5.0、2.0、1.0、0.5、0.25、0.075 mm，留筛质量分别为 110、90、240、310、80、70 g，筛子底盘土颗粒质量为 100 g。试分析计算各筛累计筛余百分数，并绘制级配曲线，评价土的级配。

任务二　地基岩土工程特性认知

任务描述

岩土作为地基的建筑材料,不同地域、不同类型土层、不同埋深,具有不同的物理力学性质。为了准确完整地反映这些性质,便于不同类型工程的安全、经济、环保性应用,有必要引入参数,定量区分不同岩土的工程性质。

理论知识

一、土的指标参数

为了准确表示土的物理力学性质,有必要引入密度、重度等参数。土是由固态的土颗粒、液态的水以及气态的空气3个部分组成的。土的性质参数,通常就是这3个部分相互之间的比例关系,如密度是土的质量与体积之比。所以,土的指标参数也称为土的三相比例指标。

下面先介绍土的三相组成的图示表达,然后按照质量比例关系、体积比例关系、质量与体积的比例关系,分别介绍土的三相比例指标。

(一)土的三相简图

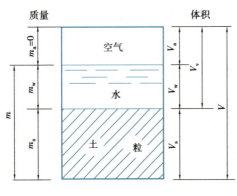

图1.15　土的三相简图

为了便于研究土中三相之间的比例关系,通常把土中实际交错混杂在一起的三相以图1.15所示形式表示出来,称为土的三相简图。

图1.15中,m_s为土粒质量;m_w为土中水的质量;m为土的总质量,$m = m_s + m_w$;V_s为土粒体积;V_w为土中水体积;V_a为土中气体的体积;V_v为土中孔隙占有的体积,$V_v = V_w + V_a$;V为土的总体积,$V = V_s + V_w + V_a$。

(二)土的质量比例关系

1.土粒比重(比重)

土粒比重是土粒质量与同体积的纯水在4 ℃时的质量之比,用符号G_s表示,无量纲。

$$G_s = \frac{m_s}{V_s \rho_{wl}} = \frac{\rho_s}{\rho_{wl}} \tag{1.3}$$

式中　ρ_s——土粒密度,g/cm³;

ρ_{wl}——纯水在4 ℃时的密度(单位体积的质量),$\rho_{wl} = 1$ g/cm³或1 t/m³。

土粒比重取决于土的矿物成分。每种土都是由不同矿物成分组成,实验所测的比重只是各种矿物比重的均值。一般有机质土的比重为 1.4~1.5 g/cm³;泥炭土的比重为 1.5~1.8 g/cm³;黏性土的比重多为 2.70~2.75 g/cm³;砂土的比重在 2.65 g/cm³ 左右。随着土中有机质的增加,土的比重不断减小。同一种类的土,其比重变化幅度不大,通常可按经验数值选用。

2. 含水率

含水率是土中水的质量与固体颗粒质量之比,用 w 表示,以百分数计。

$$w = \frac{m_w}{m_s} \times 100\% = \frac{m - m_s}{m_s} \times 100\% \tag{1.4}$$

天然土体由于土层所处自然条件的不同,其含水率的数值变化范围很大。一般干的粗砂土,含水率接近于零,而饱和砂土,w_{sat} 可达 40%;坚硬的黏性土的含水率约小于 30%,而饱和状态的软黏性土则可达 60% 以上。近代沉积的三角洲软黏土或黏土,含水率可达 100% 以上,有的甚至高达 200% 以上;而密实的第四纪老黏土,即使孔隙中全部充满水,含水率也不超过 20%。一般砂类土的含水率为 10%~30%。

(三)土的体积比例关系

1. 孔隙比

孔隙比是指土中孔隙体积与固体颗粒总体积的比值,用 e 表示,无量纲。

$$e = \frac{V_v}{V_s} \tag{1.5}$$

实际工程中,孔隙比可以评价砂土或粉土的密实程度,还可以用于地基沉降量的计算。

2. 孔隙率

孔隙率是指土中孔隙体积与该土所占总体积的百分比,用 n 表示,以百分数计。

$$n = \frac{V_v}{V} \times 100\% \tag{1.6}$$

孔隙率的大小取决于土的结构状态。黏性土的孔隙率为 30%~60%,非黏性土的孔隙率为 25%~45%,新沉积的淤泥的孔隙率可达 80%。砂类土的孔隙率通常小于黏性土的孔隙率。

3. 饱和度

土中水的体积与孔隙体积之比称为饱和度,用 S_r 表示,以百分数计。

$$S_r = \frac{V_w}{V_v} \times 100\% \tag{1.7}$$

饱和度可以反映土体孔隙中含水的程度,其数值范围为 0~100%。干土的饱和度为零,而饱和土的饱和度为 100%。实际工程中,饱和度主要用于表示砂土的含水状况(或湿度)。按饱和度大小,常将砂类土划分为如表 1.5 所示类型。

表 1.5　砂土按饱和度分类

稍湿	很湿	饱和
$S_r < 50\%$	$50\% \leq S_r \leq 80\%$	$S_r > 80\%$

（四）土的质量（重量）与体积的比例关系

1. 密度

土的密度是指土的质量与土的体积的比例关系。根据含水情况的不同,分为天然密度、饱和密度和干密度 3 种。

天然密度是指天然状态下单位体积土的质量,用符号 ρ 表示,单位为 g/cm^3 或 t/m^3。

$$\rho = \frac{m}{V} = \frac{m_s + m_w}{V_s + V_v} \tag{1.8}$$

土的天然密度是一个实测指标,它的大小取决于矿物组成、孔隙大小和含水情况,综合反映了土的物质组成和结构特征。土越密实,则天然密度就越大,反之就越小。自然状态下土的密实程度、含水率变化较大,故天然密度变化也较大,一般值为 1.6～2.2 g/cm^3。一般黏性土 $\rho = 1.8～2.0$ g/cm^3,砂土 $\rho = 1.6～2.0$ g/cm^3。

饱和密度是土中孔隙完全被液体充满时的密度,用符号 ρ_{sat} 表示,单位为 g/cm^3。

$$\rho_{sat} = \frac{m_s + V_v \rho_w}{V} \tag{1.9}$$

式中　ρ_w——水的密度,近似等于 1 g/cm^3。

干密度是土的孔隙中完全没有水时,单位体积中固体颗粒部分的质量（干土质量）,用符号 ρ_d 表示,单位为 g/cm^3。

$$\rho_d = \frac{m_s}{V} \tag{1.10}$$

对于某一种土来说,干密度越大,越密实。土的干密度一般为 1.4～1.7 g/cm^3。干密度通常作为评定土体紧密程度的指标,是检查、控制工程填土质量的重要依据。

2. 重度

重度（又称"容重"）是指土的重量与体积的比值。根据土含水情况的不同,分为天然重度、饱和重度和干重度 3 种。另外,考虑地下水位以下的土受到水的浮力的影响,把相应的浮力减去,得到浮重度。

天然重度是表示土在天然含水状态下的重度,用 γ 表示,单位为 kN/m^3。天然状态的土可能是三相土,也可能是两相土。天然重度可用天然密度乘以重力加速度 g 计算。

$$\gamma = \rho g \tag{1.11}$$

式中　$g \approx 10$ m/s^2,若 $\rho = 1.0$ g/cm^3,则 $\gamma = 10$ kN/m^3。

干重度是土体无水情况下的重度,用 γ_d 表示,单位为 kN/m^3。

$$\gamma_d = \rho_d g \tag{1.12}$$

饱和重度是土体在完全饱和状态下的重度,用 γ_{sat} 表示,单位为 kN/m^3。

$$\gamma_{sat} = \rho_{sat} g \tag{1.13}$$

浮重度是处于地下水位以下的土体,扣除浮力作用后的有效重度,用 γ' 表示,单位为 kN/m^3。

$$\gamma' = \frac{m_s - V_s \rho_w}{V} g = \gamma_{sat} - \gamma_w \tag{1.14}$$

对于同一种土来说,土的天然重度、干重度、饱和重度、浮重度在数值上存在如下关系:

$$\gamma_{sat} \geqslant \gamma \geqslant \gamma_d > \gamma' \tag{1.15}$$

(五)部分指标的常用测定方法

1. 天然密度的测定方法

天然密度的测定方法有环刀法、灌砂法、电动取土器法、蜡封法、灌水法以及密度仪法等。在测定天然密度时,需要结合相应土类的特点,选择合适的测定方法。下面主要介绍环刀法和灌砂法。

(1)环刀法

环刀法适用于细粒土及无机结合料稳定细粒土密度的室内测定和现场检测[图1.16(a)]。但对于无机结合料稳定细粒土,其龄期不宜超过2天。环刀是一种用不锈钢材料制成的环状取土装置,其直径为6~8 cm,高度为2~5 cm,底面有刃口。在工地现场或实验室,把环刀压入土中,慢慢去除环刀外围土体,把环刀连同里面的土样取出。测出环刀的质量、内径、高度以及环刀和土样的总质量,即可计算出该土样的天然密度。

(2)灌砂法

灌砂法适用于现场测定粗粒土、砂类土和砾类土的密度[图1.16(b)],但不适于填石路堤等有大孔洞或大孔隙材料的压实度检测。先在待测场地的地面挖土形成一个挖坑,再用灌砂筒向挖坑里灌砂,测量灌入砂子前、后灌砂筒内砂子的体积以及挖坑所挖出的土的质量,就可以计算出该土样的天然密度。

灌砂法

(a)环刀法　　　　　　　　(b)灌砂法

图1.16　土的天然密度的测定

2. 含水率的测定方法

含水率的测定方法常用的有烘干法、酒精燃烧法、比重法。常规室内试验用烘干法。

烘干法:取代表性试样放入称量盒内,立即盖好盒盖,称重;揭开盒盖,放入恒温烘箱,在105~110 ℃下烘至恒重;将烘干后的试样和称量盒取出,盖好称量盒盖,放入干燥器内冷却至室温后,称量盒与土的质量。由此可计算出含水率。

3. 土粒比重的测定方法

土粒比重的测定方法有比重瓶法、浮力法、浮称法、虹吸筒法等。室内试验常用比重瓶法。

比重瓶法:称取清洁干燥的比重瓶质量;称取一定质量的备用干土样,通过漏斗倾入干燥的比重瓶中,然后在天平上称量瓶和土的质量,减去瓶的质量即得土粒的质量;向盛有土样的比重瓶中注适量的蒸馏水,轻摇,使土粒分散,静置后将瓶置于沙浴上煮沸,煮沸时间不少于30 min,以排出气体;将比重瓶冷却至室温,注满蒸馏水,称量瓶+水+土的质量;将悬液倒掉,洗净比重瓶后注满蒸馏水,称量瓶+水的质量。由此计算出土粒的体积,从而进一步计算出土粒比重。

(六)指标的换算

前述土的物理性质指标中,天然密度 ρ、土粒比重 G_s 和含水率 w 3 个指标是通过试验测定的,称为基本指标。其他各指标可根据它们的定义,利用土中三相关系,假定 $V_s=1$ 或 $V=1$,导出换算公式,称为换算指标。常用的计算公式见表 1.6。

表 1.6　土的三相比例指标换算公式

名称		符号	三相比例表达式	试验指标计算的公式	其他计算公式
试验指标	密度	ρ	$\rho=\dfrac{m}{V}$	直接测定	—
	土粒比重	G_s	$G_s=\dfrac{m_s}{V_s\rho_w}$	直接测定	—
	含水率	w	$w=\dfrac{m_w}{m_s}\times100\%$	直接测定	—
换算指标	重度	γ	$\gamma=\dfrac{W}{V}=\rho g$	$\gamma=\rho g$	—
	干密度	ρ_d	$\rho_d=\dfrac{m_s}{V}$	$\rho_d=\dfrac{\rho}{1+w}$	$\rho_d=\dfrac{\rho_w G_s}{1+e}$
	干重度	γ_d	$\gamma_d=\dfrac{W_s}{V}=\rho_d g$	$\gamma_d=\dfrac{\gamma}{1+w}$	$\gamma_d=\dfrac{\gamma_w G_s}{1+e}$
	饱和密度	ρ_{sat}	$\rho_{sat}=\dfrac{m_s+\rho_w V_v}{V}$	$\rho_{sat}=\dfrac{\rho(G_s-1)}{G_s(1+w)}+\rho_w$	$\rho_{sat}=\dfrac{\rho_w(G_s+e)}{1+e}$
	饱和重度	γ_{sat}	$\gamma_{sat}=\dfrac{W_s+\gamma_w V_v}{V}=\rho_{sat}g$	$\gamma_{sat}=\dfrac{\gamma(G_s-1)}{G_s(1+w)}+\gamma_w$	$\gamma_{sat}=\dfrac{\gamma_w(G_s+e)}{1+e}$
	有效重度(浮重度)	γ'	$\gamma'=\dfrac{m_s g-V_s\rho_w g}{V}$	$\gamma_{sat}=\dfrac{\gamma(G_s-1)}{G_s(1+w)}$	$\gamma'=\gamma_{sat}-\gamma_w$
	孔隙率	n	$n=\dfrac{V_v}{V}\times100\%$	$n=1-\dfrac{\rho}{G_s(1+w)\rho_w}$	$n=\dfrac{e}{1+e}$
	孔隙比	e	$e=\dfrac{V_v}{V_s}$	$e=\dfrac{G_s(1+w)\rho_w}{\rho}-1$	$e=\dfrac{G_s\rho_w}{\rho_d}-1$
	饱和度	S_r	$S_r=\dfrac{V_w}{V_v}$	$S_r=\dfrac{\rho G_s w}{G_s(1+w)\rho_w-\rho}$	$S_r=\dfrac{G_s w}{e}$

二、黏性土的物理性质

(一)黏性土的软硬状态

黏性土是指吸水和保水能力较强、具有较强黏性的一种土。这种土随着含水率的逐渐增加,其强度逐渐降低,状态逐渐变软。根据其软硬程度的不同,依次分为固态、半固态、可塑状态和流动状态4种类型(图1.17)。

图 1.17　黏性土状态与含水率的关系

黏性土各种状态各有不同特点:

①固态的含水率较低,土粒间主要以强结合水黏结,土质坚硬,强度高,土体形状和大小固定。

②塑态的含水率比固态高,土粒间主要以弱结合水黏结,在外力作用下容易产生变形,可揉塑成任意形状不破裂、无裂纹,去掉外力后不能恢复原状。

③流态的含水率比塑态高,土粒间主要以液态水为主,黏结极微弱,强度极低,不能维持一定的形状,土体呈泥浆状,受重力作用即可流动。

(二)界限含水率

界限含水率是黏性土从一种状态变到另一种状态的分界含水率,如图1.17所示。界限含水率包括液限 w_L、塑限 w_P、缩限 w_s。下面主要介绍常用的液限和塑限。

可塑状态与流动状态之间的界限含水率称为液限(w_L),即黏性土可塑状态的上限含水率。半固态与可塑态之间的界限含水率称为塑限(w_P),也就是可塑状态的下限。含水率小于塑限时,黏性土不具有可塑性。

(三)塑性指数

黏性土具有塑性。塑性是指物体在外力作用下,可被塑成任何形态,而仍然保持整体性,不产生裂隙,外力去除后,物体能保持所塑成形状的性质。

为了表示黏性土塑性的大小,引入塑性指数 I_P:

$$I_P = w_L - w_P \tag{1.16}$$

塑性指数表示黏性土具有可塑性的含水率变化范围,习惯上采用去掉%的数值来表示,如 $I_P = w_L - w_P = 38\% - 16\% = 22\%$,通常写为 $I_P = 22$。塑性指数的大小与土颗粒大小、黏性矿物含量及水中高价阳离子浓度成正比。土中黏粒含量越多,土处于可塑状态的含水率范围也越大,塑性指数越大,土的塑性越强。

塑性指数是土体工程分类的依据之一。通常,把 $I_P > 10$ 的土称为黏性土,其中 $10 < I_P \leqslant 17$ 的称为粉质黏土,$I_P > 17$ 的称为黏土;$I_P \leqslant 10$ 且粒径大于 0.075 mm 的颗粒含量不超过全质量的50%的土,称为粉土。

(四)液性指数

黏性土的软硬程度通常用液性指数 I_L 表示:

$$I_L = \frac{w - w_P}{w_L - w_P} \tag{1.17}$$

19

式中 w——天然含水率；

　　　　w_L——液限；

　　　　w_P——塑限。

黏性土的物理状态可以用液性指数来判别。根据液性指数，把黏性土的物理状态划分为坚硬、硬塑、可塑、软塑、流塑5种状态，见表1.7。

表1.7　黏性土的物理状态分类

$I_L \leq 0$	$0 < I_L \leq 0.25$	$0.25 \leq I_L \leq 0.75$	$0.75 \leq I_L \leq 1$	$I_L \geq 1$
坚硬	硬塑	可塑	软塑	流塑

三、无黏性土的物理性质

无黏性土包括砂土、碎石土、粉土等。这些土的工程稳定性和承载力大小主要取决于密实程度。密实的无黏性土，结构稳定，强度较高，压缩性较小，是良好的天然地基；疏松的砂土，特别是饱和松散粉细砂，结构常处于不稳定状态，容易产生流砂，在振动荷载作用下，可能发生液化，对建筑物不利。

无黏性土密实度的主要判别依据有相对密实度、标准贯入锤击数等参数。

1. 相对密实度

相对密实度 D_r 是将天然状态的孔隙比 e 与最疏松状态的孔隙比 e_{max} 和最密实状态的孔隙比 e_{min} 进行对比，作为衡量无黏性土密实度的指标，其表达式为：

$$D_r = \frac{e_{max} - e}{e_{max} - e_{min}} \tag{1.18}$$

式中 e_{max}——最大孔隙比；

　　　　e_{min}——最小孔隙比；

　　　　e——砂土的天然孔隙比。

从式(1.18)可知，若砂土的天然孔隙比 e 接近于 e_{min}，即相对密实度 D_r 接近于1时，土呈密实状态；当 e 接近于 e_{max} 时，即相对密实度 D_r 接近于0，则呈松散状态。具体划分标准见表1.8。

表1.8　砂土密实度划分标准

密实状态	密实	中密	松散
相对密实度 D_r	$0.67 \leq D_r < 1$	$0.33 \leq D_r \leq 0.67$	$0 \leq D_r < 0.33$

在工程实践中，主要用 D_r 检查压实砂土的密实度。对于天然土体，较普遍的做法是采用标准贯入锤击数 N 来现场判定砂土的密实度。

2. 标准贯入锤击数

标准贯入锤击数是指用质量为63.5 kg的穿心锤，以76 cm的落距将贯入器打入土中30 cm时所需要的锤击数。土越密实，该锤击数越高。《岩土工程勘察规范》(GB 50021—2001,2009年版)中，按标准贯入锤击数 N 划分砂土密实度的标准见表1.9。

表 1.9 砂土的密实度

密实度	密实	中密	稍密	松散
标准贯入锤击数 N	$N>30$	$15<N\leqslant30$	$10<N\leqslant15$	$N\leqslant10$

我国土力学
学科奠基人
茅以升

四、地基中的应力

地基中的应力主要包括由于上覆土层的自重而在下层地基中产生的自重应力、由于修筑建筑物等而在地基中产生的附加应力。另外,地震、温度变化、隧道开挖等也将在地基中产生应力作用。下面主要介绍常见的自重应力和附加应力。

(一)自重应力

1.均质土层中自重应力及其分布形态

由土体本身自重引起的应力称为土的自重应力,通常是指通过土骨架传递的有效应力。在计算土体自重应力时,通常把土体(或地基)视为均质、连续、各向同性的半无限体。图 1.18 (a)所示为均质天然地基,重度为 γ,在任意深度 z 处的水平面上任取一单位面积的土柱进行分析。由土柱的静力平衡条件可知,z 深度处的竖向自重应力 σ_{cz}(简称"自重应力")应等于单位面积上覆土柱的有效重力。

$$\sigma_{cz}=\gamma z \tag{1.19}$$

σ_{cz} 沿水平面均匀分布,且与 z 成正比,所以 σ_{cz} 随深度 z 线性增加,呈三角形分布,如图 1.18(b)所示。

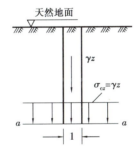
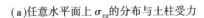
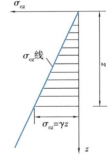

(a)任意水平面上 σ_{cz} 的分布与土柱受力 　　　(b)σ_{cz} 沿深度 z 分布

图 1.18 均质土中竖向自重应力

土体在自重作用下,除作用有竖向的自重应力 σ_{cz} 外,还作用有水平向应力 σ_{cx}、σ_{cy}。在半无限弹性体内,土不可能发生侧向变形,水平向自重应力 σ_{cx}、σ_{cy} 相等,且与 σ_{cz} 成正比。

$$\sigma_{cx}=\sigma_{cy}=k_0\sigma_{cz} \tag{1.20}$$

式中　k_0——土的静止侧压力系数(或称为静止土压力系数),它表示土体在无侧向变形条件下,水平向应力与竖向应力的比值,可由实验确定。

在半无限土体中,任意竖直面和水平面上剪应力均为零,土体内相同深度各点的自重应力相等。

2. 成层土中自重应力及其分布形态

一般情况下,地基由不同性质的土层所组成,如图 1.19 所示。

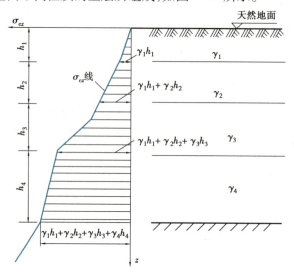

图 1.19 成层土中自重应力分布

若各层土的重度分别为 $\gamma_1, \gamma_2, \cdots, \gamma_n$,相应土层的厚度为 $h_1, h_2, \cdots, h_n$,则地基中第 n 层底面处的竖向力应等于上覆各层土自重的总和,即自重应力为:

$$\sigma_{cz} = (\gamma_1 h_1 A + \gamma_2 h_2 A + \cdots + \gamma_n h_n A)/A = \sum_{i=1}^{n} \gamma_i h_i \qquad (1.21)$$

式中 γ_i——第 i 层土的天然重度,地下水位以下的土层通常取浮重度 γ_i',kN/m³;

h_i——第 i 层土的厚度,m;

A——所分析土层的横截面面积,m²。

从式(1.21)与图 1.19 可以看出,由于各层土的重度不同,所以成层土中自重应力沿深度呈折线分布,转折点位于土层分界面处。

3. 地下水位的影响

地下水位以下的土受到水的浮力作用,则水下部分土的重度应按浮重度 γ' 计算,其计算方法同成层土的情况。

土层中的地下水位经常发生变化,这将使土中的自重应力也相应发生变化,如图 1.20 所示(图 1.20 中,虚线表示原地下水位时水下土的自重应力分布)。地下水位上升使原来未受浮力作用的土颗粒受到浮力作用,致使土的自重应力减小。地下水位上升除引起自重应力减小外,还将引起黏性土地基承载力降低、自重湿陷性黄土湿陷、挡土墙侧向压力增大、土坡的稳定性降低等。

4. 相对不透水层的影响

在地下水位以下如埋藏有不透水层(如连续分布的坚硬黏性土层或岩层),由于不透水层中不存在水的浮力,所以不透水层层面及层面以下的自重应力应按上覆土层的水土总重计算。在不透水层界面上的自重应力发生突变,具有两个自重应力值。

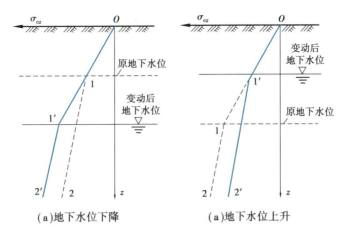

图 1.20　地下水位升降对自重应力的影响

（二）基底压力

地基土层内由于修筑了基础,基础把上部结构荷载传递到地基深处。在基础与地基接触面处,基础对地基产生压应力,这个压应力通常称为基底压力。对于变形能力小的刚性基础,通常按式(1.22)计算中心荷载下圆形或矩形基础的基底压力 p:

$$p=\frac{F+G}{A} \tag{1.22}$$

式中　p——矩形基础或圆形基础基底压力,kPa;

　　　F——上部结构传至基础顶面的竖向荷载,kN;

　　　G——基础及基础底面以上回填土的总重力,kN,$G=\gamma_G Ad$,其中 γ_G 为基础及回填土的平均重度,一般取 20 kN/m³,地下水位以下应取浮重度;d 为基础埋深,从设计地面算起;

　　　A——基础底面积,m²,对于矩形基础,$A=bl$,b 与 l 分别为基础的宽度与长度;对于圆形基础,$A=\pi d^2/4$,d 为基础底面直径。

基础承受单向偏心竖直荷载作用(图 1.21),基底两端最大与最小压力为 p_{max}、p_{min},按材料力学的偏心受压公式计算:

$$\frac{p_{max}}{p_{min}}=\frac{F+G}{A}\pm\frac{M}{W} \tag{1.23}$$

式中　M——作用于基础底面的力矩,kN·m;

　　　W——基础底面的抵抗矩,m³,对于矩形基础,$W=bl^2/6$。

对于矩形基础,将荷载的偏心距 $e=M/(F+G)$ 及 $W=bl^2/6$ 代入式(1.23)中,得:

$$\frac{p_{max}}{p_{min}}=\frac{F+G}{A}\left(1\pm\frac{6e}{l}\right) \tag{1.24}$$

在工程设计时,一般不允许出现大偏心($e>l/6$)的情况,以便充分发挥地基承载力。

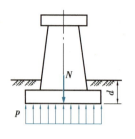
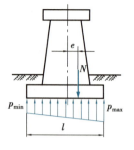

（a）中心荷载　　　　　（b）偏心荷载

图 1.21　基底压力分布的简化计算

附加应力计算

（三）地基附加应力

通常情况下，地基已经沉积数百年甚至更长时间，在上覆自重应力作用下沉降已经基本完成，不再发生下沉。通常认为，自重应力作用下土层不再发生压缩变形。但是，当地基上修筑建筑物后，在基础下的土层内常常会增加一部分应力，这个增加的应力称为附加应力。由于附加应力的作用，将引起地基土层被压缩，发生沉降。基础底面的附加应力，常称为基底附加压力。

对于基底压力为均匀分布的情况，其基底附加压力为：

$$p_0 = p - \sigma_{cd} = p - \gamma_0 d \qquad (1.25)$$

式中　γ_0——基础底面标高以上天然土体的加权平均重度，kN/m^3；

d——基底埋深，从天然地面算起；对于新填土地区，则从老地面算起，m。

地基附加应力计算，大多假设地基为半无限弹性体，按照弹性理论计算。实际工程中，因为基础对地基产生的压力都在地基弹性范围内，所以采用弹性理论计算地基附加应力，是能够满足地基基础工程实践要求的。

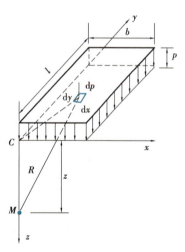

图 1.22　矩形基础竖直均布荷载作用角点下的附加应力

1. 矩形基础角点下任意深度处的附加应力

基于半无限空间理论，计算得到矩形基础均布荷载作用下的附加应力 σ_z（图 1.22），可以按式（1.26）计算：

$$\sigma_z = K_c p \qquad (1.26)$$

式中　K_c——矩形基础受竖直均布荷载作用时角点下的附加应力系数，它是 m、n 的函数，其值可由 $m = l/b$，$n = z/b$ 查表 1.10 得出。

表 1.10　矩形基础受竖直均布荷载作用角点下附加应力系数 K_c 值

| $m=l/b$ | 1.0 | 1.2 | 1.4 | 1.6 | 1.8 | 2.0 | 3.0 | 4.0 | 5.0 | 6.0 | 10.0 |
$n=z/b$											
0.0	0.2500	0.2500	0.2500	0.2500	0.2500	0.2500	0.2500	0.2500	0.2500	0.2500	0.2500
0.2	0.2486	0.2489	0.2490	0.2491	0.2491	0.2491	0.2492	0.2492	0.2492	0.2492	0.2492
0.4	0.2401	0.2420	0.2429	0.2434	0.2437	0.2439	0.2442	0.2443	0.2443	0.2443	0.2443
0.6	0.2229	0.2275	0.2300	0.2315	0.2324	0.2329	0.2339	0.2341	0.2342	0.2342	0.2342
0.8	0.1999	0.2075	0.2120	0.2147	0.2165	0.2176	0.2196	0.2200	0.2202	0.2202	0.2202
1.0	0.1752	0.1851	0.1911	0.1955	0.1981	0.1999	0.2034	0.2042	0.2044	0.2045	0.2046
1.2	0.1516	0.1626	0.1705	0.1758	0.1793	0.1818	0.1870	0.1882	0.1885	0.1887	0.1888
1.4	0.1308	0.1423	0.1508	0.1569	0.1613	0.1644	0.1712	0.1730	0.1735	0.1738	0.1740
1.6	0.1123	0.1241	0.1329	0.1436	0.1445	0.1482	0.1567	0.1590	0.1598	0.1601	0.1604
1.8	0.0969	0.1083	0.1172	0.1241	0.1294	0.1334	0.1434	0.1463	0.1474	0.1478	0.1482
2.0	0.0840	0.0947	0.1034	0.1103	0.1158	0.1202	0.1314	0.1350	0.1363	0.1368	0.1374
2.2	0.0732	0.0832	0.0917	0.0984	0.1039	0.1084	0.1205	0.1248	0.1264	0.1271	0.1277
2.4	0.0642	0.0734	0.0812	0.0879	0.0934	0.0979	0.1108	0.1156	0.1175	0.1184	0.1192
2.6	0.0566	0.0651	0.0725	0.0788	0.0842	0.0887	0.1020	0.1073	0.1095	0.1106	0.1116
2.8	0.0502	0.0580	0.0649	0.0709	0.0761	0.0805	0.0942	0.0999	0.1024	0.1036	0.1048
3.0	0.0447	0.0519	0.0583	0.0640	0.0690	0.0732	0.0870	0.0931	0.0959	0.0973	0.0987
3.2	0.0401	0.0467	0.0526	0.0580	0.0627	0.0668	0.0806	0.0870	0.0900	0.0916	0.0933
3.4	0.0361	0.0421	0.0477	0.0527	0.0571	0.0611	0.0747	0.0814	0.0847	0.0864	0.0882
3.6	0.0326	0.0382	0.0433	0.0480	0.0523	0.0561	0.0694	0.0763	0.0799	0.0816	0.0837
3.8	0.0296	0.0348	0.0395	0.0439	0.0479	0.0516	0.0645	0.0717	0.0753	0.0773	0.0796
4.0	0.0270	0.0318	0.0362	0.0403	0.0441	0.0474	0.0603	0.0674	0.0712	0.0733	0.0758
4.2	0.0247	0.0291	0.0333	0.0371	0.0407	0.0439	0.0563	0.0634	0.0674	0.0696	0.0724
4.4	0.0227	0.0268	0.0306	00343	0.0376	0.0407	0.0527	0.0597	0.0639	0.0662	0.0692
4.6	0.0209	0.0247	0.0283	0.0317	0.0348	0.0378	0.0493	0.0564	0.0606	0.0630	0.0663
4.8	0.0193	0.0229	0.0262	0.0294	0.0324	0.0352	0.0463	0.0533	0.0576	0.0601	0.0635
5.0	0.0179	0.0212	0.0243	0.0274	0.0302	0.0328	0.0435	0.0504	0.0547	0.0573	0.0610
6.0	0.0127	0.0151	0.0174	0.0196	0.0218	0.0238	0.0325	0.0388	0.0431	0.0460	0.0506
7.0	0.0094	0.0112	0.0130	0.0147	0.0164	0.0180	0.0251	0.0306	0.0346	0.0376	0.0428
8.0	0.0073	0.0087	0.0101	0.0114	0.0127	0.0140	0.0198	0.0246	0.0283	0.0311	0.0367
9.0	0.0058	0.0069	0.0080	0.0091	0.0102	0.0112	0.0161	0.0202	0.0235	0.0262	0.0319
10.0	0.0047	0.0056	0.0065	0.0074	0.0083	0.0092	0.0132	0.0167	0.0198	0.0222	0.0280

注: l 为矩形基底的长边，b 为基底的短边。

2. 均布荷载矩形基础基底平面任意点下任意深度处的附加应力

对于地基任意点的附加应力,可利用式(1.26)和应力叠加原理求得,常称为"角点法"。

根据计算点的位置,可有如图 1.23 所示的 4 种情况。计算时,首先通过计算点 N 把荷载分成若干个矩形面积,使 N 点成为各个矩形的公共角点,然后按式(1.26)计算各个矩形角点下同一深度 z 处的附加应力,并求其代数和,即可得到计算点 N 下的附加应力。

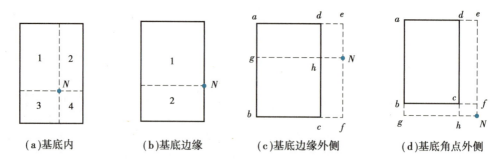

(a)基底内   (b)基底边缘   (c)基底边缘外侧   (d)基底角点外侧

图 1.23   综合角点法的应用示意图

①计算点在基底范围内,如图 1.23(a)所示。

$$\sigma_z = (K_{c1} + K_{c2} + K_{c3} + K_{c4})p \tag{1.27}$$

②计算点在基底边缘下,如图 1.23(b)所示。

$$\sigma_z = (K_{c1} + K_{c2})p \tag{1.28}$$

③计算点在基底边缘外侧,如图 1.23(c)所示。

$$\sigma_z = (K_{c1} + K_{c2} - K_{c3} - K_{c4})p \tag{1.29}$$

其中,下标 1、2、3、4 分别为矩形 $Neag$、$Ngbf$、$Nedh$ 和 $Nhcf$ 的编号。

④计算点在基底角点外侧,如图 1.23(d)所示。

$$\sigma_z = (K_{c1} - K_{c2} - K_{c3} + K_{c4})p \tag{1.30}$$

其中,下标 1、2、3、4 分别为矩形 $Neag$、$Nfbg$、$Nedh$ 和 $Nfch$ 的编号。

需要指出,矩形基础竖直均布荷载作用下,在应用角点法计算附加应力时,确定每个矩形荷载的 K_c 值,l 始终为矩形基底的长边,b 始终为基底的短边,否则无法查表 1.10。

五、土的抗剪强度与地基承载力

(一)地基土体的破坏——剪切破坏

如图 1.24 所示的路堤滑动、挡土墙滑动、浅基础地基破坏等几种常见的破坏形式,其共同特点是:滑动土体相对于不动土体,产生了相对滑移、错动,离开了原先的位置,导致地基出现大量的位移,使得周围建筑物不能正常使用。这些破坏有一个共同特点,即土体出现了滑动破坏,这种破坏形式就是剪切破坏。

1. 土的抗剪强度

为了分析土的剪切破坏规律,即土的抗剪强度发挥特点,采用直接剪切仪试验研究土的抗剪强度,如图 1.25 所示。圆柱形土样在正压力 P 作用下,不断增加水平向的剪切作用力 T,剪切面上分别作用了垂直于剪切面的正应力 σ 和平行于剪切面的剪应力 τ。当剪应力超过该剪切面土的抗剪强度 τ_f 时,剪切面就发生滑动破坏,即剪切破坏。设剪切面的面积为 A,则 $\sigma =$

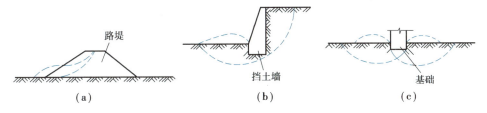

（a）　　　　　　　　（b）　　　　　　　　（c）

图1.24　土体的破坏形式

P/A，$\tau = T/A$。

变换压力 P，重做试验，可以得到正应力 σ 与抗剪强度 τ_f 关系的一组数据，绘制成曲线，得到如图 1.26 所示的抗剪强度曲线。该曲线是一条斜线，通常称为库仑曲线，其表达式为：

砂性土：

$$\tau_f = \sigma \tan \varphi \tag{1.31a}$$

黏性土：

$$\tau_f = c + \sigma \tan \varphi \tag{1.31b}$$

式中　c——土的黏聚力，kPa，库仑直线在纵轴上的截距；

　　　　φ——土的内摩擦角，库仑直线与横轴的夹角。

式（1.31a）和式（1.31b）就是著名的库仑抗剪强度准则（简称库仑准则）。对于同一种土来说，黏聚力 c 和内摩擦角 φ 基本保持不变，是反映土的基本性质的参数，也称为抗剪强度指标。根据库仑准则，当土体中某斜面上的正应力和剪应力落在图 1.26 中斜线的下方时，该斜面处于弹性平衡状态；当应力点正好处于斜线上时，则处于极限平衡状态；当应力点处于斜线的上方时，则处于破坏状态。

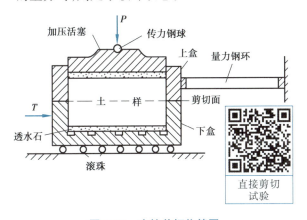

图1.25　直接剪切仪简图

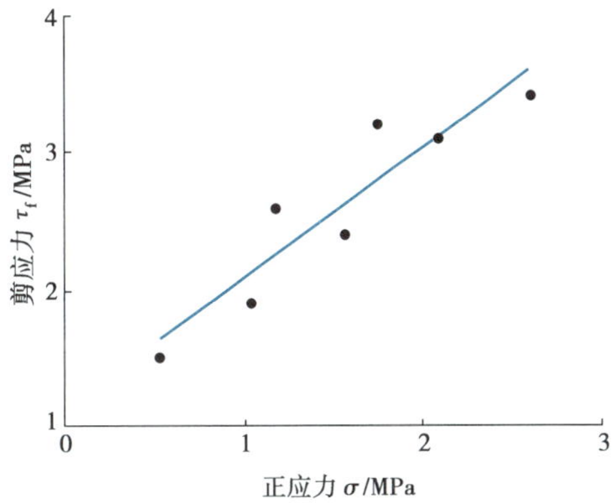

图1.26　抗剪强度与正应力的关系曲线

2.土的极限平衡

地基土体内一点的应力状态，如图 1.27 中的 M 点用一个微元体表示。图 1.27 中，σ_1 和 σ_3 分别为 M 点单元体的大主应力和小主应力。

根据材料力学知识，可得：

$$\sigma_\alpha = \frac{\sigma_1 + \sigma_3}{2} + \frac{\sigma_1 - \sigma_3}{2} \cos 2\alpha \tag{1.32a}$$

$$\tau_\alpha = \frac{\sigma_1 - \sigma_3}{2} \sin 2\alpha \tag{1.32b}$$

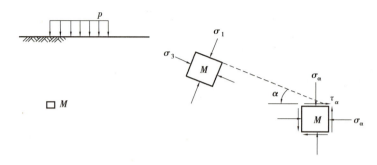

图 1.27　地基土体中一点(M点)的应力状态

式(1.32)所表示的应力状态,可以用如图 1.28 所示的圆表示出来。这个圆用来表示应力状态,所以称为应力圆。如图 1.28 所示,当这个单元体处于极限平衡状态时,其应力符合库仑准则,即图 1.28 中的斜线。这时,应力圆同库仑斜线正好相切。根据图 1.28 的极限平衡状态,可以得到大小主应力同土的抗剪强度指标 c 和 φ 的关系式为:

$$\sigma_{1f} = \sigma_3 \tan^2\left(45° + \frac{\varphi}{2}\right) + 2c\,\tan\left(45° + \frac{\varphi}{2}\right) \tag{1.33}$$

或

$$\sigma_{3f} = \sigma_1 \tan^2\left(45° - \frac{\varphi}{2}\right) - 2c\,\tan\left(45° - \frac{\varphi}{2}\right) \tag{1.34}$$

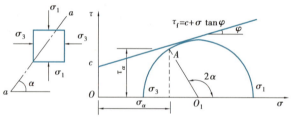

图 1.28　单元体的应力状态

判别土中一点的应力状态,可以根据式(1.33)或式(1.34)进行判断。

3.土的抗剪强度指标的测定

土的抗剪强度指标可以通过实验室测定,也可以在现场测定。下面主要介绍实验室测定的直接剪切试验法。对于实验室测定的三轴剪切法,可以查阅土工试验规范或者其他相关资料。

目前,直接剪切试验依然是室内最基本的抗剪强度测定方法。试验和工程实践都表明,土的抗剪强度与土受力后的排水固结状况有关,因而在工程设计中,强度指标的试验方法必须与现场的实际施工加荷和排水条件相符合。如在软土地基上快速堆填路堤,由于加荷速度快,地基土体渗透性低,则这种条件下的强度和稳定问题是处于不能排水条件下的稳定分析问题。因此,要求室内的试验条件模拟实际加荷状况,在不排水的条件下进行剪切试验。但是直剪仪的构造无法达到任意控制土样是否排水的要求。为了在直剪试验中能考虑这类实际需要,便通过采用不同的加荷速率来达到排水控制的要求,即采用快剪、固结快剪和慢剪 3 种不同试验方法。

①快剪。竖向压力施加后立即施加水平剪力进行剪切,而且剪切的速率也很快,一般从加荷到剪坏只用 3 ~ 5 min。由于剪切速率快,可认为土样在短暂时间内没有排水固结或者说模拟了"不排水"剪切情况。当地基土排水不良,工程施工进度又快,土体将在没有固结的情况下承受荷载时,宜用此法。

②固结快剪。竖向压力施加后,给予充分时间使土样排水固结。固结终了后,再施加水平剪力,快速地(3 ~ 5 min)把土样剪坏,即剪切时模拟不排水条件。当建筑物在施工期间允许土体充分排水固结,但完工后可能有突然增加的活载作用时,宜用此法。

③慢剪。竖向压力施加后,让土样排水固结,固结后以慢速施加水平剪力,使土样在受剪过程中始终有充分时间排水,产生体积变形。当地基排水条件良好(如砂土或砂土中夹有薄黏性土层),土体易在较短时间内固结,且工程施工进度较慢时,可选用此法。

前述 3 种试验方法对黏性土是有意义的,但效果要视土的渗透性大小而定。对于非黏性土,由于土的渗透性很大,即使快剪也会产生排水固结。

(二)地基承载力

1.地基的破坏

上部结构荷载通过基础传递给地基。当作用于地基的压力足够大时,地基将发生破坏。地基发生破坏时,基底下的地基土体将向下、向两侧滑动,出现剪切破坏(图 1.29)。地基的破坏有 3 种类型,分别如图 1.29(a)、(b)、(c)所示,其压力-沉降曲线分别如图 1.29(d)中曲线 A、B 和 C 所示。

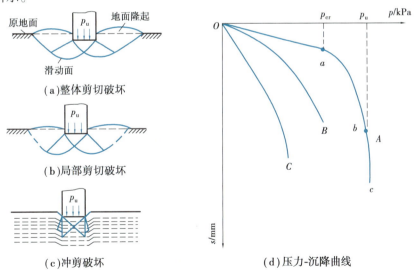

图 1.29　地基破坏类型

(1)整体剪切破坏

如图 1.29(a)所示,当地基发生破坏时,基础底面附近的地基逐渐形成整体滑动面,延伸到地表,土从基础周围挤出形成隆起的土体,基础急剧下沉,并可能向一边倾斜,地基土失稳破坏。其压力-沉降曲线如图 1.29(d)中 A 曲线所示,起始段为近似直线段,然后出现塑性弯曲;当地基塑性区形成完整滑动面一直延伸到地表时,地基急剧破坏,该曲线直线下降。整体剪切破坏通常发生在浅埋基础下的密砂或硬黏土等坚实地基中。

（2）局部剪切破坏

如图 1.29（b）所示，当地基发生破坏时，基底土体形成滑动面，但该滑动面未延伸到地表。其压力-沉降曲线［图 1.29（d）中的 B 曲线］无明显的 3 个阶段，称为局部剪切破坏。局部剪切破坏一般发生在中等以下密实的砂土地基中。

（3）冲剪破坏

冲剪破坏一般发生在基础刚度很大且地基土十分软弱的情况。在荷载作用下，基础发生破坏时的形态往往是沿基础边缘的垂直剪切破坏，如图 1.29（d）中的曲线 C 所示。通常，破坏的地基内没有形成滑动面，只伴随过大的沉降，没有倾斜发生。

2. 地基承载力

地基承载力是指单位面积地基上所能承受的荷载大小。地基承载力需要考虑地基的稳定性以及基础所能允许的沉降两个方面，属于地基的强度和稳定问题。地基在不同情况下要求有不同的承载力，如容许承载力、极限承载力。

地基承载力特征值是指同时满足地基强度、稳定性和变形要求条件下的承载力，它和建筑物允许变形值密切相关。通常，地基承载力特征值采用极限承载力除以安全系数 2 得到。

地基极限承载力是指地基即将丧失稳定性时的最大承载力。

3. 按塑性区开展范围确定地基承载力

对于整体剪切破坏的地基，分析地基土体内一点的应力状态，如图 1.30 所示。当塑性区开展深度为 0（即地基处于弹性阶段的最大承载力），地基即将出现塑性变形，这时的承载力称为临塑荷载，用 p_{cr} 表示：

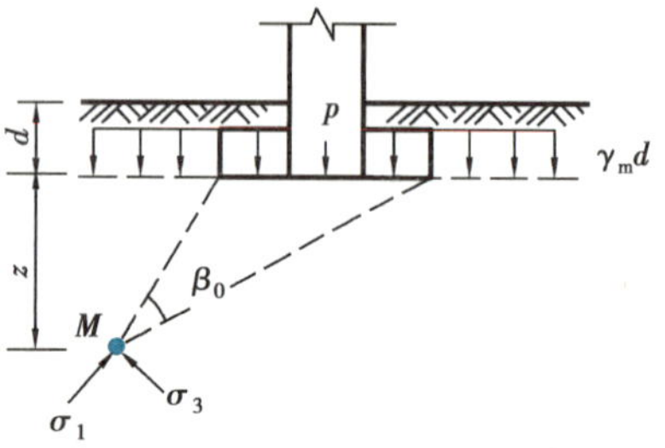

图 1.30　均布条形荷载下地基中的主应力

$$p_{cr} = \frac{\pi(\gamma_m d + c \cot \varphi)}{\cot \varphi + \varphi - \dfrac{\pi}{2}} + \gamma_m d \qquad (1.35)$$

式中　φ——土的内摩擦角，rad；

　　　　c——土的黏聚力；

　　　　γ_m——基础埋深范围内土的加权平均重度；

　　　　d——基础埋深。

当塑性区开展的深度是基础宽度的 1/4 或 1/3 时，基底压力称为临界荷载，分别用 $p_{\frac{1}{4}}$ 和 $p_{\frac{1}{3}}$ 表示：

$$p_{\frac{1}{4}} = \frac{\pi\left(\gamma_m d + c \cot \varphi + \dfrac{1}{4}\gamma b\right)}{\cot \varphi + \varphi - \dfrac{\pi}{2}} + \gamma_m d \qquad (1.36)$$

$$p_{\frac{1}{3}} = \frac{\pi\left(\gamma_m d + c \cot \varphi + \dfrac{1}{3}\gamma b\right)}{\cot \varphi + \varphi - \dfrac{\pi}{2}} + \gamma_m d \qquad (1.37)$$

式中　γ——基底下土的重度。

当滑动面形成整体时,太沙基假设条形基础基底粗糙,基底以上两侧土体用相应的自重应力计算得到极限承载力 p_u:

$$p_u = cN_c + qN_q + \frac{1}{2}\gamma bN_\gamma \tag{1.38}$$

式中　q——基底水平面以上基础两侧的荷载,通常为土的自重应力,$q = \gamma d$;

　　　b, d——基底的宽度和埋置深度;

　　　N_c, N_q, N_γ——无量纲承载力系数,仅与土的内摩擦角有关,可查表 1.11。

表 1.11　太沙基承载力系数

$\varphi/(°)$	N_c	N_q	N_γ	$\varphi/(°)$	N_c	N_q	N_γ	$\varphi/(°)$	N_c	N_q	N_γ
0	5.7	1.00	0.00	14	12.0	4.00	2.20	28	31.6	17.8	15.0
2	6.5	1.22	0.23	16	13.0	4.91	3.00	30	37.0	22.4	20.0
4	7.0	1.48	0.39	18	15.5	6.04	3.90	32	44.4	28.7	28.0
6	7.7	1.81	0.63	20	17.6	7.42	5.00	34	52.8	36.6	36.0
8	8.5	2.20	0.86	22	20.2	9.17	6.50	36	63.6	47.2	50.0
10	9.5	2.68	1.20	24	23.4	11.4	8.6	38	77.0	61.2	90.0
12	10.9	3.32	1.66	26	27.0	14.2	11.5	40	94.8	80.5	130.0

六、土压力与土坡稳定

常见挡土墙

土建工程中,挡土墙是一种常用的构筑物。它广泛用于房屋建筑、水利、港口、交通等工程中。图 1.31 所示为常见的挡土结构。这些挡土结构都受到接触土体的压力,维护着结构的安全和正常使用,发挥着挡土墙的作用。

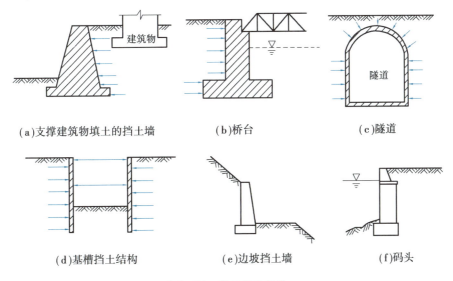

(a)支撑建筑物填土的挡土墙　　　(b)桥台　　　(c)隧道

(d)基槽挡土结构　　　(e)边坡挡土墙　　　(f)码头

图 1.31　常见挡土结构

（一）土压力类型

挡土墙受到土压力,随使用条件的不同而有所不同。土压力的类型和大小主要与挡土墙的位移、墙后填土的性质以及挡土墙的刚度等因素有关。根据挡土墙位移方向的不同,土体有3种不同状态,即静止状态、主动状态和被动状态。相应的,土压力分为静止土压力、主动土压力、被动土压力3种类型,如图1.32所示。其中,主动土压力和被动土压力都是土体处于极限平衡状态(主动极限平衡状态和被动极限平衡状态)下的土压力。

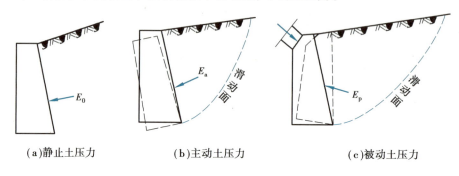

（a）静止土压力　　　　　（b）主动土压力　　　　　（c）被动土压力

图1.32　挡土墙土压力类型

1. 静止土压力

当挡土墙与填土保持相对静止状态时,则墙后填土处于相对静止状态,此状态下的土压力称为静止土压力,如图1.32(a)所示。静止土压力强度用p_0表示,作用在每延长米挡土墙上的静止土压力合力用E_0表示。

2. 主动土压力

若挡土墙由于某种原因产生背离填土方向的位移,填土处于主动推墙的状态,称为主动状态。随着挡土墙位移的增大,作用在挡土墙上的土压力逐渐减小,即挡土墙对土体的反作用力在减小。挡土墙对土的支持力小到一定值后,挡土墙后填土就失去稳定而发生滑动。挡土墙后填土在即将滑动的临界状态称为填土的主动极限平衡状态,相应的土压力称为主动土压力,如图1.32(b)所示。主动土压力强度(简称主动土压力)用p_a表示,其合力用E_a表示。

3. 被动土压力

若挡土墙在外荷载作用下产生挤压填土方向位移时,挡土墙后的填土就处于被动状态。随着墙向填土方向位移的增大,填土所受墙的推力逐渐增大,此时土对墙的反作用力也就越大。当挡土墙对土的作用力增大到一定值后,墙后填土就失去稳定而滑动,墙后填土在即将滑动的临界状态称为填土的被动极限平衡状态,此时作用在挡土墙上的土压力称为被动土压力,如图1.32(c)所示。被动土压力强度(简称被动土压力)用p_p表示,其合力用E_p表示。

由图1.32及3种土压力的概念可知:$E_a < E_0 < E_p$。

（二）土压力计算

1. 静止土压力计算

挡土墙一般都是条形构筑物,计算土压力时可以取一延长米的挡土墙进行分析。

挡土墙受静止土压力作用时,墙后填土处于弹性平衡状态,由于墙体不动,土体无侧向位移,其土体表面下任一深度 z 处的静止土压力强度 p_0 可按弹性力学公式计算。

$$p_0 = K_0 \sigma_z = K_0 \gamma z \tag{1.39}$$

式中　γ——计算深度 z 以上土的重度,kN/m³;

　　　σ_z——计算深度 z 处的竖直方向的有效应力,kPa;

　　　K_0——静止土压力系数,与泊松比 μ 有关。

理论上 $K_0 = \mu/(1-\mu)$,实际 K_0 可用三轴剪切试验测得,也可以用旁压仪在原位试验测得。当缺少试验资料时,可用土的有效内摩擦角 φ' 估算:对于正常固结土,$K_0 = 1 - \sin\varphi'$;对于超固结土,$K_0 = (1 - \sin\varphi')^{1/2}$。

由式(1.39)可知,静止土压力 p_0 与深度 z 成正比,即静止土压力强度在同一土层中呈直线分布。如图1.33所示,静止土压力强度分布图形的面积即为合力 E_0 大小,合力通过土压力图形的形心,作用于挡土墙背上。

$$E_0 = \frac{1}{2}\gamma H^2 K_0 \tag{1.40}$$

式中　H——挡土墙高度,m。

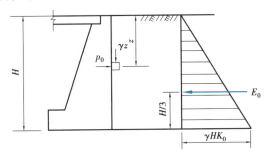

图1.33　静止土压力分布

当填土中有地下水存在时,水下透水层应采用浮重度计算土压力,同时考虑作用在挡土墙上的静止水压力。

2. 主动土压力计算

土是复杂的多相体,受到沉积环境和沉积历史、颗粒组成等多种因素的影响,准确计算土压力是不可能的。大多忽视一些次要因素,提出一些假设,再分析计算。主动土压力计算的方法有多种,这里主要介绍朗肯(Rankine)土压力计算方法。

如图1.32(b)所示,当挡土墙向远离墙后填土方向移动,墙后填土即将开裂形成滑动面下滑时,土对墙产生的土压力即为主动土压力。这时,取墙后填土微元体,其水平向的土压力由静止土压力 p_0 逐渐降低到主动土压力 p_a,形成小主应力 σ_3。根据式(1.34),得到:

$$p_a = \sigma_1 \tan^2\left(45° - \frac{\varphi}{2}\right) - 2c\tan\left(45° - \frac{\varphi}{2}\right) = \gamma z K_a - 2c\sqrt{K_a} \tag{1.41}$$

式中　p_a——墙背任一点处的主动土压力强度;

　　　γ——墙后填土的重度;

　　　c——墙后填土的黏聚力;

φ——墙后填土的内摩擦角；

z——计算点的埋深；

σ_z——深度为 z 处的竖向有效应力；

K_a——朗肯主动土压力系数，$K_a = \tan^2\left(45° - \dfrac{\varphi}{2}\right)$。

3. 被动土压力计算

如图 1.32（c）所示，挡土墙由静止状态向挤压墙后填土的方向移动，墙后填土内即将形成滑动面而滑动时，达到极限平衡状态。这时，挡土墙受到的土压力由静止土压力 p_0 增加为被动土压力 p_p，形成大主应力 σ_1。根据式（1.33），得到：

$$p_p = \sigma_z \tan^2\left(45° + \frac{\varphi}{2}\right) + 2c\,\tan\left(45° + \frac{\varphi}{2}\right) = \gamma z K_p + 2c\sqrt{K_p} \tag{1.42}$$

式中　K_p——朗肯被动土压力系数，$K_p = \tan^2\left(45° + \dfrac{\varphi}{2}\right)$。

式（1.41）和式（1.42）中，如果墙后填土在地下水位以下，则采用浮重度计算。

学 以致用

【例题 1.3】　某试验的一份土样，试验前的质量为 12.0 g，放入烘干炉烘干后的质量为 7.1 g，试计算该土样的含水率 w。

【解】　$m = 12.0\ \text{g}, m_s = 7.1\ \text{g}, m_w = m - m_s = 4.9\ \text{g}$

$$w = \frac{m_w}{m_s} \times 100\% = \frac{4.9}{7.1} \times 100\% = 69\%$$

故该土样的含水率为 69%。

【例题 1.4】　取原状土样，测出其体积 V 与质量 m 分别为 31.4 cm³ 和 60.50 g，把土样烘干后，测得质量为 47.52 g，土粒比重 $G_s = 2.70$。试求土样的 ρ（天然密度）、ρ_d（干密度）、w（含水率）、e（孔隙比）、n（孔隙率）、S_r（饱和度）。

【解】　①$\rho = \dfrac{m}{V} = \dfrac{60.50}{31.40} = 1.93\ (\text{g}/\text{cm}^3)$

②$\rho_d = \dfrac{m_s}{V} = \dfrac{47.52}{31.40} = 1.51\ (\text{g}/\text{cm}^3)$

③$w = \dfrac{m_w}{m_s} = \dfrac{m - m_s}{m_s} \times 100\% = \dfrac{60.50 - 47.52}{47.52} \times 100\% = 27.31\%$

④$e = \dfrac{G_s \rho_w}{\rho_d} - 1 = \dfrac{2.70 \times 1}{1.51} - 1 = 0.788\ 1$

⑤$n = \dfrac{e}{1 + e} \times 100\% = \dfrac{0.788\ 1}{1 + 0.788\ 1} \times 100\% = 44.07\%$

⑥$S_r = \dfrac{G_s w}{e} = \dfrac{2.70 \times 0.273\ 1}{0.788\ 1} = 93.56\%$

【例题1.5】　某天然砂土,测得其天然密度为 1.66 g/cm^3,天然含水率为 12.4%,土粒比重为 2.65,烘干后测得其最小孔隙比为 0.53,最大孔隙比为 0.88。

① 试求天然孔隙比、饱和含水率和相对密实度,并判别该砂土处于何种密实状态。

② 若将土体压实到密实状态,孔隙比应达到多少?

【解】　① 已知 $\rho = 1.66 \text{ g/cm}^3$,$w = 12.4\%$,$G_s = 2.65$,$e_{min} = 0.53$,$e_{max} = 0.88$。

$$e = \frac{V_v}{V_s} = \frac{G_s(1+w)}{\rho} - 1 = \frac{2.65 \times (1+12.4\%)}{1.66} - 1 = 0.79$$

$$w_{sat} = \frac{m_{wsat}}{m_s} = \frac{\rho_w V_v}{\rho_s V_s} = \frac{\rho_w}{\rho_s}e = \frac{1}{2.65} \times 0.79 = 29.8\%$$

$$D_r = \frac{e_{max}-e}{e_{max}-e_{min}} = \frac{0.88-0.79}{0.88-0.53} = 0.26 < 0.33$$

故该砂土处于松散状态。

② 密实状态 $D_r \geqslant 0.67$ 时,由式(1.18)可以计算孔隙比:

$$e \geqslant e_{max} - D_r(e_{max}-e_{min}) = 0.88 - 0.67 \times (0.88-0.53) = 0.65$$

即土体压到密实状态,孔隙比应不小于 0.65。

【例题1.6】　某工程地质柱状图及土的物理性质指标如图 1.34 所示,试求各土层界面处的自重应力,并绘出自重应力随深度而变化的分布曲线。

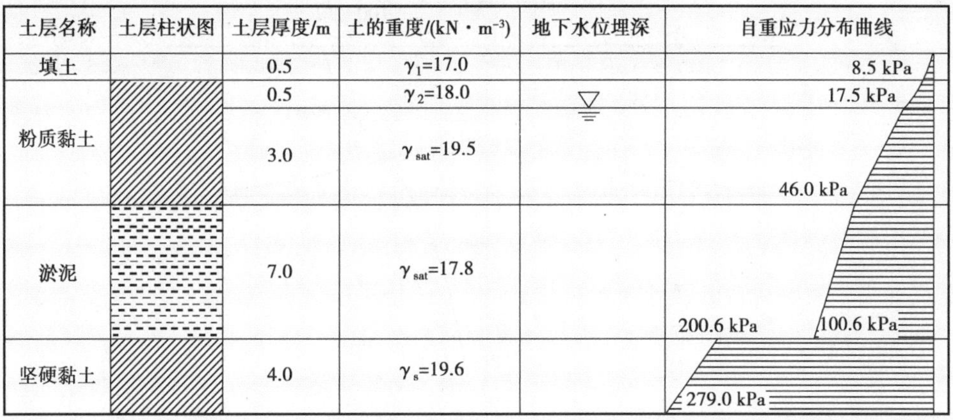

土层名称	土层柱状图	土层厚度/m	土的重度/(kN·m⁻³)	地下水位埋深	自重应力分布曲线
填土		0.5	$\gamma_1 = 17.0$		8.5 kPa
粉质黏土		0.5	$\gamma_2 = 18.0$	▽	17.5 kPa
		3.0	$\gamma_{sat} = 19.5$		46.0 kPa
淤泥		7.0	$\gamma_{sat} = 17.8$		200.6 kPa　100.6 kPa
坚硬黏土		4.0	$\gamma_s = 19.6$		279.0 kPa

图 1.34　土中自重应力曲线

【解】　填土层底:$\sigma_{cz} = 17.0 \times 0.5 = 8.5 (\text{kPa})$

地下水位处:$\sigma_{cz} = 8.5 + 18.0 \times 0.5 = 17.5 (\text{kPa})$

粉质黏土层底:$\sigma_{cz} = 17.5 + (19.5-10.0) \times 3 = 46.0 (\text{kPa})$

淤泥层底:$\sigma_{cz} = 46.0 + (17.8-10.0) \times 7 = 100.6 (\text{kPa})$

坚硬黏土层(不透水层)顶面:$\sigma_{cz} = 100.6 + (3+7) \times 10.0 = 200.6 (\text{kPa})$

钻孔底:$\sigma_{cz} = 200.6 + 19.6 \times 4 = 279.0 (\text{kPa})$

【例题1.7】　如图 1.35 所示为一 $8.0 \text{ m} \times 4.0 \text{ m}$ 的矩形基础,其上作用竖直均布荷载 $p = 100 \text{ kPa}$。试求:

①基础中心 O 点下 0、2、4、6、8 m 深度处竖向附加应力 σ_z,并绘出 σ_z 沿深度分布曲线;

②基础中心 AB 线下深度 $z=4.0$ m 的水平面上(距中心垂线为 0、2、4、6 m)竖向附加应力分布。

【解】 ①基础中心 O 点下的附加应力计算。利用角点法,通过 O 点划分为 4 个相同的小矩形,$l_1=4$ m,$b_1=2$ m,则 $\sigma_z=4K_c p$,具体各点处 σ_z 计算列于表 1.12 中,根据计算绘出 σ_z 沿深度分布曲线。

②深度 $z=4.0$ m 处水平面上的附加应力计算。仍运用角点法,通过计算点划分矩形,具体计算列于表 1.13 中。根据①的计算结果,基础中心点 O 下 4 m 深度处 $\sigma_z=48.0$ kPa;根据计算绘出沿水平方向的分布图,如图 1.35 所示。

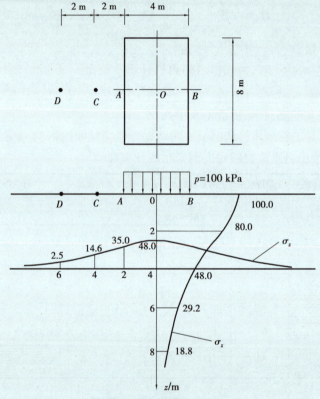

图 1.35 例题 1.7 图

表 1.12 中心点 O 下附加应力计算表

z/m	l_1/b_1	z/b_1	K_c	$\sigma_z=4K_c p/kPa$
0		0	0.250	100.0
2		1	0.200	80.0
4	$4/2=2$	2	0.120	48.0
6		3	0.073	29.2
8		4	0.047	18.8

表 1.13 $z=4.0$ m 的水平面上各点附加应力计算表

计算点	l_1/b_1	z/b_1	K_c	σ_z/kPa
A	$4/4=1.0$	1.0	$2×0.175$	35.0
C	$6/4=1.5$	1.0	$2×0.193-2×0.120$	14.6
	$4/2=2.0$	2.0		
D	$8/4=2$	1.0	$2×0.200-2×0.175$	2.5
	$4/4=1.0$	1.0		

由例题 1.7 的计算结果图可以得出附加应力的扩散规律:基底下随着深度的增加,附加应力逐渐降低;基底下在同一深度,随着距离基底中心线越远,附加应力逐渐降低。总之,距离基础底面越远,附加应力越小,附加应力逐渐向地基深处传递。所以,基础底面处土的承载力需要足够大,以承担基底传递来的压力。

【例题 1.8】 某土样抗剪强度指标分别为 $\varphi=24°$,$c=10$ kPa,承受大小主应力分别为 $\sigma_1=450$ kPa,$\sigma_3=200$ kPa。试判断该土样是否达到极限平衡状态。

【解】 已知最小主应力 $\sigma_3=200$ kPa,将已知数据代入式(1.33),得最大主应力的计算值为:

$$\sigma_{1f} = \sigma_3\tan^2\left(45°+\frac{\varphi}{2}\right)+2c\tan\left(45°+\frac{\varphi}{2}\right)$$
$$= 200×\tan^2 57°+2×10×\tan 57°$$
$$= 474.2+30.8=505.0(\text{kPa})>\sigma_1=450 \text{ kPa}$$

因为 $\sigma_{1f}>\sigma_1$,所以该土样处于弹性平衡状态。前述计算也可用式(1.34)进行判别。如果用图解法,只要曲线画得足够准确,就能得到应力圆与强度线相离的结果。

【例题 1.9】 某挡土墙后填土为两层砂土,填土表面作用连续均布荷载 $q=10$ kPa,如图 1.36 所示。请计算挡土墙上的主动土压力分布,绘出土压力分布图,并求合力。

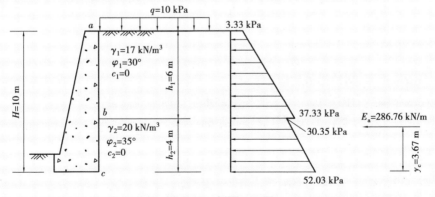

图 1.36 例题 1.9 图

【解】 已知 $\varphi_1 = 30°, \varphi_2 = 35°$，求出 $K_{a1} = 1/3, K_{a2} = 0.271$。考虑到墙后填土表面作用的均布荷载 q 在填土中增加了竖向应力，并注意到分层填土的主动土压力系数不同，按式 (1.41) 分别计算 a、b、c 3 点的土压力强度。

a 点：

$$\sigma_z = q = 10 \text{ kPa}, p_a = qK_{a1} = 10 \times \frac{1}{3} = 3.33(\text{kPa})$$

b 点上：

$$\sigma_z = q + \gamma_1 z_1 = 10 + 17 \times 6 = 112(\text{kPa})$$

$$p_a = (q + \gamma_1 z_1)K_{a1} = 112 \times \frac{1}{3} = 37.33(\text{kPa})$$

b 点下：

$$\sigma_z = q + \gamma_1 z_1 = 10 + 17 \times 6 = 112(\text{kPa})$$

$$p_a = (q + \gamma_1 z_1)K_{a2} = 112 \times 0.271 = 30.35(\text{kPa})$$

c 点：

$$\sigma_z = q + \gamma_1 z_1 + \gamma_2 z_2 = 112 + 20 \times 4 = 192(\text{kPa})$$

$$p_a = (q + \gamma_1 z_1 + \gamma_2 z_2)K_{a2} = 192 \times 0.271 = 52.03(\text{kPa})$$

将前述计算结果绘于图中得到土压力分布图，如图 1.36 所示。由土压力分布图求面积得到主动土压力合力 E_a，对 c 点取力矩平衡，可求出合力作用点位置 y_c。

$$E_a = 3.33 \times 6 + (37.33 - 3.33) \times 6/2 + 30.35 \times 4 + (52.03 - 30.35) \times 4/2$$

$$= 20 + 102 + 121.4 + 43.36 = 286.76(\text{kN/m})$$

$$y_c = [20 \times (4 + 6/2) + 102 \times (4 + 6/3) + 121.4 \times 4/2 + 43.36 \times 4/3]/286.76$$

$$= 3.67(\text{m})$$

技能训练

根据《公路土工试验规程》(JTG 3430—2020)，完成土的液塑限测定——联合测定液塑限试验。

(一)试验目的

①掌握液性指数、塑性指数的概念。
②掌握液塑限联合测定仪测定土的界限含水率的原理和试验方法。
③掌握黏性土的分类标准及划分软硬状态的方法。

(二)仪器设备

液塑限联合测定仪、天平、烘箱、盛土碗、铝盒等。

(三)试验步骤

①取代表性试样200 g,分成3份,放入盛土碗中,加不同数量的水,制成不同稠度的试样。试样的含水率宜分别接近液限、塑限和二者的中间状态,将试样调匀。

②将制备的试样搅拌均匀,填入试样杯中。对较干的试样应充分搓揉,密实地填入试样杯中,填满后刮平表面。

③将试样杯放在联合测定仪的升降座上,在圆锥上抹一薄层凡士林,接通电源,通电,使磁铁吸住圆锥。

④调节零点,调整升降座,使圆锥尖接触试样表面;指示灯亮时,圆锥在自重下沉入试样,经5 s后测读圆锥下沉深度,取出试样杯,取部分试样测定含水率。

⑤以相同步骤分别测定3个试样的圆锥下沉深度和含水率。

圆锥入土深度宜分别在3~4 mm,7~9 mm,15~17 mm。

(四)成果整理及计算

1.计算含水率

按下式计算土的含水率:

$$w = \frac{w_1 - w_2}{w_2 - w_0} \times 100\%$$

式中　w——土的含水率,以百分数计,精确至0.01%;

　　　w_1——烘干前试样质量+铝盒质量,g;

　　　w_2——烘干后试样质量+铝盒质量,g;

　　　w_0——铝盒质量,g。

2.绘制含水率-圆锥下沉深度关系曲线

以含水率为横坐标、圆锥下沉深度为纵坐标在双对数坐标纸上绘制关系曲线,三点应在一直线上。当三点不在一直线上时,通过高含水率的点与其余两点连成两条直线,在下沉深度为2 mm处查得相应的两个含水率。当两个含水率的差值小于2%时,应以该两点含水率的平均值与高含水率的点连一直线。当两个含水率的差值大于或等于2%时,应重做试验。

3.求液限、塑限

在含水率-圆锥下沉深度的关系图上,查得下沉深度为17 mm所对应的含水率为液限,查得下沉深度为2 mm所对应的含水率为塑限,取整数值。

4.求塑性指数、液性指数

$$I_P = w_L - w_P$$

$$I_L = \frac{w - w_P}{w_L - w_P}$$

式中 I_P——塑性指数(计算结果省去"%");

w_L——液限,%;

w_P——塑限,%;

I_L——液性指数;

w——天然含水率,%。

5.试验表格

液、塑限试验数据记录如表 1.14 所示。

表 1.14　液、塑限试验数据记录表

盒号					
圆锥下沉深度/mm					
盒+湿土质量/g					
盒+干土质量/g					
盒质量/g					
水质量/g					
干土质量/g					
含水率/%					
结论	液限 w_L = 塑限 w_P = 塑性指数 I_P = 土样分类:				

知识检测

1. 某土样在天然状态下的体积为 200 cm³,质量为 350 g,烘干后的质量为 330 g,设土粒比重为 2.67。试求该试样的密度 ρ、含水率 w、孔隙比 e 和饱和度 S_r。

2. 某天然砂层,密度 ρ = 1.46 g/cm³,含水率 w = 15%,由试验求得该砂土的最小干密度 ρ_{dmin} = 1.23 g/cm³,最大干密度 ρ_{dmax} = 1.65 g/cm³。该砂层处于何种状态?

3. 某黏土试样,测得含水率为 25%,已知该黏土的液限为 30%、塑限为 18%。请计算确定该土样的名称和软硬状态。

4. 土的含水率是指(　　)。

A. 土中水的质量与干土粒质量之比　　　B. 土中水的质量与湿土粒质量之比

C. 土中水的质量与干土粒表观密度之比　　D. 土中水的质量与湿土粒密度之比

5. 某黏性土含水率为 20%,其液限为 35%,塑限为 15%,则该土的液性指数最接近(　　)。

A. 20%　　　　　B. 25%　　　　　C. 30%　　　　　D. 35%

6. 土的重度分为饱和重度 γ_{sat}、天然重度 γ、干重度 γ_d、浮重度 γ' 等,其大小关系是( )。

A. $\gamma \geq \gamma_{sat} \geq \gamma_d > \gamma'$　　B. $\gamma_{sat} \geq \gamma_d \geq \gamma > \gamma'$　　C. $\gamma_{sat} \geq \gamma \geq \gamma' > \gamma_d$　　D. $\gamma_{sat} \geq \gamma \geq \gamma_d > \gamma'$

7. 土的液限、塑限、液性指数和塑性指数分别反映了土的什么性质?

8. 确定碎石土地基的压实情况,常见的判别方法有哪些?

9. 分析说明地基中的毛细水对道路路基有什么影响。

10. 什么是自重应力? 什么是附加应力? 矩形基础中心点下自重应力和附加应力的分布,分别有哪些特点?

11. 地基承载力与地基土的黏聚力、内摩擦角、重度以及基础的宽度和埋深,有怎样的关系?

12. 基础下的地基发生破坏有哪些类型? 分别简述其特点。

13. 土压力有哪些类型? 分别予以简述。

14. 某地基地面标高为 50.0 m,地下水位标高为 48.0 m,其他土层的层底标高以及土的重度等参数如图 1.37 所示。试计算和绘制地基中的自重应力沿深度的分布曲线。

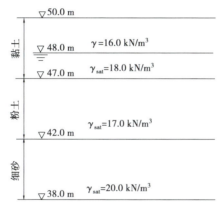

图 1.37　习题 14 图

15. 某矩形基础基底尺寸为 4.0 m×2.0 m,基础埋深 $d = 1.0$ m,埋深范围内土的重度为 16.0 kN/m³,作用在基础顶面的竖向中心荷载 $P = 1\ 200$ kN。请计算基底压力,并绘制基础中心线以下 6 m 深度内的竖向附加应力分布曲线。

16. 某地基土的内摩擦角 $\varphi = 25°$,黏聚力 $c = 10$ kPa,当土中某点的最大主应力为 200 kPa 时,最小主应力能否达到 120 kPa?

17. 某钻孔土样的压缩试验及记录如表 1.15 所示。试绘制压缩曲线,计算该土层的压缩系数 $a_{1\text{-}2}$ 及相应的压缩模量 E_s,并评定其压缩性大小。

表 1.15　土样压力与孔隙比关系

压力 p/kPa	0	50	100	200	300	400
孔隙比 e	1.190	1.062	0.994	0.906	0.858	0.814

18. 某矩形基础底面边长为 2.0 m,基础顶面作用有竖向荷载 1 200 kN,基础埋深为 1.0 m。地基土层情况如下:

①土层 1:黏土,重度为 $\gamma_1 = 18.0$ kN/m³,层厚为 1.0 m;

②土层 2:粉质黏土,重度为 $\gamma_2 = 19.0$ kN/m³,厚度为 1.0 m;

③土层 3:密实砂土,重度为 $\gamma_3 = 17.0$ kN/m³,厚度为 3.0 m。

土层 2 的压缩试验结果如表 1.16 所示;请计算该层土的压缩量。

表 1.16　土层 2 压缩试验结果

p/kPa	0	50	100	150	200	400	600
e	0.780	0.720	0.697	0.663	0.640	0.580	0.490

19. 某挡土墙高 5 m,墙背直立、光滑,墙后填土为无黏性土,表面水平,重度为 20 kN/m³,内摩擦角为 30°。求作用在挡土墙上的主动土压力以及合力。

20. 某挡土墙高 6 m,墙背直立、光滑,墙后填土为黏性土,表面水平,重度为 18 kN/m³,黏聚力为 10 kPa,内摩擦角为 20°。求作用在挡土墙上的被动土压力以及合力。

项目二 基坑施工

项目导入

随着城市高层建筑的大量兴建和地铁建设的快速发展以及地下车库、地下商场、地下仓库和地下人防等工程的施工，深、大基坑大量出现，这促进了设计计算理论的提高和施工工艺的发展。对基坑工程正确的设计和施工将直接影响工程的安全稳定、经济效益及社会效益，并对加快工程进度和保护周围环境发挥重要作用。其中，良好的施工技术管理是实现设计意图、修正设计问题、提升建筑物综合价值的重要手段。

学习目标

能力目标

◇能够读懂基坑开挖及支护结构的施工方案。

◇能够制订基坑降水方案。

◇能够进行轻型井点降水系统的设计。

知识目标

◇掌握基坑支护的基本原理及主要方法。

◇掌握基坑降水的相关知识。

◇熟悉基坑支护的施工方法。

素质目标

◇通过对基坑支护施工方法的学习，培养学生良好的自我学习，勇于探究和实践的科学精神。

◇培养科学规范、严谨求实、遵纪守法、爱岗敬业的职业道德修养。

◇培养遵循设计规范的能力及吃苦耐劳、严谨求实、团结合作的优良品质。

任务一　基坑开挖与支护

任务描述

基坑工程主要包括围护体系的设置和土方开挖两个方面。围护体系通常是一种临时结构，安全储备较小，具有比较大的风险。土方开挖打破了地基内部土体原有的应力平衡状态，特别是水平向的应力平衡，导致周围土体产生水平位移与沉降，可能影响周围地基上建筑物、构筑物的安全以及地基内部地下管线的安全和正常使用。为了降低和消除这些不利影响，需要对基坑围护结构进行周密设计计算，编写施工方案，加强施工管理，确保基坑开挖、基础施工顺利进行，并使周边建筑物、构筑物以及地下管线正常使用。

理论知识

一、基坑开挖

1. 基本概念

基坑是指为进行建（构）筑物地下部分的施工由地面向下开挖而形成的空间。开挖后，产生多个临空面，由侧壁土体和坑底土体构成基坑围体，围体的某一侧壁称为基坑的坑壁，基坑底部土体称为坑底（图2.1）。基坑开挖后，如果地基土质较为坚实，开挖后能保持坑壁稳定，可不加支护，成为无支护基坑。但实际上，由于土质、开挖深度、放坡等受到用地或施工条件限制等影响，需要进行各种坑壁支护，然后再进行开挖。

图2.1　基坑各部分名称

2. 影响基坑稳定性的因素

基坑开挖以及基础施工过程中，对基坑的稳定以及周边建筑物、构筑物以及地下管线将产生水平位移、沉降以及不均匀沉降等不利影响。因此，基坑开挖施工前的设计以及基坑施工期间，需要收集下列资料：场地岩土工程勘察报告，建筑总平面图、地下管线布置图、地下结构的平面图和剖面图，邻近建筑物和地下设施的类型、分布情况和结构质量的检测评价。

影响基坑稳定性的因素主要是土压力、水压力以及外荷载。主要荷载有土压力、静水压力、渗流压力、承压水压力、基坑开挖影响范围以内建筑物（构筑物）荷载、地面超载、施工荷载及邻近场地施工的影响、温度变化对支护结构产生的荷载。临水支护结构应考虑波浪作用和水流退落产生的动水压力。兼作永久结构使用时,还应考虑上部结构的荷载以及相关规范规定的荷载作用。

3. 基坑开挖施工相关规定

基坑边缘的顶面应设置防止地面水流入基坑的截水设施。基坑开挖时,应对基坑边缘顶面的各种荷载进行严格限制,并应在基坑边缘与荷载之间设置护道。基坑深度小于或等于4 m时,护道的宽度应不小于1 m;基坑深度大于4 m时,护道的宽度应按边坡稳定计算的结果进行适当加宽,水文和地质条件较差时应采取加固措施。

根据《公路桥涵施工技术规范》(JTG/T 3650—2020),基坑的开挖施工应符合下列规定:

①基坑开挖施工宜安排在枯水或少雨季节进行。开挖应连续施工,对有支护的基坑应采取防碰撞的措施;基坑附近有其他结构物时,应有可靠的防护措施。

②在开挖过程中进行排水时,应不对基坑的安全产生不利影响;确认基坑坑壁稳定的情况下,方可进行基坑内排水。排水困难时,宜采用水下开挖方法,并保持基坑中的原有水位高程。

③采用机械开挖时,应避免超挖,宜在挖至基底前预留一定厚度,再由人工开挖及地基处理至设计高程;如超挖,则应将松动部分清除,并应对基底进行处理。

④基坑开挖施工完成后,不得长时间暴露、被水浸泡或被扰动,应及时检验其尺寸、高程和基底承载力;检验合格后,应尽快进行基础工程施工。

不支护坑壁进行基坑开挖施工时,应符合下列规定:

①基坑坑壁坡度宜按地质条件、基坑深度、施工方法等情况确定。当为无水基坑且土层构造均匀时,基坑坑壁坡度可按表2.1确定;当土质较差有可能使坑壁不稳定而引起坍塌时,基坑坑壁坡度应适当缓于表2.1的坡度。

表2.1 基坑坑壁坡度

坑壁土类别	坑壁坡度		
	坡顶无荷载	坡顶有静荷载	坡顶有动荷载
砂类土	1:1	1:1.25	1:1.5
卵石、砾类土	1:0.75	1:1	1:1.25
粉质土、黏质土	1:0.33	1:0.5	1:0.75
极软岩	1:0.25	1:0.33	1:0.67
软质岩	1:0	1:0.1	1:0.25
硬质岩	1:0	1:0	1:0

注:①坑壁有不同土层时,基坑坑壁坡度可分层选用,并酌设平台。
　　②坑壁土的类别按《公路土工试验规程》(JTG 3430—2020)划分;岩面单轴抗压强度小于5 MPa、为5~30 MPa、大于 30 MPa时,分别定为极软、软质、硬质岩。
　　③当基坑深度大于5 m时,基坑坑壁坡度可适当放缓或加设平台。

②当有地下水时,地下水位以上的基坑部分可放坡开挖;对于地下水位以下部分,若土质易坍塌或水位在基坑底以上较高时,应采用加固土体或降低地下水位等方法开挖。

③基坑为渗水性的土质基底时,坑底的平面尺寸应根据排水要求(包括排水沟、集水井、

排水管网等)和基础模板所需基坑大小确定。

对坑壁采取支护措施进行基坑开挖时,应符合下列规定:

①基坑较浅且渗水量不大时,可采用竹排、木板、混凝土板或钢板等对坑壁进行支护;基坑深度小于或等于 4 m 且渗水量不大时,可采用槽钢、H 型钢或工字钢等进行支护;地下水位较高,基坑开挖深度大于 4 m 时,宜采用锁口钢板桩或锁口钢管桩围堰进行支护;在条件许可时,亦可采用水泥土墙、混凝土围圈或桩板墙等支护方式。

②支护结构应进行设计计算,支护结构受力过大时应加设临时支撑,支护结构和临时支撑的强度、刚度及稳定性应满足基坑开挖施工的要求。

基坑坑壁采用喷射混凝土、锚杆喷射混凝土、预应力锚索和土钉支护等方式进行加固时,其施工应符合下列规定:

①对基坑开挖深度小于 10 m 的较完整中风化基岩,可直接喷射混凝土加固坑壁;喷射混凝土之前,应将坑壁上的松散层或岩渣清理干净。

②对锚杆、预应力锚索和土钉支护,均应在施工前按设计要求进行抗拉拔力的验证试验,并确定适宜的施工工艺。

③采用锚杆挂网喷射混凝土加固坑壁时,各层锚杆进入稳定层的长度、间距和钢筋的直径应符合设计要求。孔深小于或等于 3 m 时,宜采用先注浆后插入锚杆的施工工艺;孔深大于 3 m 时,宜先插入锚杆后注浆。锚杆插入孔内后应居中固定,注浆应采用孔底注浆法,注浆管应插至距孔底 50 ~ 100 mm 处,并随浆液的注入逐渐拔出,注浆的压力宜不小于 0.2 MPa。

④采用预应力锚索加固坑壁时,预应力锚索(包括锚杆)编束、安装和张拉等的施工应符合《公路桥涵施工技术规范》(JTG/T 3650—2020)的规定,其他施工可参照《建筑边坡工程技术规范》(GB 50330—2013)的规定执行。

⑤采用土钉支护加固坑壁时,施工前应制订专项施工方案和施工监控方案,配备适宜的机具设备。土钉支护中的开挖、成孔、土钉设置及喷射混凝土面层等施工可按《建筑基坑支护技术规程》(JGJ 120—2012)的规定执行。

⑥不论采用何种加固方式,均应按设计要求逐层开挖、逐层加固,坑壁或边坡上有明显出水点处应设置导管排水。施工要求应符合《公路路基施工技术规范》(JTG/T 3610—2019)的相关规定。

二、基坑支护

当基坑坑壁土体松软或含水率较大而不稳定,基础埋深较大,基坑周边场地较小或邻近有重要建筑物或者地下管线较多、地下水位较高等,都需要对基坑侧壁土体进行支护。基坑支护是指为保护地下主体结构施工和基坑周边环境的安全,对基坑采用的临时性支挡、加固、保护与地下水控制的措施(图 2.2)。支护结构是指支挡或加固基坑侧壁用以承受荷载的结构。

基坑支护的作用主要有:使基坑开挖和基础结构施工能安全顺利进行,使基础工程施工不危害邻近建筑物或地下管线沉降、损坏。基坑支护的具体作用是平衡一部分侧向土压力,即挡土;有的还要防止地下水位下降,即挡水。

根据《建筑基坑支护技术规程》(JGJ 120—2012)的规定,各类支护结构及其形式的适用条件如表 2.2 所示。

图 2.2　基坑支护

表 2.2　各类支护结构的适用条件

结构类型		适用条件		
		安全等级	基坑深度、环境条件、土类和地下水条件	
支挡式结构	锚拉式结构	一级、二级、三级	适用于较深的基坑	①排桩适用于可采用降水或截水帷幕的基坑; ②地下连续墙宜用作主体地下结构外墙,可同时用于截水; ③锚杆不宜用在软土层和高水位的碎石土、砂土层中; ④当邻近基坑有建筑物地下室、地下构筑物等,锚杆的有效锚固长度不足时,不应采用锚杆; ⑤当锚杆施工会造成基坑周边建(构)筑物的损害或违反城市地下空间规划等规定时,不应采用锚杆
	支撑式结构		适用于较深的基坑	
	悬臂式结构		适用于较浅的基坑	
	双排桩		当锚拉式、支撑式和悬臂式结构不适用时,可考虑采用双排桩	
	支护结构与主体结构结合的逆作法		适用于基坑周边环境条件很复杂的深基坑	
土钉墙	单一土钉墙	二级、三级	适用于地下水位以上或经降水的非软土基坑,且基坑深度不宜大于 12 m	当基坑潜在滑动面内有建筑物、重要地下管线时,不宜采用土钉墙
	预应力锚杆复合土钉墙		适用于地下水位以上或经降水的非软土基坑,且基坑深度不宜大于 15 m	
	水泥土桩垂直复合土钉墙		用于非软土基坑时,基坑深度不宜大于 12 m;用于淤泥质土基坑时,基坑深度不宜大于 6 m;不宜用在高水位的碎石土、砂土、粉土层中	
	微型桩垂直复合土钉墙		适用于地下水位以上或经降水的基坑,用于非软土基坑时,基坑深度不宜大于 12 m;用于淤泥质土基坑时,基坑深度不宜大于 6 m	

续表

结构类型	适用条件	
	安全等级	基坑深度、环境条件、土类和地下水条件
重力式水泥土墙	二级、三级	适用于淤泥质土、淤泥基坑,且基坑深度不宜大于7 m
放坡	三级	①施工场地应满足放坡条件; ②可与前述支护结构形式结合

注:①当基坑不同部位的周边环境条件、土层性状、基坑深度等不同时,可在不同部位分别采用不同的支护形式。
　　②支护结构可采用上、下部以不同结构类型组合的形式。

基坑支护形式主要分为两大类:支挡型和加固型。支挡型是指利用各种桩墙和支撑锚拉系统使坑壁稳固;加固型是指利用拌和、高压喷浆、注浆、插筋等技术加固坑壁土体使之稳固。

(一)支挡式结构施工

支挡式结构是以挡土构件和锚杆或支撑为主要构件,或以挡土构件为主要构件的支护结构。支挡式结构的形式主要有锚拉式结构、支撑式结构、悬臂式结构、双排桩、支护结构与主体结构结合的逆作法。

1.排桩

排桩是指沿基坑侧壁排列设置的支护桩及冠梁所组成的支挡式结构部件或悬臂式支挡结构(图2.3)。其中,冠梁是设置在挡土构件顶部的钢筋混凝土连梁。

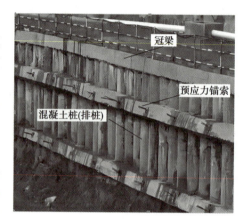

图2.3　混凝土排桩

排桩的桩型与成桩工艺应根据桩所穿过土层的性质、地下水条件及基坑周边环境要求等选择混凝土灌注桩、型钢桩、钢管桩、钢板桩、型钢水泥土搅拌桩等桩型(图2.4、图2.5)。当支护桩的施工影响范围内存在对地基变形敏感、结构性能差的建筑物或地下管线时,不应采用挤土效应严重、易塌孔、易缩径或有较大震动的桩型和施工工艺。

图2.4　钢板桩

图2.5　混凝土灌注桩排桩

2. 混凝土灌注桩排桩

①采用混凝土灌注桩时,对于悬臂式排桩,支护桩的桩径宜大于或等于 600 mm;对于锚拉式排桩或支撑式排桩,支护桩的桩径宜大于或等于 400 mm;排桩的中心距不宜大于桩直径的 2.0 倍。

②采用混凝土灌注桩时,支护桩的桩身混凝土强度等级、钢筋配置和混凝土保护层厚度应符合下列规定:

a. 桩身混凝土强度等级不宜低于 C25。

b. 支护桩的纵向受力钢筋宜选用 HRB400 级钢筋,单桩的纵向受力钢筋不宜少于 8 根,净间距不应小于 60 mm;支护桩顶部设置钢筋混凝土构造冠梁时,纵向钢筋锚入冠梁的长度宜取冠梁厚度;冠梁按结构受力构件设置时,桩身纵向受力钢筋伸入冠梁的锚固长度应符合《混凝土结构设计规范》(GB 50010—2010,2015 年版)对钢筋锚固的有关规定;当不能满足锚固长度的要求时,其钢筋末端可采取机械锚固措施。

c. 箍筋可采用螺旋式箍筋,箍筋直径不应小于纵向受力钢筋最大直径的 1/4,且不应小于 6 mm;箍筋间距宜取 100 ~ 200 mm,且不应大于 400 mm 及桩的直径。

d. 沿桩身配置的加强箍筋应满足钢筋笼起吊安装要求,宜选用 HPB300、HRB400 级钢筋,其间距宜取 1 000 ~ 2 000 mm。

e. 纵向受力钢筋的保护层厚度不应小于 35 mm;采用水下灌注混凝土工艺时,不应小于 50 mm。

f. 当采用沿截面周边非均匀配置纵向钢筋时,受压区的纵向钢筋根数不应少于 5 根;当施工方法不能保证钢筋的方向时,不应采用沿截面周边非均匀配置纵向钢筋的形式。

g. 当沿桩身分段配置纵向受力主筋时,纵向受力钢筋的搭接应符合《混凝土结构设计规范》(GB 50010—2010,2015 年版)的相关规定。

③支护桩顶部应设置混凝土冠梁。在有主体建筑地下管线的部位,排桩冠梁宜低于地下管线。冠梁的宽度不宜小于桩径,高度不宜小于桩径的 60%。冠梁用作支撑或锚杆的传力构件或按空间结构设计时,尚应按受力构件进行截面设计。

④排桩的桩间土应采取防护措施。桩间土防护措施宜采用内置钢筋网或钢丝网的喷射混凝土面层。喷射混凝土面层的厚度不宜小于 50 mm,混凝土强度等级不宜低于 C20,混凝土面层内配置的钢筋网的纵横向间距不宜大于 200 mm。钢筋网或钢丝网宜采用横向拉筋与两侧桩体连接,拉筋直径不宜小于 12 mm,拉筋锚固在桩内的长度不宜小于 100 mm。钢筋网宜采用桩间土内打入直径不小于 12 mm 的钢筋钉固定,钢筋钉打入桩间土中的长度不宜小于排桩净间距的 1.5 倍且不应小于 500 mm。

⑤排桩施工顺序。排桩墙宜采用间隔成桩的施工顺序。对于混凝土灌注桩,应在混凝土终凝后再进行相邻桩的成孔施工。混凝土灌注桩排桩墙基本工艺流程如图 2.6 所示。

图 2.6　混凝土灌注桩排桩基本工艺流程

⑥冠梁施工。冠梁施工时,应将桩顶部浮浆、低强度混凝土及破碎部分清除。冠梁混凝土浇筑采用土模时,土面应修理整平。

⑦采用混凝土灌注桩时,其质量检测应符合下列规定:

a.应采用低应变动测法检测桩身完整性,检测桩数不宜少于总桩数的 20% ,且不得少于5 根。

b.当根据低应变动测法判定的桩身完整性为Ⅲ类或Ⅳ类时,应采用钻芯法进行验证,并应扩大低应变动测法检测的数量。

(二)土钉墙支护结构施工

1.土钉墙支护的工作原理

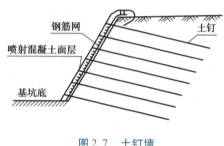

图 2.7 土钉墙

土钉墙是由随基坑开挖分层设置、纵横向密布的土钉群、喷射混凝土面层及原位土体所组成的支护结构,如图 2.7 所示。土钉墙与预应力锚杆、微型桩、旋喷桩、搅拌桩中的一种或多种组成的复合型支护结构,称为复合式土钉墙。

土钉是设置在基坑侧壁土体内的承受拉力与剪力的杆件,通常采用土中钻孔、放入变形钢筋(即带肋钢筋)并沿孔全长注浆的方法施工。土钉依靠与土体之间的界面黏结力或摩擦力,在土体发生变形时被动受力,并主要承受拉力作用。土钉也可采用钢管、角钢等作为钉体,采用直接击入的方法置入土中。土钉墙支护适用于地下水位以上或人工降水后的黏性土、粉土、杂填土及非松散砂土、卵石土等,不宜用于淤泥质土、饱和软土及未经降水处理的地下水位以下的土层,也不宜用于对基坑变形有严格要求的支护工程中,且支护深度不宜过大,一般不超过 18 m。

2.土钉墙支护的特点

①施工快速、及时且对邻近建筑物影响小。由于土钉墙施工采用小台阶逐段开挖,在开挖成型后及时设置土钉与面层结构,对坡体扰动较少,且施工与基坑开挖同步进行,不单独占用工期,施工迅速,土坡易于稳定。实测资料表明,采用土钉墙支护的土坡只要产生微小变形就可发挥土钉的加筋力,因此坡面位移与坡顶变形很小,对相邻建筑物的影响很小。

②施工机具简单,施工灵活,占用场地小。施工土钉时所采用的钻进机制及混凝土喷射设备都属于小型设备,机动性强、占用施工场地很小,即使紧靠建筑红线下切垂直开挖亦能照常施工。施工所产生的振动和噪声低,在城区施工具有一定的优越性。

③经济效益好。国内有关资料分析,土钉墙支护比排桩法、钢板桩、锚杆支护等可节省投资。因此,采用土钉墙支护具有较高的经济效益。

3.土钉墙支护的应用范围

①用于高层建筑、地下结构等基坑开挖和土坡开挖的临时性支护。

②用作洞室围岩支护、路堑路堤的土坡挡墙等永久性挡土结构。

③用作现有挡土墙的维修加固和各类临时性支护失稳时的抢险加固。

④用作边坡加固。

4. 土钉墙的材料要求

土钉钢筋宜采用 HRB400 级钢筋,钢筋直径应根据土钉抗拔承载力的设计要求确定,且宜取 16～32 mm,钢筋保护层厚度不宜小于 20 mm。土钉水平间距和竖向间距宜为 1～2 m;当基坑较深、土的抗剪强度较低时,土钉间距应取小值。土钉倾角宜为 5°～20°。应沿土钉全长设置对中定位支架,其间距宜取 1.5～2.5 m。土钉墙高度不大于 12 m 时,喷射混凝土面层的构造要求应符合下列规定:

①喷射混凝土面层厚度宜取 80～100 mm。

②喷射混凝土设计强度等级不宜低于 C20。

③喷射混凝土面层中,应配置钢筋网和通长的加强钢筋,钢筋网宜采用 HPB300 级钢筋,钢筋直径宜取 6～10 mm,钢筋网间距宜取 150～250 mm。

5. 土钉墙的施工过程

土钉墙的施工过程为:基坑开挖与修坡→定位放线→钻孔→安设土钉→注浆→铺钢筋网→喷射面层混凝土→土钉现场测试→施工检测(图 2.8)。

　(a)钻孔　　　　(b)插筋、注浆　　　(c)铺设钢筋网　　　(d)喷射混凝土护面

图 2.8　土钉墙主要施工过程

6. 土钉墙施工方法

(1)基坑开挖和修坡

基坑应按设计要求严格分层、分段开挖,在完成上一层作业面土钉且喷射混凝土面层达到设计要求时,方可进行下一土层的开挖。坡面经机械开挖后,要采用小型机械或人工进行切削修坡,以使坡度与坡面的平整度达到设计要求。

为防止基坑边坡的裸露土体塌陷,对易塌的土体可采取下列措施:

①对修整后的边坡,立即喷上一薄层砂浆或混凝土,硬化后再进行钻孔[图 2.9a)]。

②在作业面上先构筑钢筋网喷射混凝土面层,然后进行钻孔、安装土钉。

③在水平方向上分小段间隔开挖[图 2.9(b)]。

④先将作业深度上的边壁做成斜坡,待钻孔并设置土钉后再清坡[图 2.9(c)]。

⑤在开挖前,沿开挖面垂直打入钢筋或钢管,或注浆加固土体[图 2.9(d)]。

(2)钢筋土钉成孔

钢筋土钉成孔时,应符合下列要求:

①土钉成孔范围内存在地下管线等设施时,应在查明其位置并避开后,再进行成孔作业。

②应根据土层的性状选择成孔方法。选择的成孔方法应能保证孔壁的稳定性,并减小对孔壁的扰动。

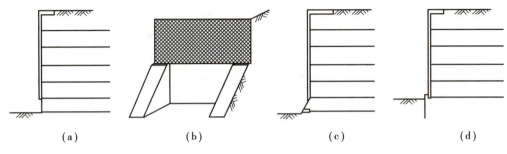

图 2.9　易塌土层的施工措施

③当成孔遇不明障碍物时,应停止成孔作业。在查明障碍物的情况并采取针对性措施后,方可继续成孔。

④对易塌孔的松散土层宜采用机械成孔;成孔困难时,可采用注入水泥浆等方法进行护壁。

(3)钢筋土钉杆体制作、安装

钢筋土钉杆体制作、安装应符合下列要求:

①钢筋使用前,应调直并清除污锈。

②钢筋需要连接时,宜采用搭接焊、帮条焊;应采用双面焊时,双面焊的搭接长度或帮条长度应不小于主筋直径的 5 倍,焊缝高度不应小于主筋直径的 30%。

③中支架的断面尺寸应符合土钉杆体保护层厚度要求,中支架可选用直径为 6~8 mm 钢筋焊制。

④土钉成孔后,应及时插入钉杆体;遇塌孔、缩径时,在处理后再插入土钉杆体。

(4)钢筋土钉注浆

钢筋土钉注浆应符合下列要求:

①注浆材料可采用水泥浆或水泥砂浆;水泥浆的水灰比宜取 0.5~0.55;水泥砂浆的水灰比宜取 0.4~0.45,同时,灰砂比宜取 0.5~1.0,拌和用砂浆选用中粗砂,按质量计的含泥量不得大于 3%。

②水泥浆或水泥砂浆应拌和均匀,一次拌和的水泥浆或水泥砂浆应在初凝前使用。

③注浆前,应将孔内残留的虚土清除干净。

④注浆采用注浆管插至孔底、由孔底注浆的方式,且注浆管端部至孔底的距离不宜大于 200 mm;注浆及拔管时,注浆管出浆口应始终埋入注浆液内,应在新鲜浆液从孔口溢出后停止注浆;注浆后,当注浆液面下降时,应进行补浆。

(5)喷射混凝土面层施工

喷射混凝土面层施工应符合下列要求:

①细骨料宜选用中粗砂,含泥量应小于 3%;细骨料宜选用粒径不大于 20 mm 的级配砾石;水泥与砂石的质量比宜取 1:4~1:4.5,砂率宜取 45%~55%,水灰比宜取 0.40~0.45;使用速凝剂等外加剂时,应通过试验确定外加剂掺量。

②喷射作业应分段依次进行,同一分段内应自下而上均匀喷射,一次喷射的厚度宜为 30~80 mm。

③喷射作业时,喷头应与土钉墙面保持垂直,其距离宜为 0.6~1.0 m。

④喷射混凝土终凝 2 h 后应及时喷水养护。

⑤钢筋与坡面的间隙应大于 20 mm。

⑥钢筋网可采用绑扎固定;钢筋连接宜采用搭接焊,焊缝长度不应小于钢筋直径的 10 倍。

⑦采用双层钢筋网时,第二层钢筋网应在第一层钢筋网被喷射混凝土覆盖后铺设。

（6）土钉墙的质量检测

土钉墙的质量检测应符合下列规定:

①应对土钉的抗拔承载力进行检测,土钉检测数量不宜少于土钉总数的 1% ,且同一土层中的土钉检测数量不应少于 3 根;对于安全等级为二级、三级的土钉墙,抗拔承载力检测值分别不应小于土钉轴向拉力标准值的 1.3 倍、1.2 倍;被检测土钉应采用随机抽样的方法选取;检测试验应在注浆固结体强度达到 10 MPa 或达到设计强度的 70% 后进行;当检测的土钉不合格时,应扩大检测数量。

②应进行土钉墙面层喷射混凝土的现场试块强度试验,每 500 m² 混凝土面积的试验数量不少于 1 组,每组试块不应少于 3 个。

③应对土钉墙的喷射混凝土面层厚度进行检测,每 500 m² 喷射混凝土面积的检测数量不应少于 1 组,每组的检测点不应少于 3 个;全部检测点的面层厚度平均值不应小于厚度设计值,最小厚度不应小于厚度设计值的 80% 。

学以致用

工程事故分析与处理

某工程为 29 层住宅,两层地下室,总高度为 93.3 m,剪力墙结构,基坑开挖深度为 11.2 m,地下水不流动。自地表往下第一层为填土,厚度为 2 m;第二层为粉质黏土,厚度为 8 m;第三层为黏土,厚度为 4 m。如图 2.10 所示,基坑开挖前,在西侧施工了 28 根直径 700 mm 的钢筋混凝土灌注桩,中心距为 1.4 m。桩体通长布置 20 Φ 22 螺纹钢筋,并在基坑地面上、下各 2 m 范围内加配 10 Φ 22 螺纹钢筋。

基坑分 3 层开挖,每层挖深 4.0 m。当挖到 11.5 m 时,粉质黏土层丧失稳定,成片土方滑移 3.5 m 左右,同时有 10 根灌注桩倾倒并折断,造成面积达 1 000 m² 塌方,工期拖延 40 d,直接经济损失 100 万元。塌方事故现场如图 2.11 所示。请分析发生塌方事故的原因并提出解决的措施方案。

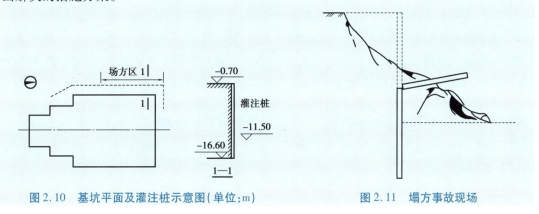

图 2.10　基坑平面及灌注桩示意图(单位:m)　　　　图 2.11　塌方事故现场

1. 事故分析

①进行支护桩的验算。按照朗肯土压力理论计算,支护桩抗弯安全系数为0.091,远远低于规范要求的1.3,抗弯能力不足。

②灌注桩质量不符合要求,混凝土不密实;水下浇筑混凝土时,泥浆有流失现象。

③基坑边缘堆砖,造成附加荷载。

2. 事故处理

清除残土,重新打设φ159 mm×8 mm钢管作为锚杆,每延米4根,锚杆采用直径50 mm无缝钢管,内灌强度等级为M25水泥砂浆,间距为1.0 m。经过处理后,钢管桩顶位移仅5 mm。

重大工程案例

1. 国家大剧院基坑支护工程

国家大剧院位于人民大会堂西侧,建筑面积为149 500 m²。该工程基坑属超深、超大基坑工程,基础平均埋深为26 m,局部埋深为32.6 m。基坑支护采用护坡桩、地下连续墙和隔水帷幕等多种支护形式,其中地下连续墙周长为610 m,厚度为800 mm;采用"两钻一抓"施工工艺,解决了深厚卵石地层条件下地下连续墙垂直度控制和成槽速度,以及深大基坑富含高承压水砂卵石地层锚索成孔与注浆难题。基坑地下水动态控制采用疏干、抽渗、隔离、减压等多种降、排水并用的控制方法(图2.12)。

图2.12　国家大剧院地下连续墙基坑支护工程

2. 中国国家博物馆改扩建基坑工程

该工程位于天安门东侧、长安街南侧、公安部西侧,是天安门标志性建筑,在中国革命博物馆和中国历史博物馆原址上进行改建。该工程东侧结构紧邻建筑红线,新馆建筑镶嵌于老馆之中,且南北两侧局部紧靠老馆基础,基坑周边存在各种地下管线。

基坑开挖深度为14.65 m,支护形式采用挡土墙+护坡桩+一至三道锚杆,南、北汽车坡道处局部采用土钉墙支护(图2.13)。挡土墙高度为2 m,护坡桩直径为800 mm,间距为1 600 mm,桩长19.45 m,共5 148根。第一道锚杆长25 m,第二道锚杆长22 m,第三道锚杆长18 m,锚杆间距为1.6 m,一桩一锚。降水方式采用坑内设渗水井,抽排结合。

图 2.13 中国国家博物馆改扩建基坑支护工程

3.北京地铁 5 号线刘家窑车站

刘家窑车站位于北京南三环路与蒲黄榆路交叉口,车站位置横跨南三环(刘家窑桥),呈南北向布置。北侧为现状蒲黄榆路,南侧为规划的蒲黄榆南路,是南三环重要的交通枢纽。现场有大量 1～2 层平房,周围地势平坦。

该车站总建筑面积为 11 426.26 m^2。基坑开挖分南侧和北侧进行,南侧基坑开挖深度为 16.7～20.0 m,开挖宽度为 20.3 m,开挖长度为 75.7 m;北侧基坑开挖深度为 17.5～20.6 m,开挖宽度为 22.35 m,开挖长度为 49.8 m。

该工程明挖车站围护结构形式采用护坡桩+3 道钢支撑+1 道一桩一锚杆(仅北侧基坑北侧),围护桩直径为 600 mm,间距为 800～1 100 mm,桩长 19.54～23.82 m,共 385 根;锚杆长 20 m,竖向设 3 道钢围檩及 ϕ 609 mm×14 mm 钢支撑(图 2.14)。降水方式采用管井降水,抽渗结合。

图 2.14 北京地铁 5 号线刘家窑车站基坑钢支撑

4.杭州地铁 1 号线滨康路车站

杭州地铁 1 号线滨康路车站位于滨安路、滨康路及西兴路间的三角地块内,与滨康路呈60°夹角,施工条件良好。该工程基坑开挖长度为170 m,宽度为21.7~25.8 m,深度为15.03~17 m。

该工程围护结构采用800 mm厚地下连续墙,标准段采用1道混凝土支撑+3道钢支撑,端头井采用1道混凝土支撑+4道钢支撑(图2.15)。连续墙共87槽。钢支撑采用φ609 mm×16 mm钢管,支撑间距为1.7~4.5 m,一般为3 m;混凝土支撑形式为八字形撑,支撑间距为8.4~9.5 m,一般为9.0 m。出入口采用SMW桩施工,桩径为φ850 mm,共136根。降水形式采用大口径无砂管降水。采用承压气体排气井,施工期间进行坑外排气,在排气井外设置回灌井。

图2.15　杭州地铁1号线滨康路车站钢支撑及混凝土支撑

技能训练

根据国家规范、标准及所学知识,掌握基坑支护的方法及施工要点,完成表2.3。

表2.3　基坑支护

任务描述	查阅《建筑基坑支护技术规程》(JGJ 120—2012)、《建筑地基基础工程施工质量验收标准》(GB 50202—2018)及国家现行有关标准中关于基坑支护方法及施工要点的相关规定,回答问题。
任务实施	基坑支护设计前,应查明基坑周边的环境条件有哪些?
	土钉墙基坑支护质量检验标准有哪些技术规定?
	排桩的施工偏差应符合哪些技术规定?

知识检测

1.什么是基坑？影响基坑稳定性的因素有哪些？
2.什么是基坑支护？基坑支护类型有哪些？
3.基坑支护的目的是什么？
4.各类支护结构的适用条件是如何规定的？
5.什么是土钉墙？什么是复合式土钉墙？

任务二 基坑降排水

任务描述

基坑应尽量在枯水或少雨季节施工。在雨季施工时，要特别注意地面水的排除，防止地面水流入开挖后的基坑，需要在基坑周围挖截水沟，同时在开挖过程中及时开挖坑内边沟和汇水井以便排除坑内积水。当开挖基坑较深、低于地下水位时，随着基坑的下挖，渗水将不断涌入基坑。为保持基坑干燥，便于基坑挖土和基础的砌筑与养护，必须采取适当的基坑排水和地下水控制措施。

理论知识

基坑底面如在地下水位以下，随着基坑的下挖，渗水将不断涌入基坑。因此，基坑开挖过程中必须不断地排水，以保持基坑干燥，便于挖土和基础的砌筑与养护。

1.基坑降排水定义

地下水控制：为了保护支护结构、基坑开挖、地下结构的正常施工，防止地下水位变化对基坑周边环境产生影响，所采用的截水、降水、排水、回灌等措施。

降水：为了防止地下水通过基坑侧壁与基底流入基坑，用抽水井或渗水井降低基坑内外地下水的方法。

集水明排：用排水沟、集水井、泄水管、输水管等组成的排水系统将地表水、渗漏水排泄至基坑外的方法。

2.降水目的

①人工降低地下水位能防止基坑被淹，创造良好的开挖施工条件。
②防止地基被水泡软，降低承载力。
③降低边坡中孔隙水压力，增强边坡的稳定性。
④可使设计边坡坡脚加大，减少挖方工程，节约资金。
⑤防止基坑地面隆胀破裂及冒沙、突水、淹没基坑等。

目前的基坑降水方法中，截水法和降水法是解决深基坑中降水问题的两种有效措施。其中，基坑降水方法主要有集水坑排水、轻型井点降水、止水帷幕法、喷射井点降水、电渗井点降水、深井井点降水等。为了保持基坑干燥,防止由于水浸泡发生边坡塌方和地基承载力下降,必须做好基坑的排水、降水工作。常采用的降水方法是集水坑排水和轻型井点降水。

一、集水坑排水法

基坑开挖时,宜在坑底基础范围以外设置集水坑,并沿坑底周围开挖排水沟,水流入集水坑内,排出坑外,如图2.16所示。集水坑的尺寸宜视渗水量的大小确定。集水沟底应始终低于基坑底0.3~0.5 m,集水坑底则应始终低于基坑底0.8~1.0 m。集水坑中的水深应能淹没水泵的吸水龙头,坑壁采用竹筐围护。吸水龙头应使用麻袋包裹,以防被泥沙堵塞。

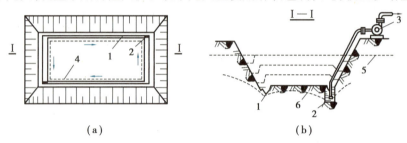

图2.16 集水坑排水法

1—集水沟;2—集水坑;3—水泵;4—基础外缘线;5—原地下水位线;6—降水后的水位线

施工前,必须对基坑的涌水量进行估算,拟订排水方案。要求机械排水能力大于基坑的涌水量。基坑涌水量大小与土的透水性、基坑内外的水头差、基坑坑壁围护结构的类型,以及基坑渗水面积等因素有关。确定涌水量的方法,一种是通过抽水试验确定,另一种是利用经验公式估算。当涌水量很小时,可用人工抽水或小型水泵排水;当涌水量较大时,一般用电动或内燃机发动的离心式水泵。考虑排水过程中,机械可能发生故障,应有备用水泵。根据基坑深度、水深及吸程大小,水泵应分别安装在坑顶、坑中护坡道或活动脚手架上。坑深大于吸程加扬程时,可用多台水泵串联或采用高压水泵。

集水坑排水法可单独采用,也可与其他方法结合使用。单独使用时,降水深度不宜大于5 m,否则在坑底容易出现软化、泥化,坡角出现流砂、管涌、边坡塌陷、地面沉降等问题。与其他方法结合使用时,其主要功能是收集基坑和坑壁局部渗出的地下水和地面水。

1. 集水坑排水法施工要求

排水沟和集水井可按下列规定布置:

①排水沟和集水井宜布置在拟建建筑基础边净距0.4 m以外;排水沟边缘距边坡坡脚不应小于0.3 m;在基坑四角或每隔30~40 m应设一个集水井。

②排水沟沟底一般在基坑底面(开挖面)以下0.3~0.5 m,沟底设置0.3%~0.5%的坡度,使地下水沿明沟流向集水井;集水井井底高程应低于边沟底,高程差不小于0.5 m,具体视渗水量而定,一般为1.0 m左右。

③沟井截面应根据排水量确定;排水量应不小于基坑总涌水量的1.5倍;集水井容积大小决定排水沟的来水量和水泵的排水量,宜保证水泵停抽后30 min内基坑坑底不被地下水淹没。

基坑侧壁出现分层渗水时,可按不同高程设置导水管、导水沟等构成明排系统。基坑侧壁渗水量较大或不能分层明排时,宜采用导水降水法。基坑明排还应重视环境排水。地表水对基坑侧壁产生冲刷时,宜在基坑外采取截水、封堵、导流等措施。

集水坑排水法设备简单,费用低,一般土质条件均可采用。但地基土为饱和粉细砂土等黏聚力较小的细粒土层时,由于抽水会引起流砂现象,造成基坑破坏和坍塌,因此应避免采用集水坑排水法。如果使用集水坑排水,应采取措施防止带走泥沙;或将集水坑排水方法改为井点法降低地下水位或者采用水下施工。

2. 流砂的产生及预防

基坑(槽)挖土至地下水位以下时,若土质为细砂或粉砂,采用集水坑排水,坑底的土就受到动水压力的作用。如果动水压力大于或等于土的浮重度时,土颗粒就会处于悬浮状态,土的抗剪强度等于零,细砂或粉砂就会随着渗流水一起流动起来,这就是流砂现象(图2.17)。土体完全丧失承载力,土体边挖边冒流砂,致使施工条件恶化,基坑难以挖到设计深度。严重时,会引起基坑边坡塌方、邻近建筑因流砂而出现地基被掏空的现象,引起建筑开裂、沉降甚至倒塌。

图2.17 流砂

流砂的防治主要途径是消除、减少或平衡动水压力。具体措施如下:
①尽量安排在枯水期施工,使最高地下水位不高于坑底0.5 m;
②水中挖土时,不抽水或减少抽水,保持坑内水压与地下水压基本平衡;
③采用井点降水法、打板桩法、地下连续墙法,以防止流砂产生。

二、井点降水法

对粉质土、粉砂类土等,采用集水坑排水极易引起流砂现象,影响基坑稳定,此时可采用井点降水法。井点降水法宜用于粉砂、细砂、地下水位较高、有承压水、挖基较深、坑壁不易稳定的土质基坑,不宜用于无砂的黏质土中。井点降水可以提高土的有效重度和自重应力,提高土的抗剪强度和坑壁土体的稳定性;可以保持基坑内的干燥,便于施工。

1. 井点降水概念

基坑开挖前,在基坑四周预先埋设一定数量的滤水管(井)。在基坑开挖前和开挖过程中,利用抽水设备不断抽出地下水,使地下水位降到坑底以下,直至土方和基础工程施工结束。

2. 井点降水分类

根据使用设备不同，井点主要有轻型井点、喷射井点、电渗井点和深井井点等多种类型，可根据土的渗透系数、要求降低水位的深度及工程特点选用(表2.4)。

表2.4 各种井点的适用条件及方法原理

井点类型	土的渗透系数 /$(cm \cdot s^{-1})$	降低水位 深度/m	方法原理
单层轻型井点	$10^{-5} \sim 10^{-2}$	$3 \sim 6$	工程外围竖向埋设一系列井点管深入含水层内，井点管的上端通过连接弯管与集水总管连接，集水总管再与真空泵、离心泵相连，启动真空泵，使井点系统形成真空；井点周围形成一个真空区，真空区砂井向上向外扩展一定范围；地下水便在真空区吸力作用下，使井点附近的地下水通过砂井、滤水管被强制吸入井点管和集水总管；排除空气后，由离心水泵的排水管排出，使井点附近的地下水位得以降低
多层轻型井点	$10^{-5} \sim 10^{-2}$	$6 \sim 12$(由井点层数决定)	
喷射井点	$10^{-6} \sim 10^{-3}$	$8 \sim 20$	在井点内部装设特制的喷射器，用高压水泵或空气压缩机通过井点管中的内管向喷射器输入高压水(喷水井点)或压缩空气(喷气井点)，形成水气射流，将地下水经井点外管与内管之间的间隙抽出排走
电渗井点	$<10^{-6}$	宜配合其他形式使用	利用黏性土中的电渗现象和电泳特性，使黏性土空隙中的水流加快流动，疏干地基，从而提高软土地基排水效率
深井井点	$\geqslant 10^{-5}$	>10	在深基坑的周围埋设深于基底的井管，使地下水通过设置在井管内的潜水泵将地下水抽出，使地下水位低于坑底

3. 轻型井点降水系统

轻型井点降水布置如图2.18所示，即在基坑开挖前预先在基坑四周打入(或沉入)若干根井管，井管下端1.5 m左右为滤管，表面钻有若干直径约2 mm的滤孔，外面用过滤层包扎。各个井管用集水管连接并抽水。井管两侧一定范围内的水位逐渐下降，各井管相互影响形成连续疏干区。在整个施工过程中不断抽水，以保证在基坑开挖和基础砌筑过程中基坑始终保持无水状态。该方法可以避免发生流砂和边坡坍塌现象，且流水压力对土层还有一定的压密作用。需要根据地下水位深度、基坑开挖深度、土的渗透性大小等计算确定井点管的长度和间距。

(1)轻型井点设备组成

轻型井点设备由管路系统和抽水设备组成。管路系统包括滤管、井点管、弯联管及总管(图2.19、图2.20)。

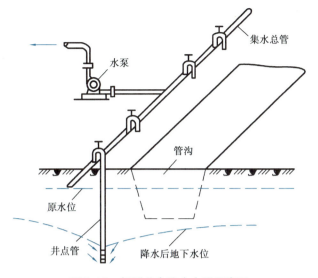

轻型井点

图 2.18　轻型井点降水布置示意图

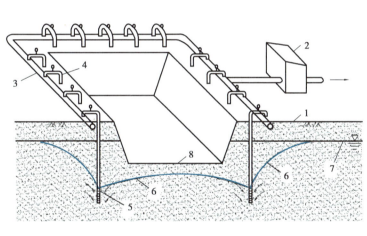

图 2.19　轻型井点设备

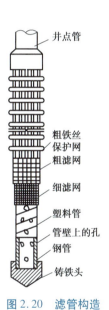

图 2.20　滤管构造

1—地面;2—水泵;3—总管;4—井点管;
5—滤管;6—降落后的水位;7—原地下水位;8—基坑底

井点管采用直径为 38 ~ 110 mm 的无缝钢管,长度为 5 ~ 7 m,可整根或分节组成。井点管上端用弯联管与总管相连。集水总管为直径 100 ~ 127 mm 的无缝钢管,每节长 4 m;总长度根据轻型井点类别不同,一般为 30 ~ 120 m。

抽水设备由真空泵、离心泵和水气分离器等组成。

(2)轻型井点平面布置

当基坑(槽)宽度小于 6 m,且降水深度不超过 5 m 时,一般可用单排井点,布置在地下水的上游一侧,其两端延伸长度一般不小于该坑(槽)的宽度为宜。如基坑宽度大于 6 m 或土质不良,则宜采用双排井点。当基坑面积较大时,宜采用环形井点。为便于挖土机械和运土车辆出入基坑,地下水的下游可以保留一段不设井管,作为车辆出入通道,而形成不封闭的布置。井管间距应根据土质、降水深度、工程性质按计算或经验确定,一般为 $0.8 \sim 1.6$ m。井管与坑壁距离不宜小于 1 m,以防止坑壁产生泄漏而影响抽水系统的真空度。在靠近河流处与总管四角部位,井管应适当加密。

根据基坑(槽)形状,轻型井点可采用单排布置、双排布置、环形布置;当土方施工机械需进出基坑时,也可采用 U 形布置(图 2.21)。

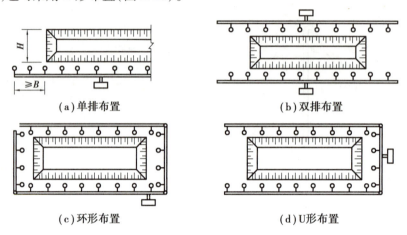

(a)单排布置   (b)双排布置

(c)环形布置   (d)U形布置

图 2.21   轻型井点平面布置

(3)轻型井点高程布置

高程布置即是井点系统的竖向布置,取决于基坑的开挖深度、地下水位高度、降水深度等条件(图 2.22)。井管的埋设深度 H(不包括滤管)可按下式计算:

$$H \geqslant H_1 + h + iL \tag{2.1}$$

式中 H_1——井点管埋置面至基坑底部的距离,m;

     h——基坑底面至降低后的地下水位线的距离,m(基坑底面在双排井点为基坑中心线处,在单排井点为远离井点一侧基坑边缘处,一般取 $0.5 \sim 1.0$ m);

     i——水力坡度,单排井点取 1/4,双排及环行井点取 1/10;

     L——井点管至基坑中心的水平距离(单排井点为井点管至基坑另一边的水平距离)。

①当 H 的最小值小于 6 m 时,则可用一级井点。

②当一级井点达不到降水深度要求时,可采用二级井点,即先挖去第一级井点所疏干的土,然后在其底部埋设第二级井点(图 2.23)。

③在确定井点管埋置深度时,还应使井点管露出地面 $0.2 \sim 0.3$ m,滤管必须埋在透水层内。

(4)轻型井点施工

轻型井点施工分为准备工作及井点系统安装。

准备工作包括井点设备、动力、水泵及必要材料准备,排水沟的开挖,附近建筑物的高程监测以及防止附近建筑沉降的措施等。

埋设井点系统施工步骤包括根据降水方案放线、挖井点沟槽、敷设集水总管、冲孔、沉设井点管、灌填滤料、黏土封口、将井点管经过弯联管同集水总管连接、安装抽水机组、连接集水总管、试抽等。

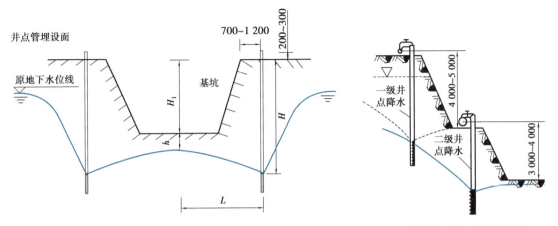

图 2.22　轻型井点高程布置(单位:mm)　　　　图 2.23　二级井点降水示意图(单位:mm)

　　井点管埋设可采用射水法、钻孔法和冲孔法成孔,再沉设井点管的方法。常用的是冲孔埋设法。冲孔埋设法分为冲孔和埋管两个过程(图 2.24)。冲孔时,先用起重设备将冲管吊起并插在井点的位置上,然后开动高压水泵,将土冲松,冲管边冲边沉。冲管应始终保持垂直、上下孔一致。冲孔直径不宜大于 300 mm,但必须得保证管壁有一定厚度的砂滤层。冲孔深度应比滤管底深 0.5 ~ 1 m,以防止拔出时部分土回落填塞滤管。

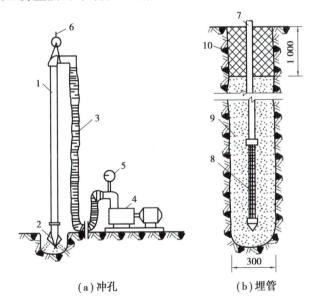

(a)冲孔　　　　　(b)埋管

图 2.24　井点管冲孔埋设(单位:mm)

1—冲管;2—冲嘴;3—胶皮管;4—高压水泵;5—压力表;6—起重机吊钩;
7—井点管;8—滤管;9—填砂;10—黏土封口

　　井孔冲成后,拔出冲管,立即插入井点管,并在井点管与孔壁之间填灌砂滤层。砂滤层所用的砂一般为洁净的中粗砂,滤层厚度一般为 60 ~ 100 mm,充填高度要达到滤管顶以上 1.0 ~ 1.5 m,以保证水流畅通;投入滤料的数量应大于计算值的 85%。砂滤层灌好后,在地面以下

1 m 范围内应用黏土封口,以防止漏气。

每根井点管埋设后,应检验渗水性能。正常情况下,当灌填砂滤料时,井点管口应有泥浆水冒出;如果没有泥浆水冒出,应从井点管口向管内灌清水,测定管内水位下渗快慢情况,如下渗很快,表明滤管质量良好。

在第一组轻型井点系统安装完毕后,应立即进行抽水试验,以检查管路接头质量、井点出水状况和抽水机械运转情况等。如发现漏气和漏水现象,应及时处理;如发现"死井"(即井点管被泥沙堵塞),应用高压水反复冲洗或拔出重新沉设。

使用轻型井点时,一般应连续抽水。若时抽时停,滤网易堵塞也容易抽出土粒,使水混浊,并引起附近建筑物由于土粒流失而沉降开裂;同时,由于中途停抽,地下水回升可能引起边坡坍塌等事故。

(5)轻型井点施工特点

①施工机具、设备简单,安拆方便灵活、时间短。

②降水效果好、见效快,缩短降水工期。短时间内能使基底降水区域土体保持干燥,无须另设排水沟、集水井;雨季施工时,雨水通过基底下渗,通过井点排出。

③降水期间所投入的人力物力少、施工成本较低,可减少基坑边坡坡率,降低基坑开挖土方量。

④在软土路基地下水较为丰富的地段应用,有明显的施工效果。

⑤对施工环境要求相对较低,施工安全性更高。

⑥井点管拔除后所留空洞后期封堵简单,能有效降低封口成本。

⑦能有效防止流砂发生,提高边坡稳定性,减少基坑边坡支护费用,特别是对易发生流砂、管涌现象的粉砂粉土。采用此方法能有效保证降水质量和施工安全。

⑧采用此施工方法,不破坏原土层结构,加快了土体固结,提高地基承载力,能够有效预防邻近建筑物在降水期间产生不均匀沉降、地基下陷现象的发生,保证邻近构筑物安全。

三、止水帷幕法

止水帷幕是阻隔或减少地下水通过基坑侧壁与坑底流入基坑、防止基坑外地下水位下降的幕墙状竖向截水体(图 2.25)。例如,连续搅拌桩(水泥土搅拌桩等),单管、三管旋喷桩形成的止水墙称为止水帷幕。常见的止水帷幕有高压旋喷桩、深层搅拌桩、旋喷桩止水帷幕等。

有的基坑工程需要设置水平向止水帷幕。水平向止水帷幕常采用高压喷射注浆法或深层搅拌法形成。根据坑底浮力或承压水的顶托力、整体稳定、抗坑底隆起分析,确定封底水泥土厚度。

1. 高压旋喷桩止水帷幕

高压旋喷桩是以高压旋转的喷嘴将水泥浆喷入土层与土体混合,形成连续搭接的水泥加固体。其施工占地少、振动小、噪声低,但容易污染环境,成本较高,对特殊的不能使喷出浆液凝固的土质不宜采用。

高压旋喷桩水泥土止水帷幕一般有两种形式:一是单独形成止水帷幕,采用单排旋喷桩相互搭接形成,或采用摆喷法形成;二是与排桩共同形成止水帷幕。

图 2.25　基坑支护及止水帷幕施工

（1）适用范围

①高压旋喷桩适用于处理淤泥、淤泥质土、流塑、软塑或可塑黏性土、粉土、砂土、黄土、素填土和碎石土等地基。

②当土中含有较多的大粒径块石、坚硬黏性土、含大量植物根茎或有过多的有机质时，对淤泥和泥炭土以及已有建筑物的湿陷性黄土地基的加固，应根据现场试验结果确定其适用程度。应通过高压喷射注浆试验确定其适用性和技术参数。

③对基岩和碎石土中的卵石、块石、漂石呈骨架结构的地层，地下水流速过大和已涌水的地基工程，以及地下水具有侵蚀性时，应慎重使用高压旋喷桩。

④高压旋喷桩可用于既有建筑和新建建筑的地基加固处理、深基坑止水帷幕、边坡挡土或挡水、基坑底部加固、防止管涌与隆起、地下大口径管道围封与加固、地铁工程的土层加固或防水、水库大坝、海堤、江河堤防、坝体坝基防渗加固、构筑地下水库截渗坝等工程。

（2）基本规定

高压旋喷桩应根据工程需要采用单管法、双管法和三管法进行施工。高压旋喷桩加固施工应符合下列要求：

①施工前，应根据现场环境和地下埋设物的位置情况，确定高压旋喷桩的孔位。

②高压旋喷桩宜采用水泥浆，可根据需要在水泥浆液中加入速凝剂、悬浮剂等，掺和料与外加剂的种类及掺量应通过试验确定。

③使用高速搅拌机的水泥浆搅拌时间不应小于 30 s；使用普通搅拌机的水泥浆搅拌时间不应小于 90 s，水泥浆从制备到使用完毕的时间不应超过 4 h。

④有特殊要求的工程可采用复喷施工技术措施，复喷施工应先喷一遍清水再喷一遍或两遍水泥浆。

⑤相邻两桩施工间隔时间不应小于 48 h，先后施工的两桩间隔不应小于 4~6 m。

2.水泥搅拌桩止水帷幕

水泥搅拌桩止水帷幕是由一定比例的水泥浆液和地基土用特制的机械在地基深处就地强制搅拌而成，从而改善基坑边坡的稳定性、抗渗性能，达到止水、挡土的效果。水泥搅拌桩止水帷幕是基坑止水的常用手段之一，对基坑（特别是深基坑）开挖及地下结构施工至关重要，多与柱列式钻孔灌注桩构成基坑支护结构。

（1）适用范围及特点

水泥搅拌桩止水帷幕适用于处理松散砂砾、粗砂、淤泥或地下水渗流速度不大于 80 m/d 的土层边坡。水泥搅拌桩止水帷幕具有施工无震动、噪声小、无污染、造价低、操作安全等优点。水泥搅拌桩止水帷幕视土层条件可采用一排、两排或数排水泥搅拌桩相互叠合形成。相邻水泥搅拌桩可搭接 100 mm 左右。采用深层搅拌法形成竖向水泥土止水帷幕比采用高压旋喷桩费用低，故能采用深层搅拌形成水泥土止水帷幕的应优先使用。

（2）基本规定

止水帷幕采用双轴水泥搅拌桩或三轴水泥搅拌桩时，宜先施工隔水帷幕，再施工灌注排桩。双轴水泥搅拌桩、三轴水泥搅拌桩施工应符合《建筑深基坑工程施工安全技术规范》（JGJ 311—2013）中的相关要求。止水帷幕与灌注桩间不应存在间隔。

砂层中采用水泥土止水帷幕，应对其阻渗效果进行检验，对其渗透系数进行验算；当不满足相关规范要求或阻渗效果差时，应添加合适的添加剂。

井点系统布置

某建筑地下室平面尺寸如图 2.26 所示，坑底标高为 -4.5 m。根据地质钻探资料，自然地面至 -2.5 m 为亚黏土层，渗透系数 $k = 0.5$ m/d；-2.5 m 以下均为粉砂层，渗透系数 $k = 4$ m/d；含水层深度不明。为防止开挖基坑时发生流砂现象，故采用轻型井点降低地下水位的施工方案。为使邻近建筑物不受影响，每边放坡宽度不应大于 2 m。试根据该施工方案，进行井点平面及高程布置。

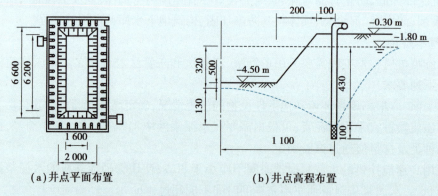

（a）井点平面布置　　　　（b）井点高程布置

图 2.26　井点平面与高程布置设计图（单位：cm）

【解】　①确定采用轻型井点降低地下水位。

②井点平面布置。根据基坑平面尺寸[图 2.26（a）]，井点采用环形布置，井管距基坑边缘取 1 m，总管长度为：

$$L = [(66+2) + (20+2)] \times 2 = 180 \, (\text{m})$$

③井点高程布置[图 2.26（b）]。采用一级轻型井点管（环形），其埋深即滤管上口至总管埋设面的距离 H 为：

$$H \geqslant H_1 + h + iL = (4.5 - 0.3) + 0.5 + 0.1 \times 11 = 5.8 (\text{m})$$

井点管布置时,滤管长度可选用 1 m。井点管通常露出总管埋设面 0.2 m。所以,井点管长度:$l = 5.8 + 1.0 + 0.2 = 7.0 (\text{m})$。

基坑降水

某城市隧道工程,隧道北侧接地点为 GNK4+515,隧道南侧接地点为 GNK4+990。隧道全长 475 m,其中暗埋段长 85 m,敞开段长 390 m;暗埋段单孔横断面宽度为 8.95 m,敞开段结构宽度为 18.2 m;洞口位于两侧,隧道北侧洞口为 GNK4+724,南侧洞口为 GNK4+809。为满足基坑施工正常进行,防止不良地下水作用发生,确保基坑侧壁稳定以及基坑周围建构筑物、道路及地下设施安全,地下水控制主要通过设置竖向止水帷幕和疏干排水系统相结合的方法。疏干排水系统由基坑内疏干井和放坡坡面的泄水孔组成。

该工程基坑内疏干井及基坑外观测井均以管井降水为主,并辅以基坑内集水坑明排基坑降水,深度控制在基坑开挖面以下 0.5 m。

1. 降水施工方法

(1)测量定位

按施工图放出井位中心点。正常情况下,井位偏差不宜大于 0.5 m,井位应设立显著标志,用以警示并起到保护作用。

(2)钻孔

同"钻孔灌注桩施工工艺"。

(3)下管

①检查井管有无残缺、断裂及弯曲情况。

②将底层管节与下一节管节对接、对齐。

③将提升用钢丝绳一头固定在井字架上,另一头套住管头凹槽,下放进井孔。

④将井管置于井孔正中,竖直并固定。

⑤依次安装井管时,动作要轻缓,不能猛降猛放。

⑥井管安放应力求竖直,位于井孔中间;井管顶部比自然地面高 500 mm 左右。井管过滤部分应放置在含水层适当的范围内。

(4)填料

安装完井管后,在井管外侧与井壁之间填充砾料。

①井管下放后,及时在井管与土壁间填充砂砾填料。粒径应大于滤网的孔径,一般为 3~8 mm 细砾石。砂砾滤料必须符合级配要求,将设计砂砾上、下限以外的颗粒筛除,合格率要大于 90%,杂质含量不大于 3%;不得用装载机直接填料,应用铁锹下料,以防止分层不均匀和冲击井管,填料要一次连续完成。砾料应缓慢填入,防止冲歪井管,一次不可填入过多。

②在接近井口 1.50 m 处,用黏土封严,以防止地面雨水等流入。

(5)洗井

冲击成孔的降水井一般都采用泥浆钻进,洗井应在下管填砾后 8 h 内进行,以免时间过长,影响降水效果。

①将空压机空气管及喷嘴放进井内,先清洗上面井壁,然后逐渐将水管下入井底。工作

压力不小于 0.7 MPa,排风量大于 6 m³/min。

②管周围填砂滤料后,安设水泵前应按规定先清洗滤井,冲除沉渣。一般采用压缩空气洗井法,其原理是当压缩空气通到井管下部时,井管中为气水混合物,密度小于1,而井管外为泥水混合物,密度大于1。这样管内外就产生了压力差,井管外的泥水混合物在压力差的作用下流进管内,于是井管内就变成了气、水、土三相混合物,其密度随掺气量的增加而降低。三相混合物不断被带出井外,滤料中的泥土成分越来越少,直至清洗干净。当井管内泥沙过多时,可采用"憋气沸腾"的方法,即采取反复关闭、开启管上的气水土混合物的阀门,破坏井壁泥皮。在洗井开始 30 min 左右及以后每 60 min 左右,关闭一次管上的阀门,憋气 2~3 min,使井中水沸腾来破坏泥皮和泥沙与滤料的黏结力,直至井管内排出水由浑变清,达到正常出水量为止。洗井应在下完井管、填好滤料、封口后 8 h 内进行,一气呵成,以免时间过长,护壁泥皮逐渐老化,难以破坏,影响渗水效果。

(6)安装抽水控制线路

在安装前,应对潜水泵本身和控制系统做一次全面细致的检查。检验电动机的旋转方向,各部位螺栓是否拧紧,润滑油是否加足,电缆接头的封口有无松动,电缆线有无破坏折断等情况,然后在地面上转 3~5 min,如无问题,方可放入井中使用。深井内安设潜水电泵,可用绳索吊入滤水层部位,带吸水钢管的应用吊车放入,上部应与井管口固定。设置深井泵的电动机座应安设平稳,转向严禁逆转(宜有逆止阀),防止转动轴解体。潜水电动机、电缆及接头应有可靠的绝缘,每台水泵应配置一个控制开关。主电源线路沿深井排水管路设置。安装完毕应进行试抽水,满足要求后方可转入正常工作。

2. 施工注意事项

为满足基坑施工要求,防止不良地下水作用发生,确保基坑侧壁稳定及周围建筑物、道路及地下管线安全,采取坑外止水帷幕和坑内降水相结合的方法,延长渗透路径,防止产生流砂、管涌等不良地质现象。

①基坑降水应由专业降水单位负责。须在基坑开挖前 20 天进行。降水后,坑内最高水位位于坑底以下 0.5 m。

②开挖至坑底施工底板时,在底板设置泄水孔,待顶板覆土及内部铺装层施工完成后方可封孔。

③施工降水应保证疏干基坑内待挖土体,保证基坑在干燥无水的条件下开挖。施工降水过程中,应加强对地下管线的监测,并在重要地下管线及保护建筑物与基坑间设置跟踪注浆管回灌,并根据测量监控数据采取保护措施。

④开挖过程中,应做好基坑内的排水工作。如在雨季施工,须配备足够的抽水设备,并做好基坑外的排水、抽水工作。在施工垫层前,基坑内排水沟应分段回填,以免水在沟内流动渗入地基土体。

⑤基坑内外均需设置水位观测孔,以便监测基坑内地下水位及降水对坑外水位的影响,控制周围地面的沉降。

⑥为减少基坑降水对周边建筑物、地下管线的影响,在建筑物与基坑之间设置回灌井,视地下水位监测情况进行地下水回灌。

⑦坑内抽出的水须尽量远离基坑排放,不得增加坑外的水头压力。

⑧施工前,应结合地质勘察报告,委托具有降水专业资质的单位进行降水专项设计,经过抽水试验确定相关参数。基坑内部设置管井降水,并在基坑内部设置一定数量的减压井降低承压水水头高度。既要达到降水效果,保证基坑工程安全,又要较好地控制坑外地基变形,确保周边管线和建筑物安全。

⑨降水施工时,应加强对附近既有建筑物及地下管线变形的检测与保护。

技能训练

根据国家规范、标准及所学知识,掌握轻型井点平面布置和高程布置,完成表2.5。

表2.5 轻型井点降水

任务描述	某厂房设备基础施工,基础底宽8 m,长15 m,坑底标高为-4.2 m,挖土边坡为1∶0.5。地质资料表明,在地面(±0.000 m)以下为0.8 m黏土层,其有8 m厚的砂砾层(渗透系数$k=12$ m/d),再下面为不透水的黏土层,地下水位在地面以下1.5 m。
	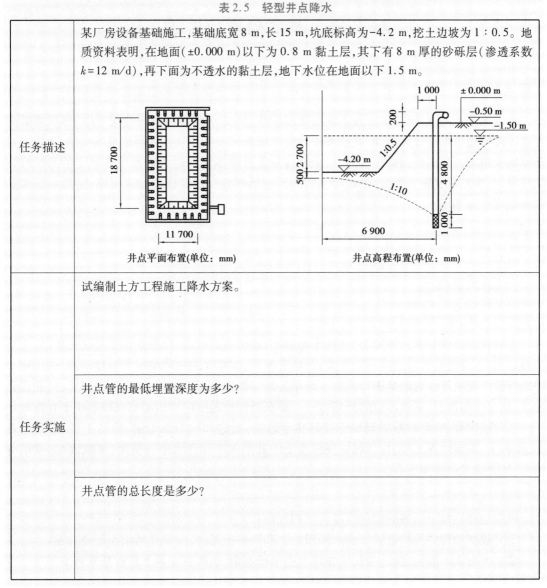 井点平面布置(单位:mm)　　　井点高程布置(单位:mm)
任务实施	试编制土方工程施工降水方案。
	井点管的最低埋置深度为多少?
	井点管的总长度是多少?

知识检测

1. 基坑降排水方法有哪些？
2. 井点降水法的优点有哪些？
3. 基坑降排水的目的是什么？
4. 轻型井点降水井点管的埋置深度有哪些规定？
5. 某基坑底长 40 m、宽 25 m、深 5 m，边坡坡度为 1 : 0.5，水位线在地面下，采用轻型井点降水，井点管到基坑边缘的距离按 1 m 考虑。试绘制轻型井点系统 1.5 m 处的平面图和高程布置图。

任务三　基底处理与检验

任务描述

天然地基上的浅基础，由于埋入地层深度较浅，施工一般采用敞开开挖基坑、修筑基础的方法。基坑挖至基底设计标高，或已按设计要求加固、处理完毕后，须经过基底检验，才能进行基础圬工施工。基底检验必须及时，以免使待检基底暴露时间过久而改变原状土的结构或风化变质，危害基坑稳定。那么，基底检验的内容包括哪些？基底检验如果合格，后续应该采取哪些措施处理基底？

理论知识

一、基底处理

1. 细粒土、特殊土地基

①对符合设计要求的细粒土、特殊土等基底，经修整完成后，应尽快设置混凝土垫层，开始基础施工，不得使基底浸水或长期暴露；基坑开挖后，如基底的地质情况与设计不符，则应按步骤进行设计变更并应对地基进行处理。地基处理应根据地基土的种类、强度和密度，按照设计要求，结合现场情况，采用相应的处理方法。地基处理的范围应宽出基础以外不小于 0.5 m。

②对强度低、稳定性差的细粒土及特殊土地基，如饱和软弱黏土层、粉砂土层、湿陷性黄土、膨胀土、季节性冻土等，处理时应视该类土的处治深度和含水率等情况，采取固结、换填等措施，使之满足设计要求。

2. 粗粒土和巨粒土地基

粗粒土和巨粒土地基的处理应符合下列规定：
①对强度和稳定性满足设计要求的粗粒土和巨粒土基底，应将其承重面平整夯实。
②基底有水不能彻底排干时，应先将水引至排水沟，然后再在其上进行基础施工。

3. 岩层地基

岩层地基的处理应符合下列规定：

①风化岩层暴露在空气或水中，将加速其风化，故基底（包括基础外围的土体）的风化岩层均需要以混凝土封闭，防止其在基础施工之前继续风化。

②在未风化的平整岩层上，基础施工前应先将淤泥、苔藓及松动的石块清除干净，并凿出新鲜岩面。

③对坚硬的倾斜岩层，宜将岩层面凿平；倾斜度较大、无法凿平时，可按设计要求凿成多级台阶，台阶的宽度不宜小于0.3 m。

4. 多年冻土地基

多年冻土地基的处理应符合下列规定：

①基础不应置于季节性冻融土层上，并不得直接与冻土接触。

②基础位于多年冻土层（即永久冻土）上时，基底之上应设置隔温层或保温层材料，其铺筑宽度应在基础外缘加宽1 m。

③按保持冻结原则设计的明挖基坑的地基，其多年平均地温大于或等于−3 ℃时，应在冬季施工；多年平均地温低于−3 ℃时，可在其他季节施工，但应避开高温季节，并应按下列规定处理：

a. 严禁地表水流入基坑；

b. 应及时排除季节冻土层内的地下水和冻土本身的融化水；

c. 必须搭设遮阳棚和防雨棚；

d. 施工前应做好充分准备，组织快速施工。施工完成的基础应立即回填封闭，不宜间歇；必须间歇时，应采用保温材料加以覆盖，防止热量侵入。

④施工期间如有明水，应在距坑顶边缘10 m以外设置排水沟，并应将水引向远离基坑的位置排出；有融化水时，亦应及时排除。

5. 岩溶地基

岩溶地基的处理应符合下列规定：

①处理岩溶地基时，不得堵塞溶洞的水路。

②对干溶洞，可采用砂砾石、碎石、干砌或浆砌片石、灰土、混凝土等回填密实；基底的干溶洞较大，回填处理有困难时，可设置桩基进行处理；桩基的设置应履行设计变更手续，并应由设计单位进行设计。

6. 泉眼地基

泉眼地基的处理应符合下列规定：

①可采用有螺口的钢管紧密打入泉眼，盖上螺帽并拧紧，阻止泉水流出；或向泉眼内压注速凝水泥砂浆，再打入木塞堵眼。

②堵眼困难时，可采用管子塞入泉眼，将水引流至集水坑排出；亦可在基底下设盲沟引流至集水坑排出，待基础施工完成后，再向盲沟压注水泥浆堵塞。采用引流方式排水时，应防止砂土流失，引起基底沉陷。

③不论采用何种方法处理基底的泉眼，均不应使基底泡水。

二、基底检验

1. 基底检验的目的

基底检验的主要目的是核对地质资料,检查基坑地质与工程地质勘察报告、设计图纸要求是否相符,有无破坏原状土结构或发生较大的扰动现象。

2. 基底检验的内容

（1）准备工作

应做好基底检验的准备工作,包括熟悉工程地质勘察报告、了解拟建建筑物的类型和特点、研究基础设计图纸及环境监测资料。当遇有下列情况时,应列为基底检验的重点:

①当持力土层的顶板标高有较大的起伏变化时;

②基础范围内存在两种以上不同成因类型的地层时;

③基础范围内存在局部异常土质或坑穴、古井、老地基或古迹遗址时;

④基础范围内遇有断层破碎带、软弱岩脉以及古河道、湖、沟、坑等不良地质条件时;

⑤在雨期或冬期等不良气候条件下施工,基底土质可能受到影响时。

（2）检验内容

基底检验应包括下列内容:

①基底的平面位置、尺寸和基底高程;

②基底的地质情况和承载力是否与设计资料相符;

③基底处理和排水情况是否符合规范要求;

④施工记录及有关试验资料等。

（3）资料归档

应做好基底检验的资料归档工作,包括:

①填写基坑（槽）隐蔽工程验收记录单（表）;

②收集勘察单位和设计单位对基底检验的处理意见或变更通知单;

③经检查合格,及时办理交接手续。

3. 基底检验的方法

基底检验应按桥涵大小、地基土质复杂情况（如溶洞、断层、软弱夹层、易溶岩等）及结构对地基有无特殊要求,采用以下检查方法:

（1）小桥涵的地基检验方法

一般采用直观的表面检查验槽法或触探方法（包括静力触探法、钎探检查验槽法和洛阳铲坑探验槽法）,必要时可进行土质试验。

（2）大、中桥和地基土质复杂、结构对地基有特殊要求的地基检验方法

一般采用触探方法和钻探（钻深不应小于 4 m）取样土工试验相结合的检验方法,或按设计的特殊要求进行荷载试验。当地基遇有下列情况之一时,应进行荷载试验:

①强烈风化岩石;

②相对密度 $D_r \leqslant 0.33$ 的松砂地基;

③液性指数 $I_L > 1.0$ 的软黏性土;

④孔隙比 $e>0.7$ 的亚砂土、$e>1.0$ 的亚黏土及 $e>1.1$ 的黏土；

⑤含大量有机质的砂或黏土；

⑥含大量杂质的杂填土（如瓦片、碎砖等）。

荷载试验包括用于鉴定地基土的变形性和承载能力的平板荷载试验、在钻孔中进行横向荷载试验的旁压试验、测试原状饱和黏性土地基不排水抗剪强度的剪切试验，必要时采用十字板剪切试验。

（3）特大桥的地基检验方法

特大桥的地基，应按设计要求的方法进行检验。

4. 基底检验质量标准

①基底平面位置：由设计中心线向两边量测，周线长和宽度均不应小于设计要求，且应满足基础施工作业的需要。

②基底标高：基底标高容许误差可视具体的工程情况和基础类型确定。一般情况下，土质地基允许偏差为 $\pm 50\ mm$，石质地基允许偏差为 $+50\ mm$、$-200\ mm$。

学以致用

京沪高铁大汶河特大桥位于山东省泰安市岱岳区大汶口镇和满庄镇，全长约 21.142 km，横跨大汶河及 4 条公路、铁路，地质条件复杂，施工难度大。墩台基础有明挖基础、井挖基础、桩基础 3 种类型。桥墩高 6.5～12.5 m 不等，墩身采用流线型圆端实体墩（大汶河内采用单圆柱实体墩）。桥墩采用钢筋绑扎、模具浇筑等施工工艺，提高了施工质量和施工效率。其中，明挖圆端实体墩混凝土基础在基槽开挖完成后，需进行基底检验。基底检验主要内容如下：

①基底平面位置、尺寸大小和基底高程。

②基底地质情况和承载力是否与设计资料相符。

③基底处理和排水情况。如图 2.27 所示，b 点为 5 个探溶孔，孔深 5 m，利用探钩深入探溶孔内，仔细感觉有无溶洞、断层等不良地质类型，并查看钻孔记录。

④基坑检验方法按地基土质复杂及结构对地基有无特殊要求，可采用直观或触探方法。一般泥岩、页岩不易产生溶洞，可以不钻探溶孔，石灰岩必须钻探溶孔。

⑤基底高程容许误差：土质为 $\pm 50\ mm$，石质为 $+50～-200\ mm$。

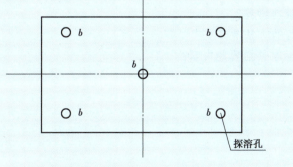

图 2.27　岩溶孔钻探检验示意图

基底检验完毕,浇筑混凝土垫层、墩台基础混凝土,绑扎安装墩身钢筋、浇筑墩身混凝土,推行工序化、标准化、规范化的施工理念,高质量完成桥墩施工。该工程受到京沪高铁项目相关领导的高度赞赏,被作为全线的样板工程推广。

技能训练

根据国家规范、标准及所学知识,掌握基底处理及基底检验的相关要求,完成表2.6。

表2.6　基底处理及检验

任务描述	查阅《建筑基坑支护技术规程》(JGJ 120—2012)、《建筑地基基础工程施工质量验收标准》(GB 50202—2018)、《公路工程质量检验评定标准　第一册　土建工程》(JTG F80/1—2017)及国家现行有关标准中关于基底处理及检验的相关规定,回答问题。
任务实施	大、中桥和地基土质复杂、结构对地基有特殊要求的地基检验方法有哪些?
	遇到哪些情况时,应重点进行基底检验?
	基底检验资料进行归档的内容有哪些?

知识检测

1. 粗粒土和巨粒土地基的处理应符合哪些规定?
2. 多年冻土地基的处理应符合哪些规定?
3. 基底检验的内容有哪些?
4. 小桥涵的地基检验方法有哪些?
5. 基底检验质量标准包括哪些内容?

项目三 浅基础

项目导入

通常,天然地基上的基础可分为浅基础和深基础两类。由于埋置深度不同,采用的施工方法、基础结构形式和设计计算方法也不相同。浅基础埋入地层深度小于基础宽度,一般规定不超过 5 m,施工一般采用敞口开挖基坑修筑的方法。浅基础在设计计算时可以忽略基础侧面土体对基础的影响,基础结构形式和施工方法也较简单。深基础埋入地层较深,结构形式和施工方法较浅基础复杂,在设计计算时需要考虑基础侧面土体的影响。

天然地基浅基础由于埋深浅、结构简单、施工简便、造价较低,因此是建筑物最常用的基础类型。在中小跨径桥涵中,由于上部结构自重和荷载作用较小,通常采用的重力式和桩柱式墩台的基础形式有刚性扩大基础和单独基础。

学习目标

能力目标

◇能够验算浅基础的承载力。

◇能够根据给定的基础形式和地质条件等编写刚性基础施工方案。

◇能够分析比较给定地基的承载力大小。

知识目标

◇掌握浅基础的概念、浅基础的常见类型、刚性角的概念、围堰的类型、基坑失稳主要类型、地基承载力的概念、地基承载力验算方法、基础发生破坏的主要形式。

◇理解浅基础承载力的影响因素、地基破坏机理、浅基础承载力确定方法、基坑板桩墙稳定性的影响因素、刚性扩大基础埋深和截面尺寸的影响因素。

◇了解浅基础所使用的常见建筑材料、各类浅基础施工要点。

素质目标

◇通过对地基承载力计算能力的训练,培养学生理论联系实际、结构严谨、一丝不苟的思维方式。

◇培养认真负责的工作作风和工作方法,在基础设计和施工中具有严肃的科学精神和态度。

◇培养遵循设计规范而创新的能力,要用发展的观点来灵活应用,处理遵守与创新的矛盾。

任务一　浅基础认知

浅基础分类

任务描述

天然地基上的浅基础分类多样,可按照结构受力特性、基础材料的组成和基础的构造进行分类。在实际工程中,必须根据荷载大小、地质条件、施工技术水平等因地制宜选择合适类型的浅基础。通过对基础常用分类方式及其特点等相关知识的学习,能够根据提供的桥梁水文与地质资料,初步进行基础类型选定。

理论知识

一、按受力性能分类

根据受力性能不同,浅基础可以分为刚性基础和柔性基础两种类型。

上海倒楼事件

刚性基础是指用砖、石、灰土、混凝土等抗压强度大而抗弯、抗剪强度小的刚性材料制作的基础(受刚性角的限制)。这种基础抵抗变形的能力较小,容易产生裂缝,用于地基承载力较好、压缩性较小的中小型桥梁和民用建筑中。其特点是稳定性好、施工简便、能承受较大的荷载。

柔性基础也称为扩展基础,是指用抗拉、抗压、抗弯、抗剪均较好的钢筋混凝土材料制作的基础(不受刚性角的限制),用于地基承载力较差、上部荷载较大、设有地下室且基础埋深较大的建筑。常见的形式有柱下扩展基础、条形基础、十字形基础、筏板基础及箱形基础,其整体性较好,抗弯刚度较大。

二、按材料分类

按材料分类,浅基础可以分为砖基础、灰土基础、三合土基础、毛石基础、混凝土及毛石混凝土基础以及钢筋混凝土基础,如表3.1所示。

浅基础

表3.1　浅基础按材料分类

类型	内容
砖基础	具有就地取材、价格较低、施工简便等特点,在干燥与温暖地区应用广泛,但强度与抗冻性差
灰土基础	灰土由石灰与黏性土混合而成,适用于地下水位低、5层及5层以下的混合结构房屋和墙承重的轻型工业厂房
三合土基础	我国南方常用三合土基础,体积比为1:2:4或1:3:6(石灰:砂:骨料),一般多用于水位较低的4层及4层以下的民用建筑工程
毛石基础	用强度较高而又未风化的岩石制作,沿阶梯用3排或以上的毛石

续表

类型	内容
混凝土及毛石混凝土基础	强度、耐久性、抗冻性均较好,混凝土的水泥用量和造价较高,为降低造价可掺入基础体积30%的毛石
钢筋混凝土基础	强度大、抗弯性能好,同条件下基础较薄,适用于大荷载及土质差的地基,注意防止地下水的侵蚀作用

三、按基础构造分类

1. 刚性扩大基础

由于地基土的强度比墩台圬工的强度低,故基底的平面尺寸都需要稍大于墩台的平面尺寸,即做成扩大基础,以满足地基强度的要求。其平面形状为矩形,每边扩大的尺寸最小为0.2~0.5 m。对于砖、石或素混凝土等材料建造的刚性基础,因为没有配筋,抗拉能力弱,基础底面抗变形能力差,每边扩大的最大尺寸受到材料刚性角的限制。当基础较厚时,可以做成台阶形,以减少基础自重,节省材料(图3.1)。刚性扩大基础是桥涵及其他建筑常用的基础形式。

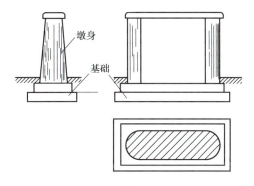

图3.1　刚性扩大基础

2. 独立基础

独立基础也称为单独基础,是柱基础的基本形式,是整个或局部结构物下的无筋或配筋的单个基础。通常,柱基、烟囱、水塔、高炉、机器设备多采用独立基础,如图3.2所示。

3. 条形基础

条形基础是指基础长度远大于其宽度的一种基础形式。按上部结构形式,可分为墙下条形基础和柱下条形基础。

(1)墙下条形基础

墙下条形基础是承重墙基础的主要形式,常用砖、毛石、三合土或灰土建造。当上部结构荷载较大而土质较差时,可采用混凝土或钢筋混凝土建造。墙下钢筋混凝土条形基础一般做成无肋式,如图3.3(a)所示。如地基在水平方向上压缩性不均匀,为了增加基础的整体性,减少不均匀沉降,也可做成肋板式条形基础。

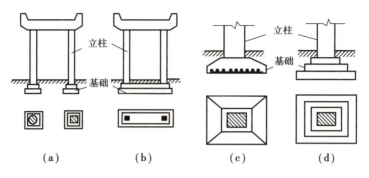

图 3.2　独立基础

（2）柱下条形基础

当地基软弱而荷载较大时，若采用柱下单独基础，底面积必然很大，因而互相接近。为了增强基础的整体性和方便施工，可将同一排的柱基础连通做成钢筋混凝土条形基础，如图 3.3（b）所示。

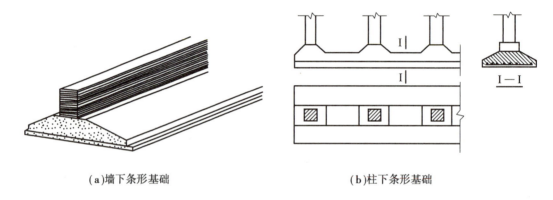

（a）墙下条形基础　　　　　　　　　　　　（b）柱下条形基础

图 3.3　条形基础

4.十字交叉基础

当荷载很大，采用柱下条形基础不能满足地基基础设计要求时，可采用双向的柱下钢筋混凝土条形基础，形成十字交叉基础，如图 3.4 所示。这种基础纵横向具有一定的刚度，主要用于房屋建筑。当地基软弱且在两个方向的荷载和土质不均匀时，十字交叉基础对不均匀沉降具有良好的调整能力。

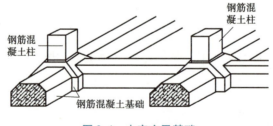

图 3.4　十字交叉基础

5. 筏板基础

当地基软弱而荷载很大,采用十字交叉基础也不能满足地基承载力要求时,可采用筏板基础,即用钢筋混凝土做成连续整片基础,亦称筏形基础,俗称"满堂红",或称满堂基础,如图3.5所示。筏板基础由于基底面积大,故可减小基底压力,同时增大了基础的整体刚度。

筏板基础可以做成整板式和梁板式。筏板基础主要用于房屋建筑,可用于框架、框剪、剪力墙结构以及砌体结构房屋。

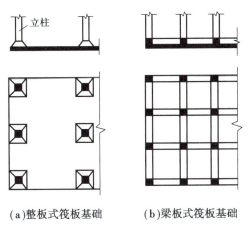

(a)整板式筏板基础　　(b)梁板式筏板基础

图3.5　筏板基础

筏板基础

6. 箱形基础

箱形基础是由钢筋混凝土底板、顶板和内外纵横墙体组成的格式空间结构,如图3.6所示。箱形基础主要用于房屋建筑。这种基础埋深大,具有很大的整体刚度,故在荷载作用下,建筑物仅发生大致均匀的沉降与不大的整体倾斜。箱形基础是高层建筑人防工程必需的基础形式。在地下水位较高的地区,采用箱形基础进行基坑开挖时,要考虑降低地下水位、坑壁支护和对相邻建筑物的影响问题。其缺点是施工技术复杂、工期长、造价高。

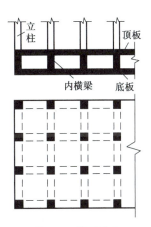

图3.6　箱形基础

学以致用

由于不同的地区、不同的地层、不同的局部环境,其物理、力学性质复杂多变,基础的受力情况和施工条件也千差万别,需要在牢固掌握理论知识的基础上,结合具体工程实践,灵活分析运用。根据所给具体工程资料,熟悉常用基础施工工艺流程,能按照现行施工及验收规范识读工程图、拟订施工方案并组织实施,进行工程质量验收与资料填报,运用所学理论知识分析、解决地基处理与基础施工中的常见工程问题。

矮寨大桥为吉茶高速公路控制性工程,桥位紧邻湘西德夯苗族文化风景区,自然环境优美,地形条件复杂,距吉首市区约 20 km,于 K14+571.30 处跨越矮寨镇附近的山谷,德夯河流经谷底,桥面设计标高与地面高差达 330 m 左右,山谷两侧悬崖距离在 900～1 300 m 范围内变化。

矮寨大桥采用塔梁分离式悬索桥方案,主跨为单跨 1 176 m 简支钢桁加劲梁,主缆布置为 242 m+1 176 m+116 m,主缆的矢跨比为 1/9.6,两根主缆横桥向间距为 27 m,是当时"国内第一"跨越峡谷的大跨度钢桁加劲梁悬索桥。

塔身采用双柱门式框架结构。吉首岸索塔自扩大基础顶以上高 129.316 m,塔顶中心距为 27 m,塔底中心距为 41 m。壁厚:上塔柱为 0.8 m,中塔柱为 1.0 m,下塔柱为 1.2 m。分离式扩大基础高 5 m,C30 钢筋混凝土结构,单侧基础尺寸为 21 m×18 m(纵向×横向)。塔座高 6 m,底设 3 m 实体段。塔柱横向等宽 6 m。混凝土体积为 1.25 万 m³。塔座、塔柱为 C55 钢筋混凝土结构,上、下横梁为 C55 预应力混凝土结构。

茶洞岸索塔自扩大基础顶以上高 61.924 m。塔柱壁厚:上塔柱为 1.0 m,下塔柱为 1.2 m。分离式扩大基础高 5 m,C30 钢筋混凝土结构,单侧基础尺寸为 18 m×20 m(纵向×横向)。塔座高 6 m,底设 3 m 实体段。塔柱横向等宽 8 m。混凝土体积为 9 500 m³。塔基下方为坡头隧道,坡头隧道顶部距塔基底部 52.4 m(图 3.7)。

(a)索塔基坑

(b)塔座施工

(c)索塔横梁施工

(d)索塔封顶

图 3.7 茶洞岸索塔基础

矮寨大桥建设当时成功创造了 4 个世界第一:大桥两索塔间跨度为 1 176 m,跨峡谷跨度为世界第一;首次采用塔、梁完全分离的结构设计方案;首次采用岩锚吊索结构,并用碳纤维作为预应力筋材;首次采用"轨索滑移法"架设钢桁梁。

技能训练

根据国家规范、标准,掌握浅基础的类型及施工工艺、施工要点及质量检测标准,完成表3.2。

表 3.2　浅基础的形式及施工要点

任务描述	查阅《公路桥涵施工技术规范》(JTG/T 3650—2020)、《公路工程质量检验评定标准　第一册　土建工程》(JTG F80/1—2017)及相关参考资料,回答问题。
任务实施	在桥梁工程中,通常采用的基础形式有几种?简述主要形式的施工方法。
	桥梁基础工程施工中,常见质量控制点有哪些?
	什么是刚性基础?刚性基础有什么特点?

知识检测

1. 根据受力性能不同,浅基础可以分为_____和_____两种类型。

2. 按材料分类,浅基础可以分为_____、_____、_____、_____、_____、_____等。

3. 条形基础是指基础长度远大于其宽度的一种基础形式。按上部结构形式,可分为_____和_____。

4. 按基础构造分类,浅基础可以分为_____、_____、_____、_____、_____和_____。

5. 桥涵地基承载力检测用于(　　)基础。

　　A. 扩大　　　　　　　　B. 桩　　　　　　　　C. 沉井　　　　　　　　D. 管柱

6. 桥梁基础工程施工中,浅基础一般可分为(　　)。

　　A. 刚性扩大基础　　　B. 单独或联合基础　　　C. 条形基础　　　　　　D. 箱形基础

　　E. 沉井基础

任务二　浅基础计算

任务描述

浅基础稳定性分析包括基础埋置深度、基础底面尺寸、地基承载力、基底合力偏心距、基础稳定性和地基稳定性、基础沉降等方面。通过对浅基础设计计算方法等相关知识的学习，能正确地按照《公路桥涵地基与基础设计规范》（JTG 3363—2019）中的计算要求，拟订基础尺寸和埋置深度，根据基础底面荷载作用组合情况完成地基强度、基底偏心距、基础稳定性和基础沉降的设计验算。

理论知识

一、基础埋置深度和尺寸的确定

1.基础埋置深度确定

浅基础的埋置深度受到地基承载力大小、土质条件、地下水位深度、基础沉降等多方面的影响。确定基础埋置深度时，必须考虑把基础设置在变形较小、强度较大的土层上，以保证地基强度满足要求，而且不致产生过大的沉降或不均匀沉降。此外，还要使基础有足够的埋置深度，以保证基础的稳定性，确保基础的安全。

确定基础的埋置深度时，必须综合考虑地质、地形条件、河流的冲刷程度、当地的冻结深度、上部结构形式，以及保证持力层稳定所需的最小埋深和施工技术条件、造价等因素。对于某一具体工程来说，往往是其中一两种因素起决定性作用。分析浅基础稳定性时，必须从工程现场实际情况出发，抓住主要因素，确定合理的埋置深度。

（1）地基的地质条件

地质条件是确定基础埋置深度的重要因素之一。覆盖土层较薄（包括风化岩层）的岩石地基，一般应清除覆盖土和风化层后，将基础直接修建在新鲜岩面上；如岩石的风化层很厚，难以全部清除时，基础置于风化层中的埋置深度应根据其风化程度、冲刷深度及相应的承载力来确定。如岩层表面倾斜时，不得将基础的一部分置于岩层上，而另一部分置于土层上，以防基础因不均匀沉降而发生倾斜甚至断裂。在陡峭山坡上修建桥台时，还应注意岩体的滑动稳定性。

当基础埋置在非岩石地基上，如受压层范围内为均质土，基础埋置深度除满足冲刷、冻胀等要求外，还可根据荷载大小，由地基土的承载能力和沉降特性来确定（同时考虑基础需要的最小埋深）。

（2）河流的冲刷深度

在有水流的河床上修建基础时，要考虑洪水对基础下地基土的冲刷作用。洪水水流越急，流量越大，洪水的冲刷越大，整个河床面被洪水冲刷后要下降。这称为一般冲刷，被冲下去的深度称为一般冲刷深度。同时,桥墩的阻水作用使洪水在桥墩四周冲出一个深坑,称为局部冲刷。

在有冲刷的河流中,为了防止桥梁墩、台基础四周和基底下土层被水流冲走掏空以致倒塌,基础必须埋置在设计洪水的最大冲刷线以下不小于 1 m。特别是在山区和丘陵地区的河流,更应注意考虑季节性洪水的冲刷作用。

基础在设计洪水冲刷总深度以下的最小埋置深度与河床地层的抗冲刷能力、计算设计流量的可靠性、选用计算冲刷深度的方法、桥梁的重要性和破坏后修复的难易程度等因素有关。因此,对于大、中桥基础,在设计洪水冲刷总深度以下的最小埋置深度时,建议根据桥梁大小、技术的复杂性和重要性,参照表 3.3 采用。

在确定冲刷深度时,尚应考虑其他可能产生的不利因素,如因水利规划使河道变迁、水文资料不足或河床不稳定河段时,表 3.3 所列数值应适当加大。

表 3.3　桥梁墩台基底埋深安全值

桥梁类别	总冲刷深度/m				
	0	5	10	15	20
大桥、中桥、小桥(不铺砌)	1.5	2.0	2.5	3.0	3.5
特大桥	2.0	2.5	3.0	3.5	4.0

注:①总冲刷深度为自河床面算起的河床自然演变冲刷深度、一般冲刷深度和局部冲刷深度之和。

②表列数值为墩台基底埋入总冲刷深度以下的最小值。

③若桥位上下游有已建桥梁,应调查已建桥梁特大洪水冲刷情况,新建桥梁墩台基础埋置深度不宜小于已建桥梁冲刷深度且酌加必要的安全值。

④河床上有铺砌层时,基础底面宜设置在铺砌层顶面以下不小于1.0 m。

修筑在覆盖土层较薄的岩石地基上,河床冲刷又较严重的大桥桥墩基础,基础应置于新鲜岩面或弱风化层中并有足够深度,以保证其稳定性。也可用其他锚固措施使基础与岩层连成整体,以保证整个基础的稳定性。如风化层较厚,在满足冲刷深度要求下,一般桥梁的基础可设置在风化层内,此时地基各项条件均按非岩石地基考虑。

(3)当地的冻结深度

在寒冷地区,应考虑由于季节性的冰融对地基土引起的冻胀影响。对于冻胀性土,如土温较长时间保持在冻结温度以下,水分从未冻结土层不断向冻结区迁移,引起地基的冻胀和隆起。为保证建筑物不受地基土季节性冻胀影响,除地基为非冻胀性土外,基础底面应埋置在天然最大冻结线以下一定深度。

我国幅员辽阔,地理气候不一,各地冻结深度应按实测资料确定。对于不同冻胀特性的地基土,考虑冻胀时的基础埋置深度不同,可按《公路桥涵地基与基础设计规范》(JTG 3363—2019)采用。

(4)上部结构形式与荷载

上部结构的形式不同,对基础产生的位移要求也不同。对中、小跨度简支梁桥来说,该因素对确定基础的埋置深度影响不大。但对于超静定结构,即使基础发生较小的不均匀沉降,也会使内力产生一定变化。例如,拱桥和连续梁桥对基础的要求较高,需将基础设置在埋藏较深的坚实土层上。

上部结构的荷载越大,基础埋深越大。

(5)当地的地形条件

当墩台、挡土墙等结构位于较陡的土坡上,在确定基础埋深时,还应考虑土坡和结构物基础一起滑动的稳定性。由于在确定地基承载力时,一般是按地面为水平的情况下确定的,因而当地基为倾斜土坡时,应结合实际情况,予以适当折减并采取相应措施。

当地基位于较陡的岩体上时,可将基础做成台阶形,但要注意岩体的稳定性。基础前缘至岩层坡面间必须留有适当的安全距离,其数值与持力层岩石(或土)的类别及斜坡坡度等因素有关。根据挡土墙设计要求,基础前缘至斜坡坡面间的安全距离 l 及基础嵌入地基中的深度 h 与持力层岩石(或土)类的关系见表 3.4,在确定桥梁基础时也可作参考。但具体应用时,因桥梁基础承受荷载比较大,而且受力较复杂,宜将表列 l 值适当增大。必要时,应降低地基承载力特征值,以防止邻近边缘部分地基下沉过大。

表 3.4 斜坡上基础埋深与持力层岩石(或土)类关系

持力层岩石(或土)类	h/m	l/m	示意图
较完整的坚硬岩石	0.25	0.25 ~ 0.50	
一般岩石(如砂页岩互层等)	0.60	0.60 ~ 1.50	
松软岩石(如千枚岩等)	1.00	1.00 ~ 2.00	
砂类砾石及土层	≥1.00	1.50 ~ 2.50	

(6)保证持力层稳定所需的最小埋置深度

地表土在温度和湿度影响下产生一定的风化作用,性质不稳定,加上人类和动物的活动以及植物的生长作用,也会破坏地表土层的结构,影响其强度和稳定性。一般地表土不宜作为持力层。为了保证地基和基础的稳定性,基础的埋置深度应满足最小埋置深度要求:

①除岩石地基外,应在天然地面或无冲刷河底以下不小于 1 m;

②有冲刷时,涵洞基础应在局部冲刷线以下不小于 1 m;

③河床有铺砌层时,涵洞基础底面宜设置在铺砌层顶面以下不小于 1 m。

前述影响基础埋深的因素不仅适用于天然地基上的浅基础,有些因素也适用于其他类型的基础(如沉井基础)。

2.基础尺寸确定

确定基础尺寸是基础设计的重要内容之一。确定浅基础尺寸时,主要根据基础埋置深度确定基础平面尺寸和分层厚度,在满足基本构造要求的情况下,参照已有设计经验,拟订初步尺寸,再通过验算调整确定最终尺寸。

所确定的基础尺寸应在可能的最不利荷载组合的条件下,保证基础本身有足够的结构强度,并能使地基与基础的承载力和稳定性均能满足规定要求,并且是经济合理的。

基础厚度应根据墩台结构形式、荷载大小、选用的基础材料等因素来确定。水中基础顶面一般不高于最低水位,在季节性流水的河流或旱地上的桥梁墩、台基础则不宜高出地面,以防止碰损。基础厚度可按前述要求所确定的基础底面和顶面标高求得。一般情况下,大中桥墩、台混凝土基础厚度为 1.0 ~ 2.0 m。

刚性基础平面形式一般应考虑墩、台身底面的形状和刚性角而确定,基础平面形状常用矩形。基础底面长宽尺寸与高度有如下的关系式(图 3.8):

$$\left.\begin{array}{l}\text{长度(横桥向)}:a = l + 2H\tan\alpha\\\text{宽度(顺桥向)}:b = d + 2H\tan\alpha\end{array}\right\} \tag{3.1}$$

式中 l——墩、台身底面长度,m;

d——墩、台身底面宽度,m;

H——基础高度,m;

α——墩、台身底面边缘至基础边缘线与垂线间的夹角。

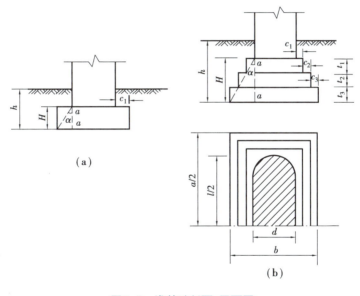

刚性角

图 3.8 浅基础剖面、平面图

基础悬出总长度(包括襟边与台阶宽度之和)应使悬出部分在基底反力作用下,在 a—a 截面所产生的弯曲拉力和剪应力不超过基础圬工的强度限值,如图 3.8 所示。满足前述要求时,就可得到自墩台身边缘处的垂线与基底边缘的连线间的最大夹角 α_{max}(称为刚性角)。应使每个台阶宽度 c_i 与厚度 t_i 保持在一定比例内,使其夹角 $\alpha_i \leqslant \alpha_{max}$。这时,可认为是刚性基础,不必对基础进行弯曲拉应力和剪应力的强度验算,在基础中可不设置受力钢筋。刚性角 α_{max} 的数值与基础所用的圬工材料强度有关。

根据试验,常用基础材料的刚性角 α_{max} 可按下列数值取用:对于砖、片石、块石、粗料石砌体,当采用 M5 以下砂浆砌筑时,$\alpha_{max} \leqslant 30°$。对于砖、片石、块石、粗料石砌体,当采用 M5 以下砂浆砌筑时,$\alpha_{max} \leqslant 35°$;采用混凝土浇筑时,$\alpha_{max} \leqslant 40°$。

刚性扩大基础的剖面形式一般做成矩形或台阶形,如图 3.8 所示。自墩、台身底边缘至基

础边缘距离 c_1 称为襟边,其作用一方面是扩大基底面积提高基础承载力,同时也便于调整基础施工时在平面尺寸上可能发生的误差,还便于支立墩、台身模板。其值应视基底面积的要求、基础厚度及施工方法确定。桥梁墩台基础襟边最小值为 20 ~ 30 cm。

基础较厚(1 m 以上)时,可将基础的剖面浇砌成台阶形,如图 3.8(b)所示。台阶宽度 c_2、c_3 根据基础材料的刚性扩散角确定;基础每层台阶高度 t_i 通常为 0.50 ~ 1.00 m。一般情况下,各层台阶宜采用相同厚度。

有时,为了改善基础受力状态或减小偏心距,可采用不对称襟边(如拱桥不等跨时,为使基底压力尽量均匀分布,可将基础做成立面不对称基础)。

二、地基承载力与基底偏心距验算

(一)地基承载力的确定

地基承载力是指单位面积上地基承担荷载的能力。在荷载作用下,地基要产生变形。随着荷载的增大,地基变形逐渐增大,同时基底压力有可能超过地基的承载力特征值。设计基础底面尺寸时,必须首先确定地基承载力。地基承载力的确定在地基基础设计中是非常重要而复杂的。它不仅与土的物理、力学性质有关,还与基础形式、宽度、埋深、建筑类型、结构特点以及施工速度等有关。

地基承载力特征值是指在保证地基土稳定的条件下,建筑物的沉降变形(地基土的压缩变形)不超过建筑物正常使用所容许沉降变形,并具备一定可靠度的地基承载力。

修正后的地基承载力特征值是在原位测试或规范给出的各类岩土承载力特征值 f_{a0} 的基础上经修正后得到的。

地基承载力特征值应首先考虑由现场荷载试验或其他原位测试取得,其值不应大于地基极限承载力的 1/2;对于中小桥、涵洞,当受到现场条件限制或载荷试验和原位测试确定确有困难时,可根据岩土类别、状态及物理力学特征指标,查表确定。

碎石土地基可根据强度等级、节理按表 3.5 确定承载力特征值 f_{a0}。

表 3.5 碎石土地基承载力特征值 f_{a0} 单位:kPa

土名	密实程度			
	密实	中密	稍密	松散
卵石	1 000 ~ 1 200	650 ~ 1 000	500 ~ 650	300 ~ 500
碎石	800 ~ 1 000	550 ~ 800	400 ~ 550	200 ~ 400
圆砾	600 ~ 800	400 ~ 600	300 ~ 400	200 ~ 300
角砾	500 ~ 700	400 ~ 500	300 ~ 400	200 ~ 300

注:①由硬质岩组成,填充砂土者取最高值;由软质岩组成,填充黏性土者取低值。

②半胶结的碎石土,可按密实的同类土的 f_{a0} 值提高 10% ~ 30%。

③松散的碎石土在天然河床中很少遇见,需特别注意鉴定。

④漂石、块石的 f_{a0} 可参考卵石、碎石适当提高。

砂土地基可根据土的密实度和水位情况按表3.6确定承载力特征值f_{a0}。

表3.6　砂土地基承载力特征值f_{a0}　　　　　　　　　　　单位：kPa

土名及水位情况		密实度			
		密实	中密	稍密	松散
砾砂、粗砂	与湿度无关	550	430	370	200
中砂	与湿度无关	450	370	330	150
细砂	水上	350	270	230	100
	水下	300	210	190	—
粉砂	水上	300	210	190	—
	水下	200	110	90	—

粉土地基可根据土的天然孔隙比e和天然含水率$w(\%)$按表3.7确定承载力特征值f_{a0}。

表3.7　粉土地基承载力特征值f_{a0}　　　　　　　　　　　单位：kPa

天然孔隙比e	$w/\%$					
	10	15	20	25	30	35
0.5	400	380	355	—	—	—
0.6	300	290	280	270	—	—
0.7	250	235	225	215	205	—
0.8	200	190	180	170	165	—
0.9	160	150	145	140	130	125

老黏土地基可根据压缩模量E_s按表3.8确定承载力特征值f_{a0}。

表3.8　老黏土地基承载力特征值f_{a0}

E_s/MPa	10	15	20	25	30	35	40
f_{a0}/kPa	380	430	470	510	550	580	620

注：当老黏土$E_s<10$ MPa时，承载力特征值f_{a0}按一般黏性土（表3.9）确定。

一般黏性土可根据液限指数I_L和天然孔隙比e按表3.9确定地基承载力特征值f_{a0}。

表3.9　一般黏性土地基承载力特征值f_{a0}　　　　　　　　　　　单位：kPa

天然孔隙比e	I_L												
	0	0.1	0.2	0.3	0.4	0.5	0.6	0.7	0.8	0.9	1.0	1.1	1.2
0.5	450	440	430	420	400	380	350	310	270	240	220	—	—
0.6	420	410	400	380	360	340	310	280	250	220	200	180	—

续表

天然孔隙比 e	I_L												
	0	0.1	0.2	0.3	0.4	0.5	0.6	0.7	0.8	0.9	1.0	1.1	1.2
0.7	400	370	350	330	310	290	270	240	220	190	170	160	150
0.8	380	330	300	280	260	240	230	210	180	160	150	140	130
0.9	320	280	260	240	220	210	190	180	160	140	130	120	100
1.0	250	230	220	210	190	170	160	150	140	120	110	—	—
1.1	—	—	160	150	140	130	120	110	100	90	—	—	—

注:①土中含有粒径大于 2 mm 的颗粒质量超过总质量的30%以上者,f_{a0} 可适当提高。

②当 $e<0.5$ 时,取 $e=0.5$;当 $I_L<0$ 时,取 $I_L=0$。此外,超过表列范围的一般黏性土,$f_{a0}=57.22E_s^{0.57}$。

③$f_{a0}>300$ kPa 时,应有原位测试数据作依据。

由于地基承载力受到基础埋深、基础宽度等的影响,所以,前述查表确定的地基承载力特征值,还需要根据基础的埋置深度和宽度按式(3.2)予以修正。

$$f_a = f_{a0} + k_1\gamma_1(b-2) + k_2\gamma_2(h-3) \tag{3.2}$$

式中 f_a——修正后的地基承载力特征值,kPa。

b——基础底面的最小边宽,m;当 $b<2$ m 时,取 $b=2$ m;当 $b>10$ m 时,按 10 m 计算。

h——基础底面的埋置深度,m;对于受水流冲刷的基础,由一般冲刷线算起;对于不受水流冲刷的基础,由天然地面算起;对于位于挖方内的基础,由开挖后地面算起;当 $h<3$ m 时,取 $h=3$ m;当 $h/b>4$ 时,取 $h=4b$。

γ_1——基底下持力土层的天然重度,kN/m³;如持力层在水下且为透水性土时,取浮重度。

γ_2——基底以上土的重度(如为多层土时用换算重度),kN/m³;如持力层在水下且为不透水性土时,不论基底以上土的透水性质如何,一律采用饱和重度;如持力层为透水性土时,应一律采用浮重度。

k_1,k_2——按持力层土类确定在基础宽度和深度方面的修正系数,按表 3.10 确定。

表 3.10 地基土承载力宽度、深度修正系数

系数	黏性土			粉土	砂土								碎石土			
	老黏性土	一般黏性土		新近沉积黏性土	—	粉砂		细砂		中砂		砾砂、粗砂		碎石、圆砾、角砾		卵石	
		$I_L \geq 0.5$	$I_L < 0.5$		—	中密	密实	中密	密实	中密	密实	中密	密实	中密	密实	中密	密实
k_1	0	0	0	0	0	1.0	1.2	1.5	2.0	2.0	3.0	3.0	4.0	3.0	4.0	3.0	4.0
k_2	2.5	1.5	2.5	1.0	1.5	2.0	2.5	3.0	4.0	4.0	5.5	5.0	6.0	5.0	6.0	6.0	10.0

注:①对于稍密和松散状态的砂、碎石土,k_1、k_2 值可采用列表中密值的50%。

②强风化和全风化的岩石,可参照所风化成的相应土类取值;其他状态下的岩石不修正。

（二）软土地基承载力

软土地基承载力特征值f_{a0}应由载荷试验或其他原位测试取得。当载荷试验和原位测试确有困难时,对于中小桥、涵洞基底未经处理的软土地基,修正后的承载力特征值f_a可按以下两种方法确定。

1.根据原状土天然含水率确定软土地基承载力

根据原状土天然含水率w,按表3.11确定软土地基承载力特征值f_{a0},再按式(3.3)计算修正后的地基承载力特征值f_a:

$$f_a = f_{a0} + \gamma_2 h \tag{3.3}$$

式中,γ_2、h意义同式(3.1)。

表3.11　软土地基承载力特征值f_{a0}

天然含水率$w/\%$	36	40	45	50	55	65	75
f_{a0}/kPa	100	90	80	70	60	50	40

2.根据原状土强度指标确定地基承载力

根据原状土的黏聚力、重度、地基抗力系数的比例系数等,可按式(3.4)计算软土地基修正后的承载力特征值f_a:

$$f_a = \frac{5.14}{m} k_p C_u + \gamma_2 h \tag{3.4}$$

$$k_p = \left(1 + 0.2\frac{b}{l}\right)\left(1 - \frac{0.4H}{blC_u}\right) \tag{3.5}$$

式中　m——地基抗力系数的比例系数,可视软土灵敏度及基础长宽比选用$1.5 \sim 2.5$;

C_u——地基土不排水抗剪强度标准值,kPa;

k_p——系数,按式(3.5)计算;

H——由作用(标准值)引起的水平力,kN;

b——基础宽度,有偏心作用时取$b - 2e_b$,m;

l——垂直于b边的基础长度,有偏心时取$l - 2e_1$,m;

e_b,e_1——偏心作用在宽度和长度方向的偏心距。

对于经排水固结方法处理的软土地基,其承载力特征值f_{a0}应通过载荷试验或其他原位测试方法确定;对于经复合地基方法处理的软土地基,其承载力特征值应通过载荷试验确定,然后按式(3.2)予以深度、宽度修正,得到软土地基修正后的承载力特征值f_a。

修正后的地基承载力特征值f_a应根据地基受荷阶段及受荷情况,乘以下列规定的抗力系数γ_R。

（1）在使用阶段

①当地基受永久作用与可变作用频遇组合时,可取$\gamma_R = 1.25$;但对修正后的承载力特征值$f_a < 150$ kPa的地基,应取$\gamma_R = 1.0$。

②当地基承受的作用频遇效应组合仅包括结构自重、预加力、土重力、土侧压力、汽车和人

群效应时,应取 $\gamma_R = 1.0$。

③当基础建于经多年压实未遭破坏的旧桥基(岩石旧桥基除外)上时,不论地基承受的作用情况如何,抗力系数均可取 $\gamma_R = 1.5$;对于 $f_a < 150$ kPa 的地基,抗力系数可取 $\gamma_R = 1.25$。

④基础建于岩石旧桥基上时,抗力系数应取 $\gamma_R = 1.0$。

(2)在施工阶段

①地基在施工荷载作用下,抗力系数可取 $\gamma_R = 1.25$。

②当墩台施工期间承受单向推力时,抗力系数可取 $\gamma_R = 1.5$;不承受单向推力时,可取 $\gamma_R = 1.25$。

(三)地基承载力验算

地基承载力验算包括持力层强度验算、软弱下卧层承载力验算。

1.持力层强度验算

持力层是指直接与基底相接触的土层。持力层承载力验算要求荷载在基底产生的地基应力不超过持力层的地基承载力特征值。采用材料力学偏心受压公式简化计算方法,不考虑基础周围土的摩阻力和弹性抗力。

中心荷载下的基底压力应满足式(3.6)的要求:

$$p = \frac{N}{A} \leqslant f_a \tag{3.6}$$

式中 p——基底平均压应力;

N——作用短期效应组合在基底产生的竖向力;

A——基础底面积;

f_a——修正后的地基承载力特征值。

基底单向偏心受压时,基底应力分布如图 3.9 所示。在荷载偏心一侧压应力较大,地基承载力应满足式(3.7)的要求:

$$p_{max} = \frac{N}{A} + \frac{M}{W} = \frac{N}{A} + \frac{Ne_0}{\rho A} = \frac{N}{A}\left(1 + \frac{e_0}{\rho}\right) \leqslant \gamma_R f_a \tag{3.7}$$

式中 M——作用短期效应组合产生于墩台上各外力对基底形心轴之力矩,$M = T_i h_i + P_i e_i = N e_0$;

T_i——水平力;

h_i——水平力 T_i 作用点至基底的距离;

P_i——竖向力;

e_i——竖向力 P_i 作用点至基底形心的偏心距;

e_0——合力偏心距;

W——基底底面偏心方向面积抵抗矩,对于矩形基础,$W = \frac{1}{6}ab^2 = \rho A$;

ρ——基底核心半径;

γ_R——抗力系数,通常不小于1。

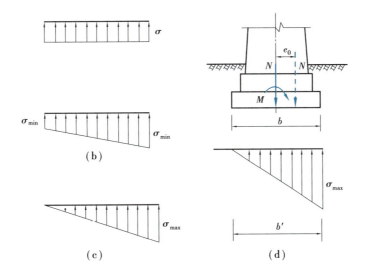

图 3.9 基底应力分布图

从图 3.9 中可以看出,随着偏心荷载或偏心距的增加,基底压应力最小值逐渐减小,直至减小为负值,即产生了拉应力。由于基底和持力层土体之间不能承受拉应力,这时的拉应力在实际工程中是不存在的,就按照压应力为 0 考虑,如图 3.9(c)所示。对于矩形基础,其受压区的分布宽度为 b',由三角形分布压力合力作用点及静力平衡条件可得:

$$p_{max} = \frac{2N}{3a(b/2 - e_0)} \tag{3.8}$$

对于公路桥梁,通常基础横向长度比顺桥向宽度大得多,同时上部结构在横桥向布置常是对称的,故一般由顺桥向控制基底应力计算。但通航河流或河流中有漂流物时,应计算船舶撞击力或漂流物撞击力在横桥向产生的基底应力,并与顺桥向基底应力比较,取其大者控制设计。

2. 软弱下卧层承载力验算

如图 3.10 所示,当基底下受压层范围内的地基由多层土组成,且持力层以下有软弱下卧层时,还应验算软弱下卧层的承载力。验算时,先计算软弱下卧层顶面 A 点(在基底形心轴下)的应力(包括自重应力及附加应力),要求不得大于该处地基土的承载力特征值。

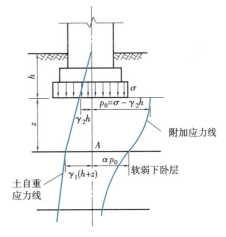

$$p_z = \gamma_1(h+z) + \alpha(p - \gamma_2 h) \leqslant \gamma_R f_a \tag{3.9}$$

式中 γ_1 ——相应于深度$(h+z)$以内土对厚度的加权平均重度,kN/m³。

γ_2 ——基底以上厚度 h 范围内土层对厚度的加权平均重度,kN/m³。

图 3.10 软弱下卧层承载力验算

h ——基底埋深,m;当基础受水流冲刷时,由一般冲刷线算起;不受水流冲刷时,由天然地面算起;如位于挖方内,则由开挖后底面算起。

　　z——从基底到软弱土层顶面的距离,m。

　　α——基底中心下土中附加应力系数,可按土力学教材或规范提供的系数表查用。

　　p——由计算荷载产生的基底压应力,kPa;当基底压应力为不均匀分布,且 z/b(或 z/d)>1 时,σ 为基底平均压应力;当 z/b(或 z/d)≤ 1 时,σ 按基底应力图形采用距最大应力边 $b/3 \sim b/4$ 处的压应力(其中,b 为矩形基础的短边宽度,d 为圆形基础直径)。

　　f_a——软弱下卧层顶面处的承载力特征值,kPa。

(四)基底合力偏心距分析

控制基底合力偏心距的目的是尽可能使基底应力分布比较均匀,以免基底两侧应力相差过大,使基础产生较大的不均匀沉降,使墩、台发生倾斜,影响正常使用。若使合力通过基底中心,虽然可得到均匀的应力,但是不经济,也很难做到。所以,在设计时,根据《公路桥涵地基与基础设计规范》(JTG 3363—2019)的规定,按以下原则确定:

①对于非岩石地基上的基础,不出现拉应力;

②对于岩石地基上的基础,可允许出现拉应力,拉应力值根据岩石的强度确定。

三、基础沉降分析

分层总和法

基础的沉降验算包括沉降量、相邻基础沉降差、基础由于地基不均匀沉降而发生的倾斜等。

基础的沉降主要由竖向荷载作用下土层的压缩变形引起。沉降量过大将影响结构物的正常使用和安全,应加以限制。在确定一般土质的地基承载力时,已考虑这一变形因素,所以修建在一般土质条件下的中、小型桥梁的基础,只要满足了地基的承载力要求,地基(基础)的沉降也就满足要求。但对于下列情况,则必须验算基础的沉降,使其不大于规定的容许值:

①修建在地质情况复杂、地层分布不均或强度较小的软黏土地基及湿陷性黄土上的基础;

②修建在非岩石地基上的拱桥、连续梁桥等超静定结构的基础;

③当相邻基础下地基土强度有显著不同或相邻跨度悬殊而必须考虑其沉降差时;

④对于跨线桥、跨线渡槽,要保证桥(或槽)下净空高度时。

地基土的沉降可根据土的压缩特性指标按《公路桥涵地基与基础设计规范》(JTG 3363—2019)的单向应力分层总和法(用沉降计算经验系数 Ψ_s 修正)计算。对于公路桥梁,基础上结构重力和土重力作用对沉降影响大,汽车等活载作用时间短暂,对沉降影响小,所以在沉降计算中不予考虑。

四、稳定性分析

基础稳定性分析包括基础倾覆稳定性分析和基础滑动稳定性分析。此外,对某些土质条件下的桥台、挡土墙,还要分析地基的稳定性,以防止桥台、挡土墙下地基滑动。

1.基础稳定性分析

(1)基础倾覆稳定性分析

承受较大的单向水平推力,其合力作用点离基础底面的距离较高的结构物,如挡土墙或高桥台受侧向土压力作用,大跨度拱桥在施工中墩、台受到不平衡的推力,以及在多孔拱桥中一孔被毁等,此时在单向恒载推力作用下,均可能引起墩、台连同基础的倾覆和倾斜。

理论和实践证明,基础倾覆稳定性与合力的偏心距有关。合力偏心距越大,则基础抗倾覆的安全储备越小(图3.11)。因此,在设计时,可以用限制合力偏心距 e_0 来保证基础的倾覆稳定性。

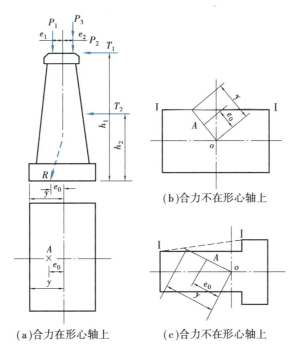

图 3.11　基础倾覆稳定性分析

(2)基础滑动稳定性分析

基础在水平推力作用下沿基础底面滑动的可能性(即基础抗滑动安全度的大小),可用基底与土之间的摩擦阻力和水平推力的比值 K_c 来表示,K_c 称为抗滑动稳定系数。

验算桥台基础的滑动稳定性时,如台前填土确定不受冲刷,可同时计入台前土压力作为抗力,其数值可按主动或静止土压力进行计算。

求得的抗滑动稳定系数 K_c 值,必须大于规范规定的设计容许值。一般根据荷载性质,K_c 取 1.2～1.3。

修建在非岩石地基上的拱桥桥台基础,在拱的水平推力和力矩作用下,基础可能向路堤方向滑移或转动。该水平位移和转动还与台后土抗力的大小有关。

2.地基稳定性分析

位于软土地基上的较高的桥台需验算桥台沿滑裂曲面滑动的稳定性。基底下地基如在浅层处有软弱夹层时,在台后填土推力作用下,基础也有可能沿软弱土层 Ⅱ 的层面滑动,如图 3.12(a)所示;在较陡的土质斜坡上的桥台、挡土墙也有滑动的可能,如图 3.12(b)所示。

这种地基稳定性可按土坡稳定分析方法,即用圆弧滑动面法来进行验算。在验算时,一般假定滑动面通过填土一侧基础剖面角点 A,但在计算滑动力矩时,应计入桥台上作用的外荷载

（包括上部结构自重和活载等）以及桥台和基础自重的影响,然后求出稳定系数满足规定的要求值。

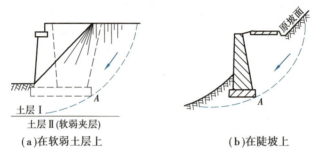

（a）在软弱土层上   （b）在陡坡上

图 3.12 地基稳定性验算

3. 提高地基与基础稳定性的措施

以上对地基与基础的稳定性分析,均应满足设计规定的要求。当达不到要求时,必须采取构造措施。例如,桥台后土压力引起的倾覆力矩比较大,基础的抗倾覆稳定性不能满足要求时,可将台身做成不对称的形式,如图 3.13 所示。这样可以增加台身自重所产生的抗倾覆力矩,提高抗倾覆的安全度。如采用这种外形,在砌筑台身时,应及时在台后填土并夯实,以防止台身向后倾覆和转动;也可在台后一定长度范围内填碎石、干砌片石或填石灰土,以增大填料的内摩擦角、减小土压力,达到减小倾覆力矩、提高抗倾覆安全度的目的。

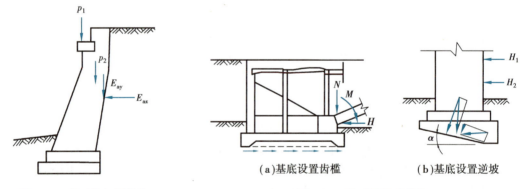

图 3.13 基础抗倾覆措施   （a）基底设置齿槛   （b）基底设置逆坡

图 3.14 基础抗滑动措施

拱桥桥台受拱脚水平推力作用,基础的滑动稳定性不能满足要求时,可以在基底四周做成如图 3.14（a）所示的齿槛。这样由基底与土间的摩擦滑动变为土的剪切破坏,从而提高了基础的抗滑力。如仅受单向水平推力时,也可将基底设计成如图 3.14（b）所示的倾斜形,以减小滑动力,同时增加在斜面上的压力。由图 3.14（b）可见,滑动力随角 α 的增大而减小,从安全角度考虑,角 α 不宜大于 $10°$,同时要保持基底以下土层在施工时不受扰动。

当高填土的桥台基础或土坡上的挡墙地基可能出现滑动或在土坡上出现裂缝时,可以增加基础的埋置深度或改用桩基础,提高墩台基础下地基的稳定性;或者在土坡上设置地面排水系统,拦截和引走滑坡体以外的地表水,以减少因渗水而引起土坡滑动的不稳定因素。

五、板桩墙围护结构稳定性分析

基坑开挖时,坑壁常用板桩予以支护,板桩也用作水中桥梁墩台施工时的围堰结构。

板桩墙的作用是挡住基坑四周的土体,防止土体下滑,并防止水从坑壁周围渗入或从坑底上涌,避免渗水过多,或形成流砂而影响基坑开挖。板桩墙主要承受土压力和水压力。因此,板桩墙本身也是挡土墙,但又不是一般刚性挡土墙。它在承受水平压力时是弹性变形较大的柔性结构,受力条件与板桩墙的支撑方式、支撑构造、板桩和支撑的施工方法以及板桩入土深度密切相关,需要进行专门的设计计算。

板桩墙的计算内容包括:板桩墙侧向压力计算;确定板桩插入土中深度的计算,以确保板桩墙有足够的稳定性;计算板桩墙截面内力,验算板桩墙材料强度,确定板桩截面尺寸;板桩支撑(锚撑)的计算;基坑稳定性验算;水下混凝土封底计算。

1. 板桩墙侧向压力及稳定性分析

作用于板桩墙的外力主要来自坑壁土压力和水压力,或坑顶其他荷载(如挖、运土机械等)所引起的侧向压力。

板桩墙的土压力计算比较复杂,因为板桩柔度大,在土压力作用下将发生弯曲变形,这种变形又反过来影响土压力的大小与分布,二者密切相关,又相互影响。板桩墙上的土压力主要取决于土的性质与板桩墙在施工和使用期间的变形情况。由于板桩墙大多是临时结构,因此常采用比较粗略的近似计算,即不考虑板桩墙的实际变形,仍采用古典土压力理论计算作用于板桩墙上的土压力。一般用朗肯理论来计算不同深度 z 处每延米宽度内的墙身后侧的主动土压力强度 p_a,以及墙身前侧的被动土压力强度 p_p(图 3.15)。在这些压力的作用下,挡土墙 ac 段可能发生向基坑内侧的严重位移、沿挡土墙某点 O 向挡土墙内侧的转动、墙身弯矩超过抗弯强度等破坏。

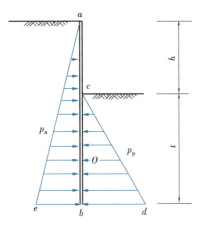

图 3.15 板桩墙受力示意图

对于非黏性土,p_a、p_p 按下式计算:

$$p_a = \gamma z \, \tan^2\left(45° - \frac{\varphi}{2}\right) = \gamma z K_a \tag{3.10}$$

$$p_p = \gamma z \, \tan^2\left(45° + \frac{\varphi}{2}\right) = \gamma z K_p \tag{3.11}$$

式中 γ——计算点以上土的重度;

z——计算点到墙后土体表面的深度;

φ——计算点处土的内摩擦角。

对于黏性土,式(3.10)、式(3.11)中的内摩擦角 φ 用等代内摩擦角 φ_c 代入,φ_c 可查相关资料取用。

2. 悬臂式板桩墙的稳定性分析

如图 3.16 所示悬臂式板桩墙,因板桩不设支撑,故墙身位移较大,通常可用于挡土高度不大的临时性支撑结构。

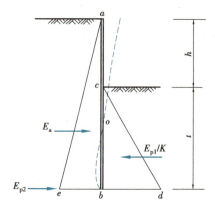

图 3.16　悬臂式板桩墙的计算

悬臂式板桩墙的破坏一般是板桩绕桩底端 b 点以上的某点 o 转动。这样,在转动点 o 以上的墙身前侧以及 o 点以下的墙身后侧,将产生被动土压力,在相应的另一侧产生主动土压力。由于精确地确定土压力的分布规律比较困难,一般近似地假定土压力的分布图形如图 3.16 所示。墙身前侧是被动土压力(bcd),其合力为 E_{p1},并考虑有一定的安全系数 K(一般取 $K=2$);在墙身后方为主动土压力(abe),合力为 E_a。另外,在桩下端还作用有被动土压力 E_{p2},由于 E_{p2} 的作用位置不易确定,计算时假定作用在桩端 b 点。考虑到 E_{p2} 的实际作用位置应在桩端以上一段距离,因此,在最后求得板桩的入土深度 t 后,再适当增加 $10\% \sim 20\%$。

3. 单支撑(锚碇式)板桩墙的稳定性分析

当基坑开挖深度较大时,不能采用悬臂式板桩墙,可在板桩顶部附近设置支撑或锚碇拉杆,成为单支撑板桩墙,如图 3.17 所示。

计算单支撑板桩墙时,可以把它作为有两个支承点的竖直梁:一个支点是板桩上端的支撑杆或锚碇拉杆;另一个是板桩下端埋入基坑底下的土体一点。下端的支承情况又与板桩埋入土中的深度有关,一般分为两种支承情况:第一种是简支支承,这类板桩埋入土中较浅,板桩下端允许产生自由转动;第二种是固定支承,板桩下端埋入土中较深,可以认为板桩下端在土中嵌固。

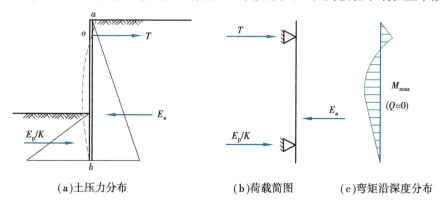

(a)土压力分布　　　　(b)荷载简图　　　　(c)弯矩沿深度分布

图 3.17　单支撑板桩墙的计算

(1)板桩下端简支支承时的土压力分布

板桩墙受力后挠曲变形,上、下两个支承点均允许自由转动,墙后侧产生主动土压力 E_a。由于板桩下端允许自由转动,故墙后下端不产生被动土压力。墙前侧由于板桩向前挤压,故产生被动土压力 E_p[图 3.17(a)]。由于板桩下端入土较浅,板桩墙的稳定安全度可以用墙前被动土压力 E_p 除以安全系数 K 来保证。这种情况下,板桩墙受力图如同简支梁[图 3.17(b)]。按照板桩上所受土压力计算出的每延米板桩跨间的弯矩,如图 3.17(c)所示,并以最大弯矩 M_{max} 值设计板桩的厚度。

（2）板桩下端固定支承时的土压力分布

板桩下端入土较深时,板桩下端在土中嵌固,板桩墙后侧除主动土压力 E_a 外,在板桩下端嵌固点下还产生被动土压力 E_{p2}。假定 E_{p2} 作用在桩底 b 点处(图3.18),与悬臂式板桩墙计算相同,板桩的入土深度可按计算值适当增加 $10\% \sim 20\%$。板桩墙的前侧作用被动土压力 E_{p1},由于板桩入土较深,板桩墙的稳定安全度由桩的入土深度保证,故被动土压力 E_{p1} 不再考虑安全系数。由于板桩下端的嵌固点位置未知,因此不能用静力平衡条件直接求解板桩的入土深度 t。图3.18给出了板桩受力后的挠曲状,在板桩下部有一挠曲反弯点 c,在 c 点以上板桩有最大正弯矩,在 c 点以下产生最大负弯矩,挠曲反弯点 c 相当于弯矩零点。弯矩分布如图3.18所示。

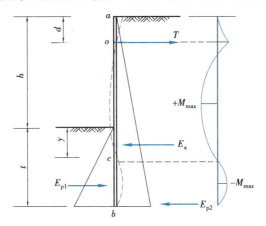

图3.18　板桩下端为固定支承时的单支撑板桩(土压力及弯矩分布)

太沙基给出了在均匀砂土中,当墙后土体表面无超载,墙后地下水位较低时,反弯点 c 的深度 y 值与土的内摩擦角 φ 的近似关系,见表3.12。

表3.12　反弯点的深度 y 值与土的内摩擦角 φ 的近似关系

φ	20°	30°	40°
y	$0.25h$	$0.08h$	$-0.007h$

确定反弯点 c 的位置后,已知 c 点的弯矩等于零,则将板桩分成 ac 和 cb 两段,根据平衡条件可求得板桩的入土深度 t。

多支撑板桩墙的稳定性分析和计算可查阅相关资料。

4. 基坑稳定性验算

（1）坑底流砂验算

若坑底土为粉砂、细砂等土类时,在基坑内抽水,坑壁土体内的水向基坑内渗流,有可能把渗流路径周围的土颗粒带走,引起流砂。一般可采用简化计算方法进行验算。其原则是板桩有足够的入土深度以增大渗流长度,减少向上动水力。由于基坑内抽水后引起的水头差 h 造成的渗流,其最短渗流途径为 h_1+t,在流程 t 中水对土粒动水力应是垂直向上的,故避免发生流砂的条件为此动水力不超过土的有效重度 γ'(图3.19)。

$$Ki\gamma_w \leqslant \gamma' \tag{3.12}$$

式中　K——安全系数,取2.0;

　　　　i——水力梯度,$i = \dfrac{h'}{h_1+t}$;

　　　　γ_w——水的重度。

由此,可计算确定板桩要求的入土深度 t。

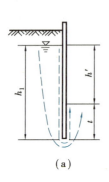 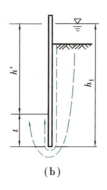 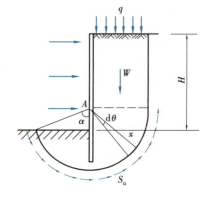

图3.19　基坑抽水后水头差引起的渗流破坏　　　图3.20　板桩支护的软土滑动破坏

（2）坑底隆起验算

开挖较深的软土基坑时,在坑壁土体自重和坑顶外荷载作用下,坑底软土可能受挤压在坑底绕过墙脚,而导致基坑底面出现隆起现象。坑底隆起常用简化方法验算,即假定地基破坏时会发生如图3.20所示滑动面。其滑动面圆心在最底层支撑点 A 处,半径为 x,垂直面上的抗滑阻力不予考虑。

滑动力矩为:

$$M_d = (q+\gamma H)\frac{x^2}{2} \tag{3.13}$$

稳定力矩为:

$$M_r = x\int_0^{\frac{\pi}{2}+\alpha} S_u(x\mathrm{d}\theta)\left(\alpha < \frac{\pi}{2}\right) \tag{3.14}$$

式中　S_u——滑动面上土的不排水抗剪强度,如土为饱和软黏土,则 $\varphi=0$,$S_u=c_u$。

M_r 与 M_d 之比即为安全系数 K_s,如基坑处地层土质均匀,则安全系数 K_s 为:

$$K_s = \frac{(\pi+2\alpha)S_u}{\gamma H+q} \geqslant 1.2 \tag{3.15}$$

式中,$\pi+2\alpha$ 以弧度表示。

5.封底混凝土厚度计算

有时,钢板桩围堰需水下封底混凝土施工后,在围堰内抽水,修筑基础和墩身,抽干水后封底混凝土底面因围堰内外水头差而受到向上的静水压力,则封底混凝土及围堰有可能被水浮起,或者封底混凝土产生向上挠曲而折裂。因此,封底混凝土应有足够的厚度,以确保围堰安全。

作用在封底层向上的浮力,是由封底混凝土和围堰自重及板桩和土的摩阻力来平衡的。

当板桩打入基底以下深度不深时,平衡浮力主要靠封底混凝土自重。如图 3.21 所示,若封底混凝土最小厚度为 x,得到:

$$x = \frac{\mu \gamma_w h}{\gamma_c - \gamma_w} \tag{3.16}$$

式中　μ——考虑未计算桩间土摩阻力和围堰自重的修正系数,小于 1,具体数值由经验确定;

γ_w——水的重度,可取 10 kN/m³;

γ_c——混凝土重度,可取 23 kN/m³;

h——封底混凝土顶面处水头高度,m。

如板桩打入基坑下较深,板桩与土之间摩阻力较大,加上封底层及围堰自重,整个围堰不会被水浮起,此时封底层厚度应由其强度确定。

封底混凝土灌注时,厚度宜比计算值超过 0.25~0.50 m,以便在抽水后将顶层浮浆、软弱层凿除,保证质量。

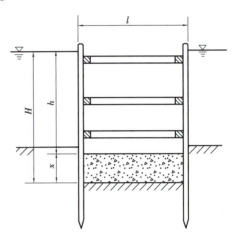

图 3.21　封底混凝土最小厚度计算

学以致用

地基承载力计算

【例 3.1】　某桥墩的地基土是一般黏性土,天然孔隙比 $e=0.4$,天然含水率 $w=16\%$,塑限为 13%,液限为 28%。试确定该地基的承载力特征值。

【解】　液性指数 $I_L = \dfrac{w-w_P}{w_L-w_P} = \dfrac{16-13}{28-13} = 0.2$

天然孔隙比 $e=0.4<0.5$,e 取 0.5。查表 3.6,得到该地基承载力特征值 $f_{a0}=430$ kPa。

【例 3.2】　某矩形桥墩作用短期效应组合,在基底产生的竖向合力 $N=2\ 600$ kN,作用在桥墩基底中心的弯矩 $M=350$ kN·m,地基土为密实细砂,饱和重度 $\gamma_{sat}=20$ kN/m³,基础底面尺寸为 2.2 m× 4.0 m,其他条件如图 3.22 所示。请验算该地基的承载力。

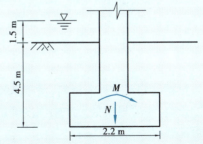

图 3.22　浅基础验算

【解】　地基土为密实细砂,查表 3.3,得到 $f_{a0}=300$ kPa。

查表 3.7,得地基承载力修正系数 $k_1=2.0$,$k_2=4.0$。地基承载力修正值为:

$$f_a = f_{a0} + k_1 \gamma_1 (b-2) + k_2 \gamma_2 (h-3)$$
$$= 300 + 2.0 \times (20-10) \times (2.2-2) + 4.0 \times (20-10) \times (4.5-3) = 364 (\text{kPa})$$

基底荷载偏心距 $e = M/N = 350/2\,600 = 0.135(\mathrm{m}) < b/6 = 0.333(\mathrm{m})$

基底最大、最小压应力为：

$$p_{\min}^{\max} = \frac{N}{A}\left(1 \pm \frac{6e}{l}\right) = \frac{2\,600}{2.2 \times 4.0} \times \left(1 \pm \frac{6 \times 0.135}{2.2}\right) = \begin{cases} 404.2(\mathrm{kPa}) \\ 186.7(\mathrm{kPa}) \end{cases}$$

取 $\gamma_R = 1.25$，则 $p_{\max} = 404.2\ \mathrm{kPa} < \gamma_R f_a = 1.25 \times 364 = 455(\mathrm{kPa})$。

$$p = N/A = 2\,600/(2.2 \times 4.0) = 295.5(\mathrm{kPa}) < f_a = 364\ \mathrm{kPa}$$

经验算，该地基承载力满足要求。

桥梁基础埋深方案

某大桥建于常年有流水的河流中，其河流的地质、水文资料如图 3.23 所示。试根据资料确定基础的埋置深度。

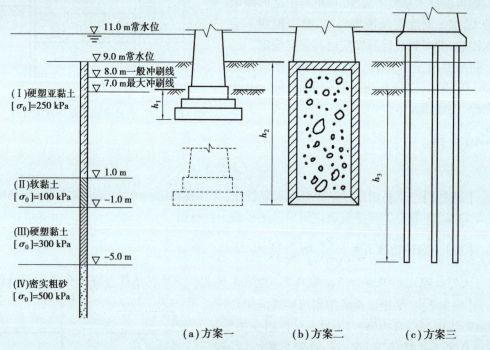

图 3.23 某桥梁基础埋深方案

根据已知水文地质资料，由于基础修建在常年有流水的河流中，所以可以不考虑冻结深度的影响，主要根据最大冲刷深度确定基础的埋置深度。土层Ⅰ、Ⅲ、Ⅳ均可作为持力层，具体可选择以下 3 种方案：

方案一：将基础埋置在第Ⅰ层硬塑亚黏土中。考虑到经济简便的原则，基础应尽量浅埋，设计成浅基础。根据《公路桥涵地基与基础设计规范》（JTG 3363—2019）5.1.1 条中关于基底埋深安全值的规定，基础应埋于最大冲刷线以下 1.5 ~ 2.0 m。确定基础埋深后，需要进行以承载力为主的各项验算。若不满足要求，则可以考虑将基础埋置深度加大或埋置在第Ⅲ或第Ⅳ层中。

方案二：将基础埋置在第Ⅲ层硬塑黏土中。此时，基础位于最大冲刷线以下的最小埋置深度为 8 m。若采用刚性扩大基础，施工开挖和防排水工作量较大，需要考虑技术和经济的合理性。还可以考虑采用沉井基础或桩基础方案。这样可以减少基坑开挖和排水工作,具体方案应根据技术、经济比较后选定。

方案三:如荷载较大,要求基础埋置深度更深时,可以采用桩基础,将桩端设置在第Ⅳ层密实粗砂中,这样可以避免水下施工。

技能训练

根据国家规范、标准,掌握浅基础的地基承载力和稳定性验算,完成表3.13。

表3.13　浅基础的计算

任务描述	查阅《公路桥涵设计通用规范》(JTG D60—2015)、《公路桥涵地基与基础设计规范》(JTG 3363—2019)及相关参考资料,回答问题。
任务实施	确定基础埋置深度应考虑哪些因素?
	地基土质条件以及基础的条件对地基承载力有哪些影响?地基承载力如何确定?
	什么是刚性角?刚性基础的厚度与基底宽度之间应满足什么关系?

知识检测

1.老黏土地基的承载力特征值可按照(　　)确定。

A. 天然孔隙比　　　　B. 压缩模量　　　　C. 液性指数　　　　D. 液限比

2.砂土地基的承载力特征值可按照(　　)确定。

A. 密实程度　　　　B. 压缩模量　　　　C. 液性指数　　　　D. 液限比

3.新近堆积黄土地基的承载力特征值可按照(　　)确定。

A. 密实程度　　　　B. 压缩模量　　　　C. 含水比　　　　D. 液限比

4.当基础最小边长超过2 m或基础埋深超过3 m时,应对地基承载力特征值进行修正。

(　　)

5.计算修正后的地基承载力特征值时,对于受水流冲刷的基础,基础的埋置深度由局部冲刷线算起。(　　)

6.老黏土地基的承载力特征值可按土的压缩模量确定。(　　)

7.一般黏性土地基的承载力特征值可按土的液性指数和天然孔隙比确定。(　　)

8.砂土地基的承载力特征值可按土的密实度和水位情况确定。(　　)

9. 某桥梁采用浅基础,基础底面尺寸为 2.5 m×2.5 m,基础埋深为 3.0 m。地基土为一般黏性土,液性指数为 0.4,孔隙比为 0.5,地下水位位于地面下 2 m 处。基础顶面作用短期效应组合的竖向集中荷载为 2 000 kN。请验算该基础的地基承载力是否满足要求。

10. 有一桥墩底为矩形 2 m×8 m,刚性扩大基础(采用 C20 混凝土),顶面设在河床下 1 m,作用于基础顶面作用力:轴心重力 $N=5\ 200$ kN,弯矩 $M=840$ kN·m,水平力 $H=96$ kN。地基土为一般黏性土,第一层厚 5 m(自河床算起),$\gamma=19.0$ kN/m³,$e=0.9$,$I_L=0.8$;第二层厚 5 m,$\gamma=19.5$ kN/m³,$e=0.45$,$I_L=0.35$,低水位在河床以上 1 m(第二层下为泥质页岩)。请确定基础埋置深度及尺寸,并验算其是否满足承载力要求。

任务三　陆地浅基础施工

任务描述

浅基础施工可采用明挖的方法进行基坑开挖,开挖工作应尽量在枯水或少雨季节进行,且不宜间断。基坑挖至基底设计标高,应立即对基底土质及坑底情况进行检验。验收合格后,应尽快修筑基础,不得将基坑暴露过久。基坑可用机械或人工开挖,接近基底设计标高,应留 30 cm 厚度由人工开挖,以免破坏基底土的微观结构。通过对陆地浅基础施工内容和方法等相关知识的学习,能根据提供的桥梁施工图,参阅相关规范及技术文献资料,编制简单的陆地浅基础施工方案,进行施工技术交底。

理论知识

一、陆地无围护基坑施工

当基坑较浅,地下水位较低或渗水量较少,不影响坑壁稳定时,可将坑壁挖成竖直或斜坡形。竖直坑壁只适宜在岩石地基或基坑较浅又无地下水的硬黏土中采用。在一般土质条件下开挖基坑时,基坑深度在 5 m 以内,施工期较短,应采用放坡开挖。地下水在基底以下,且土的湿度接近最佳含水率,土质构造较均匀时,基坑坡度可参考表 2.1 选用。

如地基土的含水率较大,可能引起坑壁坍塌时,坑壁坡度应适当放缓。基坑顶缘有动荷载时,基坑顶缘与动荷载之间至少留 1 m 的护道。如地质水文条件差,应增宽护道或采取加固等措施,以增加边坡的稳定性。基坑深度大于 5 m 时,可将坑壁坡度适当放缓或加设平台。

二、陆地有围护基坑施工

当基坑较深,土质条件较差,地下水影响较大或放坡开挖对邻近建筑有影响时,应对坑壁进行围护。目前,护壁的方法有很多。护壁方法的选择与开挖深度、土质条件及地下水位高低、施工技术条件、材料供应等有密切关系。

1. 板桩墙支护

板桩在基坑开挖前先垂直打入土中至坑底以下一定深度,然后边挖边设支撑,开挖基坑过程中始终是在板桩支护下进行。

　　板桩材料有木板桩、钢筋混凝土板桩和钢板桩3种。木板桩易于加工,但我国除林区以外现已很少采用。钢筋混凝土板桩耐久性好,但制造复杂且自重大,防渗性能差,修建桥梁基础也很少采用。钢板桩壁薄、强度大,能穿过较坚硬的土层,锁口紧密,不易漏水,还可以焊接接长并能重复使用,且断面形式较多(图3.24),可适应不同形状基坑。故钢板桩应用较为广泛,但价格较贵。

|(a)一字形|(b)槽形|(c)Z字形|

图3.24　板桩墙的断面形状

板桩墙支护

　　板桩墙分无支撑式[图3.25(a)]、支撑式[图3.25(b)、(c)]和锚撑式[图3.25(d)]。支撑式板桩墙按设置支撑的层数可分为单支撑板桩墙[图3.25(b)]和多支撑板桩墙[图3.25(c)]。由于板桩墙多应用于较深基坑的开挖,故多支撑板桩墙应用较多。

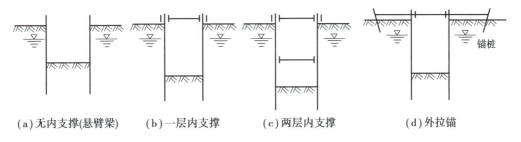

|(a)无内支撑(悬臂梁)|(b)一层内支撑|(c)两层内支撑|(d)外拉锚|

图3.25　板桩墙的支撑形式

2.喷射混凝土护壁

　　喷射混凝土护壁宜用于土质较稳定、渗水量不大、深度小于10 m、直径为6~12 m的圆形黏土粉土质基坑(图3.26)。对于有流砂或淤泥夹层的土质,也有应用成功的实例。

喷射混凝土护壁

图3.26　喷射混凝土护壁

喷射混凝土护壁的基本原理是以高压空气为动力,将搅拌均匀的砂、石、水泥和速凝剂干料,由喷射机经输料管吹送到喷枪,在通过喷枪的瞬间,加入高压水进行混合,自喷嘴射出,喷射在坑壁,形成环形混凝土护壁结构,以承受土压力。

采用喷射混凝土护壁时,根据土质和渗水等情况,坑壁可以接近陡立或稍有坡度,每开挖一层喷护一层,每层高度为 1 m 左右,土层不稳定时应酌减;渗水较大时,每层厚度不宜超过 0.5 m。

混凝土的喷射顺序,对无水、少量渗水坑壁可由下向上一环一环进行;对渗水较大的坑壁,喷护应由上向下进行,以防止新喷的混凝土被水冲走;对集中渗出股水的基坑,可从无水或少水处开始,逐步向水大处喷护,最后用竹管将集中的股水引出。喷射作业应沿坑周分若干区段进行,区段长度一般不超过 6 m。

3.混凝土围圈护壁

混凝土围圈护壁是用混凝土环形结构承受土压力,混凝土的壁厚一般为 15 ~ 30 cm。混凝土围圈护壁可以按一般混凝土施工,基坑深度可达 15 ~ 20 m。除流砂及呈流塑状黏土外,其还可适用于其他各种土类。

采用混凝土围圈护壁时,基坑自上而下分层垂直开挖,开挖一层后随即浇筑一层混凝土壁。为防止已浇筑的围圈混凝土施工时因失去支承而下坠,顶层混凝土应一次整体浇筑,以下各层均间隔开挖和浇筑,并将上、下层混凝土纵向接缝错开。开挖面应均匀分布对称施工,及时浇筑混凝土壁支护,每层坑壁无混凝土壁支护总长度应不大于周长的 1/2。分层高度以垂直开挖面不坍塌为原则,一般顶层高 2 m 左右,以下每层高 1 ~ 1.5 m。

也有采用混凝土预制块分层砌筑来代替就地浇筑混凝土围圈。其优点是省去现场混凝土浇筑和养护时间,使开挖和支护砌筑连续不断进行,且周围混凝土质量容易得到保证。

此外,在软弱土层中的较深基坑以深层搅拌桩、粉体喷射混凝土搅拌桩、旋喷桩等密排或格框形布置成连续墙,以形成支挡结构代替板桩墙。其较常用于市政工程、工业与民用建筑工程、桥梁工程。在一些基础工程施工中,对局部坑壁的围护也常因地制宜、就地取材,采用多种灵活的围护方法。

学以致用

某城市隧道工程,隧道北侧接地点为 GNK4+515,隧道南侧接地点为 GNK4+990。隧道全长 475 m,其中暗埋段长 85 m,敞开段长 390 m;暗埋段单孔横断面宽度为 8.95 m,敞开段结构宽度为 18.2 m;洞口位于两侧,隧道北侧洞口为 GNK4+724,南侧洞口为 GNK4+809。隧道敞开段采用挡土墙或 U 形槽结构,暗埋段采用两孔箱形结构。根据地质情况、隧道埋深、周边环境要求等,围护结构采用重力式挡墙和 SMW 工法桩等形式。

(一)放坡开挖施工流程

放坡开挖断面如图 3.27 所示,施工流程为:放线→开挖→修坡→插筋施工→安装钢筋网→喷射混凝土(养护)→基底处理。

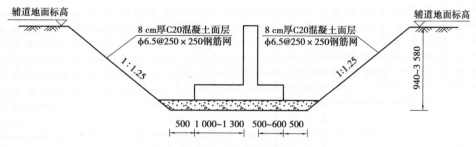

图 3.27　放坡段开挖横剖面图(单位:mm)

(二)施工方法

1.放线

①施工放线前,测量队根据道路中线和设计基底高程,推算出放坡开挖坡口边线和坡脚边线,放坡开挖边坡坡率设计为1∶1.25。

②为满足后期防水施工,坡脚边线应控制距离隧道主体外边线1.0 m,以保证足够的施工空间。

③测量队根据现场实际施工情况控制放样点间距,由于放坡开挖段主体结构边线为弧线,采用放样点间距为5 m。

④测量队放线后,采用白灰分别将坡口边线和坡脚边线进行标示。

2.开挖

①放坡开挖段最大开挖深度为3.2 m。该段基坑开挖采用"通道纵挖法",沿基坑纵向挖掘一个通道,然后将通道向两侧拓宽,按此方向直至开挖至设计标高,通道作为机械通行、运输土方车辆的道路,便于土方挖掘和外运的流水作业。开挖时,需逐层下挖,直至开挖到坑底垫层顶面标高以上30 cm处,剩余部分采用人工清除修整;严禁超挖、回填虚土,不得扰动基底土。挖至坑底垫层顶面标高时,复核中线、标高准确无误后,及时浇筑垫层混凝土封底。隧道进口段 GNK4+525—GNK4+595 由南向北退挖施工,土方运输车由基坑中心临时便道经两侧主便道运至弃土场;隧道出口段 GNK4+910—GNK4+980 由北向南退挖施工,土方运输车由基坑中心临时便道经两侧主便道运至弃土场。

②对边坡进行修整后,在坡面上满铺φ6.5@250×250 钢筋网,喷射 8 mm 厚 C20 混凝土。

③挂网喷射混凝土防护,具体施工方法见"5.喷射混凝土(养护)"。

④待喷射混凝土施工完成24 h后,开挖基坑中线便道,从一端向另一端进行;开挖至坑底标高以上30 cm时,人工挖土修坡、平整基坑,不得超挖与扰动基底土。

⑤基坑开挖后,在基坑四周设置排水沟和集水坑,基坑开挖完成后报检,合格后进行混凝土垫层施工。如图 3.28 所示,明沟排水具体做法如下:

a.明沟排水沟的坡度不宜小于0.3%(排水沟尺寸为宽50 cm、深30 cm);

b.沿排水沟每隔20 m设置一口集水坑(集水坑尺寸为长1 m、宽1 m、深1 m);

c.明沟排水采用水泵抽水,排水应排放到施工作业外侧排水沟,通过三级沉淀池后再排向市政管网。

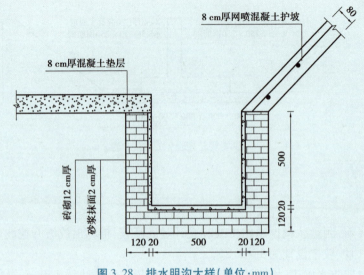

图 3.28　排水明沟大样(单位:mm)

3. 修坡

①便道两侧基坑开挖完成后,先采用挖机对边坡进行修整,边坡修整至设计坡面以上 30 cm。

②挖机修坡完成后,测量队再次放样出边坡坡口与坡脚线。

③放样后,通过横纵挂线进行边坡坡面控制,采用人工修坡,严格控制超挖。

4. 安装钢筋网

①边坡修整完成后,报监理工程师验收合格后,方可进行钢筋网安装。

②坡面采用 φ6.5@250×250 钢筋网进行防护,两张钢筋网的搭接长度不应小于 250 mm,且在搭接长度范围内每张焊接网的横向钢筋不应少于两根。具体施工搭接要求参见《钢筋焊接网混凝土结构技术规程》(JGJ 114—2014)中第 5.1.8 条。

③钢筋网片安装应从下向上、从深到浅进行安装。钢筋网安装搭接长度应符合要求。

5. 喷射混凝土(养护)

(1)材料准备

①喷射混凝土水泥宜采用硅酸盐水泥或普通硅酸盐水泥,水泥质量应符合《通用硅酸盐水泥》(GB 175—2023)的有关规定。

②粗骨料应选用坚硬耐久的卵石或碎石,粒径不宜大于 12 mm,允许骨料最大粒径为 15 mm。

③细骨料应选用坚硬耐久的中砂或粗砂,细度模数宜大于 2.5。

④隧道坡面支护采用湿搅喷射法施工。

(2)施工前准备

①拆除作业面障碍物,清除开挖面的泥浆、杂物等堆积物。

②埋设控制喷射混凝土厚度的标志(采用厚度控制钉进行控制,厚度控制钉深入坡面 10 cm,外露 10 cm,外露顶端包裹 2 cm 宽红色塑料带)。

③喷射机司机与喷射手之间配备对讲机。

④喷射作业前,应对机械设备、送水管道、输料管道和电缆线路等进行全面检查及试运转。

(3)喷射作业

①喷射混凝土作业应采用分段、分片依次进行,喷射顺序应自下而上,分段长度不宜大于6 m。喷射时,先将低洼处大致喷平,再自下而上分层、往复喷射。

②坡面喷射混凝土前,应使用压力喷雾水对坡面进行湿润。

③喷嘴指向与受喷面应保持90°夹角。

④喷嘴与受喷面的距离不宜大于1.5 m。

⑤根据规范要求,可以采用一次喷射成型;喷射混凝土结束后,应采用水平刮尺对坡面进行整平。

⑥喷射混凝土终凝后2 h,采用覆盖土工布洒水进行养护,养护时间不应少于7 d。

⑦在强风条件下不宜进行喷射作业。

6.基底处理

机械开挖控制在基底标高向上20～30 cm处,剩余部分由人工进行开挖、精平。人工开挖基坑到设计标高时,及时对基坑位置、底标高、平面尺寸进行检查。各项数据必须符合设计图纸及规范要求,并及时通知监理工程师检验。基坑开挖后,在基坑四周设置排水沟和集水坑。基底处理完成后,应尽快施工垫层。

技能训练

根据国家规范、标准,掌握陆地浅基础施工工艺、施工要点及质量检测标准,完成表3.14。

表3.14　陆地浅基础施工

任务描述	查阅《公路桥涵施工技术规范》(JTG/T 3650—2020)、《公路工程质量检验评定标准　第一册　土建工程》(JTG F80/1—2017)及相关参考资料,回答问题。
任务实施	浅基础的基底为非黏性土或干土时,施工前如何处理?
	浇筑混凝土垫层的目的是什么?
	混凝土扩大基础的实测项目包括哪些?

知识检测

1. 刚性基础的受力特点是( )。
   A. 抗拉强度大,抗压强度小   B. 抗拉、抗压强度均大
   C. 抗压强度大,抗拉强度小   D. 抗剪强度大

2. 放坡基坑施工中,严禁在基坑边坡坡顶( )范围内增加附加荷载。
   A. 4~5 m   B. 3~4 m   C. 2~3 m   D. 1~2 m

3. 基坑放坡施工中,直接影响基坑稳定的重要因素是边坡( )。
   A. 土体剪应力   B. 土体抗剪强度   C. 土体拉应力   D. 坡度

4. 喷射混凝土必须加入的外加剂是( )。
   A. 早强剂   B. 减水剂   C. 速凝剂   D. 引气剂

5. (多选题)基坑开挖时,应采取支护措施的情形有( )。
   A. 基坑深度较大,且不具备自然放坡施工条件
   B. 基坑开挖危及邻近建筑物的安全与使用
   C. 基坑开挖危及邻近道路的安全与使用
   D. 拟建工程临近国防工程
   E. 地基土质坚实,但有丰富的上层滞水

6. (多选题)基坑井点降水点布置依据( )确定。
   A. 工程性质   B. 降水设备能力   C. 降水深度
   D. 地质和水文情况   E. 基坑平面形状和大小

7. 在沟槽开挖施工中,人工降低地下水位常会导致发生边坡塌方。 ( )

8. 板桩支撑适用于开挖深度大、地下水丰富、有流砂现象的沟槽。 ( )

9. 钢筋混凝土独立基础验槽合格后,垫层混凝土应待 1~2 d 后浇筑,以保护地基。
                                                        ( )

10. 土方回填时,填土应在相对两侧或周围同时进行回填和夯实。 ( )

任务四　水中浅基础施工

任务描述

在水中修筑桥梁基础时,开挖基坑前需在基坑周围先修筑一道防水围堰,把围堰内的水排干后,再开挖基坑、修筑基础。如排水较困难,也可在围堰内进行水下挖土,挖至预定标高后先灌注水下封底混凝土,然后抽干水继续修筑基础。在围堰内不但可以修筑浅基础,而且可以施工桩基础等。

理论知识

水中围堰的种类有很多,有土围堰、土袋围堰、钢板桩围堰、双壁钢围堰和地下连续墙围堰

等。各种围堰都应符合以下要求：

①围堰顶面标高应高出施工期间可能出现的最高水位 0.5 m 以上，有风浪时应适当加高。

②修筑围堰将压缩河道断面，使流速增大引起冲刷，或堵塞河道影响通航，因此要求河道断面压缩一般不超过流水断面的 30%。对两边河岸河堤或下游建筑物有可能造成危害时，必须征得有关单位同意并采取有效防护措施。

③围堰内尺寸应满足基础施工要求，留有适当工作面积，由基坑边缘至堰脚距离一般不小于 1 m。

④围堰结构应能承受施工期间产生的土压力、水压力以及其他可能发生的荷载，满足强度和稳定性要求。围堰应具有良好的防渗性能。

一、土围堰和土袋围堰

水深 1.5 m 以内，流速 0.5 m/s 以内，河床土质渗水性较小且满足泄洪要求时，可筑土围堰（图 3.29）。水深在 3 m 以内，流速在 1.5 m/s 以内，河床土质渗水性较小且满足泄洪要求时，可筑土袋围堰（图 3.30）。

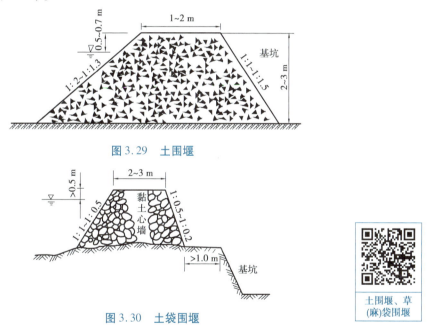

图 3.29　土围堰

图 3.30　土袋围堰

土围堰、草(麻)袋围堰

堰顶的宽度宜根据施工需要确定。边坡的坡度应按围堰位置的不同、高度及基坑开挖深度等条件确定。在筑堰之前，应将堰底河床处的树根、石块及其他杂物清除干净。筑堰材料宜采用黏性土或砂夹黏土，填筑应自上游开始至下游合龙，超出水面之后应进行夯实。堰外坡面有受水流冲刷的危险时，应采用合适的材料对其进行防护。

此外，深度在 4 m 以内、流速较大且能满足泄洪要求时，可筑竹笼、木笼或铅丝笼围堰；水深超过 4 m 时，可筑钢笼围堰。各种笼体的制作应坚固，并应满足使用要求。围堰的层数宜根据水深、流速、基坑大小及防渗要求等因素确定；宽度宜为水深的 1.0～1.5 倍。宜在堰底外围堆填土袋，防止堰底渗漏。

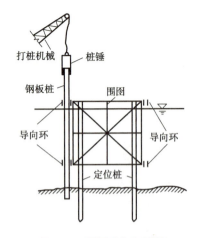

图 3.31　围图法打钢板桩

二、钢板桩围堰

当水较深时,可采用钢板桩围堰。修建水中桥梁基础常使用单层钢板桩围堰,其支撑和导向(由槽钢组成内外导环)系统的框架结构称为"围图"或"围笼"(图 3.31)。钢板桩围堰一般适用于砂土、碎石土和半干硬性黏土河床,并可嵌入风化岩层。围堰内抽水深度最深可达 20 m 左右。

有大漂石及坚硬岩的河床不宜使用钢板桩围堰。

在深水中进行钢板围堰施工时,先在岸边驳船上拼装围图,然后运到墩位抛锚定位。在围图中打定位桩,将围图挂在定位桩上作为施工平台,撤除驳船,沿导向环插打钢板桩。插桩顺序应能保证钢板桩在流水压力作用下紧贴围图,一般自上游靠主流一角开始分两侧插向下游合龙,并使靠主流侧所插桩数多于另一侧。施打前,应对钢板桩的锁口用止水材料捻缝,以防漏水。插打能否顺利合龙关键在于桩身是否垂直,以及围堰周边能否被钢板桩桩数均分。插打合龙后,再将钢板桩打至设计标高。打桩顺序为从合龙桩开始,分两边依次进行。钢板桩可用锤击、振动、射水等方法下沉,但在黏土中不宜使用射水下沉方法。如钢板垂直度较好,可一次打桩到要求的深度;若垂直度较差,宜分两次施打,即先将所有桩打入约一半深度后,再第二次打到要求深度。

围堰内除土一般采用 $\phi 150 \sim 250$ mm 空气吸泥机进行,吸泥达到预计标高就可清底灌注水下混凝土封底,然后在围堰内抽水。水抽干后,清除封底混凝土顶面的浮浆和污泥,修筑基础及墩身;墩身出水就拆除钢板桩围堰,继续周转使用。

钢板桩围堰

围堰使用完毕,拔除钢板桩时,应先将钢板桩与导梁间焊接物切除,再在围堰内灌水至高出围堰外水位 $1 \sim 1.5$ m,使钢板桩较易与水下混凝土脱离;再在下游选择一组或一块较易拔除的钢板桩,先略锤击振动后拔高 $1 \sim 2$ m,然后依次将所有钢板桩均拔高 $1 \sim 2$ m;全部松动后,再从下游开始分两侧向上游依次拔除。

三、双壁钢围堰

在深水中修建桥梁基础,还可以采用双壁钢围堰。双壁钢围堰一般做成圆形结构,它本身实际上是一个浮式钢沉井。井壁钢壳是由有加劲肋的内外壁板和若干层水平钢桁架组成,中空的井壁提供的浮力可使围堰在水中自浮,使双壁钢围堰在漂浮状态下分层接高下沉。在两壁之间设置数道竖向隔舱板,将圆形井壁等分为若干个互不连通的密封隔舱,向隔舱不等高灌水来控制双壁围堰下沉及调整下沉时的倾斜。井壁底部设置刃脚,以利于切土下沉。如需将围堰穿过覆盖层下沉到岩层,而岩面高差又较大时,可做成高低刃脚密贴岩面。双壁围堰内外壁板间距一般为 $1.2 \sim 1.4$ m。这就使围堰刚度很大,围堰内无须设置支撑系统。图 3.32 所示为某长江大桥所用的双壁钢围堰的结构与构造。根据起重运输条件,双壁钢围堰可以分节整体制造,也可分层分块制造。

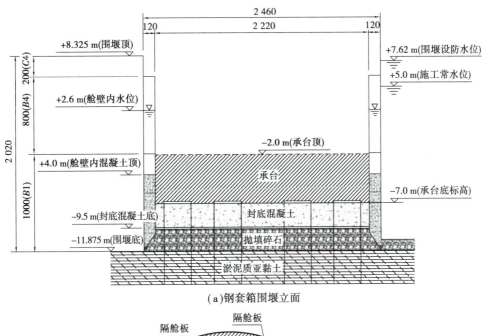

(a)钢套箱围堰立面

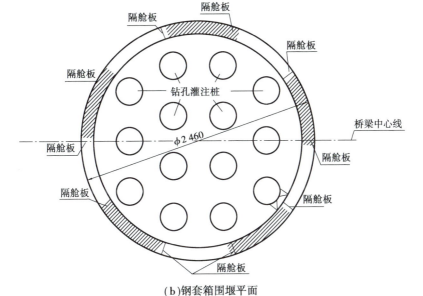

(b)钢套箱围堰平面

图 3.32　双壁钢围堰的结构与构造(单位:cm)

目前,采用双壁钢围堰修建的大型桥梁深水基础,大都将基础放在岩盘上。钻孔嵌岩后,再在孔内安放钢筋笼灌注混凝土,与岩盘牢牢结合在一起,故称这种方法修筑的基础为"双壁围堰钻孔桩基础"。

　　沪通长江大桥为公铁两用桥,主桥为(142+462+1092+462+142)m 斜拉桥,通行四线铁路、六车道高速公路。主梁采用钢桁梁结构、箱桁组合截面,设置 3 片主桁,桁宽 35 m,桁高 16 m;桁梁不同区段分别采用 Q500、Q420、Q370 不同强度等级的钢材。钢桁梁节段在工厂采用全焊接技术整体制造。主梁的纵向约束方式为在桥塔处设置阻尼约束和限位装置,其余各墩均设置活动支座。桥塔为钻石形,高 325 m,采用 C60 高性能混凝土。斜拉索采用强度为 2 000 MPa 的高强度平行钢丝索。桥墩采用沉井基础,下部为钢结构,上部为钢筋混凝土结构。

　　按照不同区域施工条件,采用 3 种方法进行承台基坑施工。

1.吹填陆域区采用井点降水与放坡开挖结合工艺

　　横港沙区 9#—22#墩位于吹填形成的陆域平台内,其承台采用"轻型井点降水和放坡开挖相结合"的基坑开挖方案(图 3.33)。

　　基坑开挖深度约 6 m,分两级放坡,放坡坡比为 1∶075。轻型井点降水管呈四面环状,分三级布置,即坑顶一级井点管、台阶处二级井点管、坑底三级井点管。每级井点管均穿透吹填砂层,进入基本不透水的原状淤泥质粉质黏土层 1 m。井点管间距控制在 0.8 ~ 1 m。

　　基坑边坡采用细钢丝网(丝径 0.5 mm,网孔 3 cm×3 cm)+混凝土砂浆进行护坡,防止雨水渗透或冲刷,确保边坡稳定(图 3.34)。

图 3.33　吹填陆域区放坡开挖基坑(9#墩)

图 3.34　边坡防护

2.浅水区采用钢板桩围堰施工工艺

　　横港沙区 5#—8#墩、23#—25#墩位于浅水水域,涨潮时最大水深在 5.5 ~ 8 m。以上浅水区承台基坑施工均采用钢板桩围堰进行。钢板桩均采用进口拉森型钢板桩。25#墩水深较大,采用 18 m 长钢板桩;其余承台均采用 15 m 长钢板桩,采用专用机械手插打钢板桩。施工过程中,设置专用导向进行钢板桩定位,严格控制钢板桩插打垂直度和咬合精度。钢板桩在上下游各设一个合龙口,设置于拐角部位。钢板桩接口缝隙采用土工布水下封堵,确保围堰"不漏水"。

　　在承台顶面以上设置一层结构性对撑,在封底混凝土顶面处设置一道支撑于钢护筒上的临时支撑,有效控制封底前围堰底口变形。封底前,在泥面开挖到设计标高并清理后,铺设一层竹片,防止干浇混凝土与泥面接触,确保干封底质量(图 3.35、图 3.36)。

图 3.35　钢板桩围堰干封底

图 3.36　钢板桩封底完成

3.深水区采用双壁钢套箱围堰施工工艺

专用航道桥 3#、4#主墩位于深水区,其中 4#墩处水深达 18 m。考虑到泄洪需要,其承台深埋于河床面以下,采用双壁钢套箱围堰作为承台挡水围堰。钢套箱平面外轮廓尺寸为 58.1 m×28.1 m,围堰壁厚 1.5 m。4#墩围堰全高 29.1 m,质量为 1 800 t,高度方向上分三节制作安装,最大节段质量约 750 t。钢围箱就近选择在桥位附近工厂制作,通过驳船运输至墩位后,采用 1 300 t 浮吊吊装就位(图 3.37)。

钢围堰主要通过注水、浇筑夹壁混凝土配重并配合吸泥工艺下沉,入泥深度约 12 m。下沉到位后,中心集料斗法多导管水下封底,封底混凝土厚度为 5.9 m。封底完成后,抽水、施工承台(图 3.38)。

3#、4#主墩承台厚 6.5 m,分两层浇筑。在墩身施工期间,逐层换撑进行围堰体系转换,将围堰支撑由对撑换到墩身。

图 3.37　钢套箱吊装

图 3.38　钢围堰内施工承台

技能训练

根据国家规范、标准,掌握双壁钢围堰的施工工艺、施工要点及质量检测标准,完成表3.15。

表3.15　双壁钢围堰施工

任务描述	查阅《公路工程质量检验评定标准　第一册　土建工程》(JTG F80/1—2017)、《公路桥涵施工技术规范》(JTG/T 3650—2020),回答问题。
任务实施	双壁钢围堰施工应符合哪些规定?
	双壁钢围堰外观质量应符合哪些规定?
	双壁钢围堰实测检查项目包括哪些内容?

知识检测

1.钢板桩围堰施打顺序按施工组织设计规定进行,一般(　　)。

　A.由下游分两头向上游施打至合龙　　　　B.由上游开始逆时针施打至合龙

　C.由上游分两头向下游施打至合龙　　　　D.由上游开始顺时针施打至合龙

2.(多选题)现场填筑土围堰的填筑材料不应采用(　　)。

　A.黏性土　　　　　B.粉质黏土　　　　　C.砂质黏土　　　　D.砂土

3.下列关于钢板桩围堰施工的说法正确的有(　　)。

　A.适用于深水基坑工程

　B.在黏土层施工时,应使用射水下沉方法

　C.钢板桩的锁口应用止水材料捻缝

　D.施打时,应有导向设备

　E.施打顺序一般是从上游向下游合龙

4.土袋围堰适用于水深不大于(　　)m,流速不大于(　　)m/s,河床为渗水性较小的土。

　A.2,1　　　　　　　B.3,1.5　　　　　　C.5,3　　　　　　　D.8,5

5.(多选题)土围堰筑堰所用的材料有(　　)。

　A.黏性土　　　　　B.粉质黏土　　　　　C.砂质黏土　　　　D.粉土

　E.二灰土

项目四　桩基础

项目导入

桥梁工程中,常用的三大基础是浅基础、桩基础和沉井基础。项目三已经学习和掌握了天然地基浅基础,本项目介绍深基础的主要类型——桩基础。

当地基浅层土质不良,采用浅基础无法满足建筑物对地基强度、变形和稳定性方面的要求时,往往需要采用深基础。

深基础中,桩基础是一种广泛采用的基础形式。本项目主要介绍桩基础的组成、作用及常用结构形式,桩基础的分类、构造及施工工艺,并对桩基础的质量检验作简要介绍;还要讨论单桩的承载力问题,包括单桩的竖向承载力、水平承载力和负摩阻力。

学习目标

能力目标

◇能够根据地质资料、给定的桩基参数查阅相关规范等,计算桩基竖向和水平向承载力;能够编写钻孔灌注桩施工方案,并提出常见质量问题的避免方法。

◇根据地质资料、荷载条件等分析,确定采用浅基础或深基础的类型。

知识目标

◇掌握常见桩型,桩基础竖向承载力计算方法,钻孔灌注桩的施工工艺、常见质量问题及避免措施。

◇理解桩基质量检测目的和原理。

◇了解桩的负摩阻力、桩和承台的构造要求、桩-土相互作用。

素质目标

◇通过对单桩竖向承载力和水平承载力的计算,养成勤于动手、认真严谨、独立思考的职业素养。

◇通过对桩基础施工方案的编制,培养学生发现、分析和解决问题的基本能力,培养团队协作精神和创新能力。

任务一 桩基础认知

任务描述

桩基础具有承载力高、稳定性好、沉降变形小、抗震能力强，以及能适应各种复杂地质条件的显著优点，是桥梁工程的常用基础结构。在桥梁工程施工中，桩基础桩型的正确选择直接关系到工程项目的顺利开展，同时还能够提高施工安全、加快施工进度、节约工程项目建设成本。合理地选择桩基础的类型是桩基设计中十分重要的环节之一。以工程地质勘察分析报告为基础，通过桩型优选，为建筑工程项目的顺利开展提供重要支撑。另外，由于影响桩承载力的因素多而复杂，各地区土质情况差异较大，如何正确确定单桩承载力特征值是保证桩基安全可靠、经济合理的关键问题。

理论知识

桩基础

一、桩基础的组成、作用及特点

1.组成

桩基础可以是单根桩（如一柱一桩的情况），也可以是单排桩或多排桩。桩基础简称桩基。对于双（多）柱式桥墩单排桩基础，当桩外露在地面上较高时，桩间以横系梁相连，以加强各桩的横向联系。多数情况下，桩基础是由多根桩组成的群桩基础。桩基础中的一根单桩称为基桩。基桩可全部或部分埋入地基土中。群桩基础中所有桩的顶部由承台连成整体，在承台上再修筑墩身或台身及上部结构，如图4.1所示。

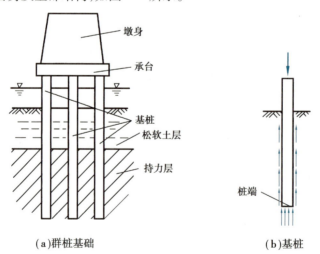

（a）群桩基础 （b）基桩

图4.1 桩基础

2. 作用

承台的作用是将外力传递给各桩,并将各桩连成一个整体,共同承受外荷载,如图4.1(a)所示。基桩的作用是穿过软弱的压缩性土层或水,使桩端坐落在更密实的地基持力层上。桩端所在土层称为该基桩的持力层。各桩所承受的荷载由桩通过桩侧土的摩阻力及桩端土的抵抗力,将荷载传递到桩周土及持力层中。

3. 特点

设计合理、施工得当的桩基础,具有承载力高、稳定性好、沉降量小而均匀等特点;在深基础中具有耗用材料少、施工简便等优点;在深水河道中,可避免(或减少)水下工程,简化施工设备和技术要求,加快施工速度并改善工作条件。

二、桩基础的适用条件

在下列情况下,可以采用桩基础:

①荷载较大,地基上部土层软弱,适宜的地基持力层位置较深,采用浅基础或人工地基在技术、经济上不合理;

②河床冲刷较大,河道不稳定或冲刷深度不确定,位于基础或结构物下的土层有可能被侵蚀、冲刷,如采用浅基础不能保证基础安全;

③地基计算沉降过大或建筑物对不均匀沉降敏感时,采用桩基础可以穿过松软(高压缩)土层,将荷载传到较坚实(低压缩性)土层,以减少建筑物沉降,并使沉降较为均匀;

④建筑物承受较大的水平荷载,需要减少建筑物的水平位移和倾斜;

⑤施工水位或地下水位较高,采用其他深基础施工不便或经济上不合理;

⑥在地震区可液化地基中,采用桩基础可以提高建筑物抗震能力,桩基础穿越可液化土层并伸入下部密实稳定土层,可消除或减轻地震对建筑物的危害。

以上情况也可以采用其他形式的深基础,但桩基础由于耗材少、施工快速简便、地质适应性好等,往往是优先考虑的深基础方案。

三、桩与桩基础的分类

为满足建筑物及构筑物承载力、稳定性和控制变形等要求,适应地基特点,随着科学技术的发展,在工程实践中已经形成了各种类型的桩基础。它们在桩身构造和桩-土相互作用性能上具有各自的特点。

下面按承台位置、沉入土中的施工方法、桩的设置效应、桩土相互作用特点及桩身材料等分类介绍桩基础。

(一)桩基础按承台位置分类

桩基础按承台高低位置不同,可分为高桩承台基础和低桩承台基础(分别简称高桩承台、低桩承台),如图4.2所示。

高桩承台的承台底面位于地面(或冲刷线)以上,低桩承台的承台底面位于地面(或冲刷线)以下。高桩承台的结构特点是基桩部分桩身沉入土中,部分桩身外露在地面以上(称为桩的自由长度),而低桩承台则基桩全部沉入土中(桩的自由长度为零)。

高桩承台由于承台位置较高或设在施工水位以上,可减少墩台的圬工数量,避免或减少水下作业,施工较为方便。然而,在水平荷载作用下,由于承台及基桩露出地面的一段桩身周围无土体来共同承担水平外力,基桩的受力情况较为不利,桩身内力和位移都比相同水平荷载作用下的低桩承台要大,其稳定性也比低桩承台差。

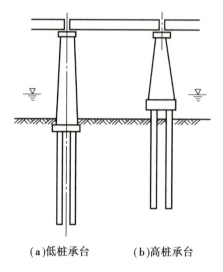

(a)低桩承台　　　　**(b)高桩承台**

图4.2　低桩承台基础和高桩承台基础

(二)桩基础按施工方法分类

桩基础的施工方法不同,采用不同的机具设备和工艺过程,将影响桩与桩周土接触边界的状态,影响桩-土间的相互作用。桩的施工方法种类较多,但基本形式为沉桩(预制桩)和灌注桩两种类型。

1.沉桩(预制桩)

沉桩是按设计要求在地面良好条件下(如地基下沉量小、地面平坦等)制作(长桩可在桩端设置钢板、法兰盘等接桩构造,分节制作)的桩,桩体质量高,可大量工厂化生产,加快施工进度。根据施工方式的不同,沉桩又分为打入桩、振动下沉桩、静力压桩等类型。

(1)打入桩(锤击桩)

打入桩是通过锤击(或以高压射水辅助)将各种预先制作的桩(主要是钢筋混凝土实心桩或管桩,也有钢桩或木桩)打入地基内,达到所需要的深度。这种施工方法适用于桩径较小(一般直径在0.60 m以下),地基土质为砂性土、塑性土、粉土、细砂以及松散的不含大卵石或漂石的碎卵石类土的情况。

(2)振动下沉桩

振动下沉桩是将大功率的振动打桩机安装在桩顶(预制的钢筋混凝土桩或钢管桩),利用振动力以抵抗土对桩的下沉阻力,使桩沉入地基中。对于大桩径的预制桩或钢桩,土的抗剪强度受振动时有较大降低的砂土等地基,采用振动下沉的效果更为明显。

（3）静力压桩

在软塑黏性土地基中，也可以用重力将桩压入土中，称为静力压桩。这种压桩施工方法避免了锤击的振动影响，消除了噪声和振动污染，是软土地区，特别是在不允许有强烈振动条件下施工桩基础的一种有效方法。

锤击、静压、振动下沉和射水下沉的桩统称为沉桩。

沉桩具有以下特点：

①不易穿透较厚的砂土等硬夹层（除非采用预钻孔、射水等辅助沉桩措施），只能进入砂、砾、硬黏土、强风化岩层等持力层不大的深度。

②沉桩方法一般采用锤击，由此产生的振动、噪声污染必须加以考虑。

③沉桩过程产生挤土效应，特别是在饱和软黏土地区，沉桩可能导致周围建筑物、道路、管线等损坏。

④一般来说，沉桩的施工质量容易得到保证。

⑤沉桩打入松散的粉土、砂砾层中，由于桩周和桩端土受到挤密，使桩侧表面法向应力提高，桩侧摩阻力和桩端阻力也相应提高。

⑥由于桩的贯入能力受多种因素制约，因而常常出现因桩打不到设计标高而截桩的情况，造成浪费。

2. 灌注桩

灌注桩是在地基中钻挖桩孔，然后在孔内放入钢筋骨架，再灌注桩身混凝土而成的桩。灌注桩在成孔过程中，需采取相应的措施和方法来保证孔壁稳定，提高桩体质量。针对不同类型的地基土，可选择适当的钻具设备和施工方法。

（1）钻、挖孔灌注桩

①钻孔灌注桩是指用钻（冲）孔机具在土中钻进，边破碎土体边出渣土而成孔，然后在孔内放入钢筋骨架，灌注混凝土而形成的桩。为了顺利成孔、成桩，需采用制备有一定要求的泥浆护壁、提高孔内泥浆水位、灌注水下混凝土等相应的施工工艺和方法。

钻孔灌注桩的特点是施工设备简单、操作方便，适用于各种砂性土、黏性土，也适用于碎、卵石类土层和岩层。但对淤泥及可能发生流砂或承压水的地基，成孔过程中孔壁易坍塌，施工较困难，施工前应做试桩以取得经验。我国已施工钻孔灌注桩的最大入土深度已达百余米。

②挖孔灌注桩是指依靠人工或机械在地基中挖出桩孔，然后同钻孔桩一样灌注混凝土而成的桩。

挖孔灌注桩适用于无水或少水的较密实的各类土层中，或缺乏钻孔设备，或不用钻机以节省造价。桩的直径（或边长）不宜小于 1.5 m，孔深一般不宜超过 20 m。挖孔灌注桩在可能发生流砂或含较厚的软黏土层的地基上施工较困难（需要加强孔壁支撑）；在地形狭窄、山坡陡峻处，可以代替钻孔灌注桩或较深的刚性扩大基础。

挖孔灌注桩具有以下优点：

①施工工艺和设备比较简单。只需要护筒、套筒或简单模板，简单起吊设备如绞车，必要时设潜水泵等备用，人工或机械开挖。

②成孔质量好。不易卡钻、断桩、塌孔；绝大多数情况下，无须浇筑水下混凝土，桩端无沉淀浮泥，混凝土质量较好；能直接检验孔壁和孔底土质，易于保证桩的质量；易于扩大桩尖，提

高桩基承载力。

③速度快。护筒内挖土方量较小，进尺较快；无须重大设备如钻机等，可以多孔平行施工，加快工程进度。

④成本低。不需使用大型机械，成本可比钻孔灌注桩降低 20%～30%。

（2）沉管灌注桩

沉管灌注桩是指采用锤击或振动的方法，把带有钢筋混凝土桩尖或带有活瓣式桩尖（沉桩时桩尖闭合，拔管时活瓣张开）的钢套管沉入土层中成孔，然后在套管内放置钢筋笼，边灌注混凝土边拔套管而形成的灌注桩。也可将钢套管打入土中挤土成孔，至设计标高，向套管中灌注混凝土，并拔出套管成桩。

采用套管可以避免钻孔灌注桩施工中可能产生的流砂、坍孔的危害和由泥浆护壁所带来的排渣等弊病。但桩的直径较小，常用尺寸在 0.6 m 以下，桩长常在 20 m 以内。它适用于黏性土、砂性土地基。在软黏土中，由于沉管的挤压作用，对邻桩有挤压影响，且挤压时产生的孔隙水压力，易使拔管时出现混凝土桩局部桩径减小的缩颈现象。

各类灌注桩具有以下共同优点：

①可根据土层分布情况任意变化桩长；根据同一建筑物的荷载分布与土层情况，可采用不同桩径；对于承受水平荷载的桩，可设计成有利于提高水平承载力的异形桩，还可设计为变截面桩，在受弯矩较大的上部采用较大的断面。

②可穿过各种软、硬夹层，将桩端置于坚实土层或嵌入基岩，还可扩大桩端以充分发挥桩身强度和持力层的承载力。

③可根据荷载及其性质，以及荷载沿深度的传递特征、土层的变化来配置桩身钢筋。无须像预制桩那样配置起吊、运输、预应力筋。其配筋率低于预制桩，桩身造价为预制桩的 40%～60%。

（三）按桩的设置效应分类

根据成桩方法和成桩过程的挤土效应情况，将桩分为挤土桩、部分挤土桩和非挤土桩三类。

1. 挤土桩

实心的预制桩、下端封闭的管桩、木桩以及沉管灌注桩在锤击或振入地基土体的过程中，都要将桩位处的土大量排挤开（一般把这类方法设置的桩称为打入桩），因而使土的结构被严重扰动破坏（重塑）。黏性土由于重塑作用使抗剪强度降低（一段时间后，部分强度可以恢复）；而原来处于疏松和稍密状态的无黏性土，其抗剪强度则可提高。

2. 部分挤土桩

底端开口的钢管桩、型钢桩和薄壁开口预应力钢筋混凝土管桩等，打桩时对桩周土稍有排挤作用，但对土的强度及变形性质影响不大。由原状土测得的土的物理、力学性质指标一般仍可用于估算桩基承载力和沉降。

3. 非挤土桩

先钻孔后打入预制桩以及钻（冲、挖）孔桩，在成孔过程中将孔中土体清除掉，不会产生成桩时的挤土效应。但成孔后桩周土可能向桩孔内移动，使得非挤土桩的承载力常常有所减小。

在饱和软土中设置挤土桩。如果设计和施工不当,就会产生明显的挤土效应,导致未初凝的灌注桩桩身缩小乃至断裂,桩上浮和移位,地面隆起,从而降低桩的承载力,有时还会损坏邻近建筑物、构筑物及地下管线。桩基施工后,还可能因饱和软土中孔隙水压力消散,土层产生再固结沉降,使桩产生负摩阻力,降低桩基承载力,增大桩基沉降。挤土桩若设计和施工得当,充分发挥优点,避免缺点,可达到良好的技术经济效果。

在不同的地质条件下,按不同方法设置的桩所表现的工程性状是复杂的。因此,目前在设计中还只能大致考虑桩的设置效应,主要是挤土效应。

(四)按桩-土相互作用特点分类

建筑物或构筑物的荷载通过桩基础传递给地基。竖向荷载一般由桩端土层的端阻力和桩侧土的侧摩阻力来平衡。水平荷载一般由桩和桩侧土的抗力承担。根据桩-土相互作用的特点,基桩可分为竖向荷载桩和水平荷载桩。

1. 竖向荷载桩

(1)端承桩或柱桩

基桩穿过较松软土层,桩端支承在坚实砂砾土层或岩层中,且桩的长径比不太大时,在竖向荷载作用下,基桩的承载力主要由桩端土层的端阻力承担,称为端承桩或柱桩,如图 4.3(a)所示。

按照我国习惯,柱桩是专指桩端支承在基岩上的桩,此时因桩的沉降甚微,桩侧摩阻力可忽略不计,全部竖直荷载由桩端岩层承担。柱桩承载力较大,较安全可靠,基础沉降小,但不适宜岩层深埋的地质条件。

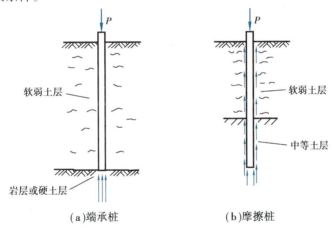

图 4.3　端承桩和摩擦桩

(2)摩擦桩

桩穿过并支承在各种压缩性土层中,在竖向荷载作用下,基桩所发挥的承载力以侧摩阻力为主时,统称为摩擦桩,如图 4.3(b)所示。以下几种情况均可视为摩擦桩:

①当桩端无坚实持力层且不扩底时;

②当桩的长径比很大,即使桩端置于坚实持力层上,由于桩身压缩量过大,传递到桩端的荷载较小时;

③当预制桩沉桩过程中由于桩距小、桩数多、沉桩速度快,使已沉入桩上浮,桩端阻力明显降低时。

2.水平荷载桩

(1)主动桩

桩顶受水平荷载作用,桩身轴线偏离初始位置,桩身所受土压力因桩主动变位而产生。风力、地震力、车辆制动力等作用下的建筑桩基均属于主动桩。

(2)被动桩

沿桩身承受侧向土压力,导致桩身偏离初始位置,这种桩称为被动桩。深基坑支挡桩、坡体抗滑桩、堤岸护坡桩等均属于被动桩。

(3)竖直桩与斜桩

按桩身轴线方向可分为竖直桩、单向斜桩和多向斜桩等,如图4.4所示。一般结构物基础承受的水平荷载常较竖直荷载小得多,并且现已广泛采用的大直径钻、挖孔灌注桩具有一定的水平承载能力,因此桩基础常全部采用竖直桩。拱桥墩台等结构物桩基础因需要承担较大的水平推力而常常设置斜桩,以减小桩身弯矩、剪力和整个基础的侧向位移。

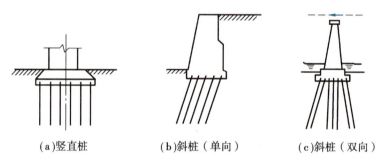

(a)竖直桩　　　　　(b)斜桩(单向)　　　　(c)斜桩(双向)

图4.4　竖直桩和斜桩

桩的轴线与竖直线所成倾斜角的正切值不宜小于1/8(对竖向的倾角为7.1°),否则施工斜度误差将显著影响桩的受力情况。目前,为了适应拱台推力,有些拱台基础已采用倾角大于45°的斜桩。

3.桩墩

桩墩是在地基中成孔、配置钢筋、灌注混凝土形成的大断面柱形深基础,即以单个桩墩代替群桩及承台,通常埋深不超过6 m。

桩墩基础底端大多为岩石或卵石,有时也可选择坚硬土层作为持力层,如图4.5所示。

桩墩一般为直柱形,为使桩墩底端承受较大荷载,也可将底端尺寸扩大,做成扩底桩墩,如图4.5(b)所示。桩墩断面形状常为圆形,其直径不小于0.8 m,一般为钢筋混凝土结构。当桩墩受力很大时,也可用钢套筒或钢核桩墩,如图4.5(b)、(c)所示。

桩墩的受力分析与基桩相类似,但桩墩的断面尺寸较大,端阻力较高,侧摩阻力发挥较小,有较高的竖向承载力,并可承受较大的水平荷载。对于扩底桩墩,还有抵抗较大上拔荷载的能力。墩底扩底直径不宜大于墩身直径的2.5倍。

在上部结构传递的荷载较大且要求基础墩身面积较小的情况下,可考虑桩墩深基础。桩墩的优点在于墩身横截面积小、美观、施工方便、经济,但外力太大时,纵向稳定性较差,对地基

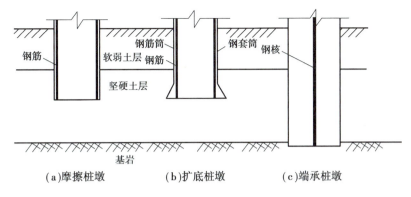

图 4.5　桩墩基础

要求高。桩墩底端为土层的情况下,桩墩基础的沉降量较大。

(五)按桩身材料分类

1.钢桩

钢桩强度高、运输方便、施工质量稳定,能承受强大的冲击力和获得较高的承载力;沉桩时,贯入能力强、速度较快,且排挤土量小,对邻近建筑影响小。钢桩可根据荷载特征制作成各种有利于提高承载力的断面,其设计的灵活性大,壁厚、桩径的选择范围大,便于割接,桩长容易调节;还可根据弯矩沿桩身的变化情况局部加强其断面刚度和强度。

钢桩的主要缺点是用钢量大,成本昂贵,在大气和水土中钢材易被腐蚀。

2.钢筋混凝土桩

钢筋混凝土桩的配筋率较低(一般为 0.3% ~ 1.0%),而混凝土取材方便、价格便宜、耐久性好。钢筋混凝土桩既可预制又可现浇(灌注桩)。预制桩可以施加预应力,提高桩身抗裂能力,还可采用预制与现浇组合,适用于各种地层,成桩直径和长度的选择余地大。

因此,桩基工程的绝大部分是钢筋混凝土桩。桩基工程的主要研究对象和主要发展方向也是钢筋混凝土桩。

四、桩与桩基础的构造

不同材料、不同类型的桩基础具有不同的构造特点。为了保证桩的质量和桩基础的正常工作,在设计桩基础时应满足其构造的基本要求。现仅以目前国内桥梁工程中最常用的桩与桩基础的构造特点及要求简述如下。

(一)各种基桩的构造

桩的构造是指桩的几何形状、几何尺寸大小、采用材料种类、对材料的强度等级要求及配筋率等。

1.钢筋混凝土灌注桩

钻(挖)孔桩及沉管桩是就地灌注的钢筋混凝土桩,桩身常为实心断面(图 4.6)。

直径:钻孔桩一般为 0.80 ~ 1.50 m,挖孔桩的直径或最小边宽不宜小于 1.50 m,沉管灌注桩直径一般为 0.30 ~ 0.60 m。

混凝土:强度等级不低于 C25,管桩填芯混凝土的强度等级不低于 C20。

桩内配筋:应按照内力和抗裂性的要求布设,长摩擦桩应根据桩身弯矩分布情况分段配筋,短摩擦桩和柱桩也可按桩身最大弯矩通长均匀配筋。当按内力计算桩身不需要配筋时,应在桩顶 3 ~ 5 m 内设置构造钢筋。

主筋:直径不宜小于 16 mm,每根桩不宜少于 8 根。

箍筋:直径一般不小于 8 mm,间距为 200 ~ 300 mm。

加劲箍筋:对于直径较大的桩或较长的钢筋骨架,可在钢筋骨架上每隔 2.0 ~ 2.5 m 设置一道加劲箍筋(直径为 16 ~ 32 mm)。

主筋保护层厚度:一般不应小于 50 mm。

配筋率:钻孔灌注桩常用的配筋率为 0.2% ~ 0.6%。

钻(挖)孔桩的柱桩根据桩端受力情况,如需嵌入岩层时,嵌入深度应经计算确定,且不得小于 0.5 m。

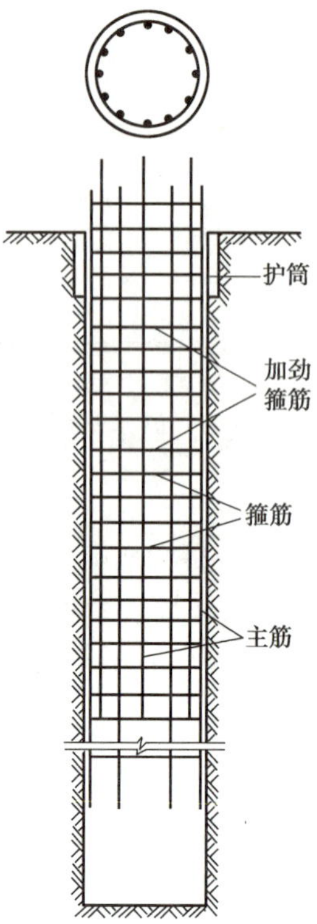

2. 钢筋混凝土预制桩

预制的钢筋混凝土桩有实心的圆桩和方桩(少数为矩形桩),空心的管桩、管柱(用于管柱基础)。

（1）方桩

方桩的桩长在 10 m 以内时,横断面多为 0.30 m×0.30 m。混凝土强度等级不低于 C25。桩内钢筋应按制造、运输、施工和使用各阶段的内力要求配筋。主筋直径一般为 19 ~ 25 mm。由于桩尖穿过土层时直接受到正面阻力,应在桩尖处把所有的主筋弯在一起并焊在一根芯棒上。箍筋直径一般为 6 ~ 8 mm,间距为 100 ~ 200 mm(在两端处一般减少 50 mm)。因桩头直接受到锤击,故在桩顶需设 3 层方格网片以增强桩头强度。钢筋保护层厚度不小于 35 mm。桩内需预埋直径为 20 ~ 25 mm 的钢筋吊环,吊点位置通过计算确定,如图 4.7 所示。

图 4.6　钢筋混凝土灌注桩

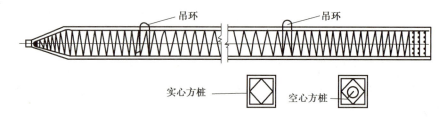

图 4.7　预制钢筋混凝土方桩

（2）管桩

管桩由工厂以离心旋转机生产,有普通钢筋混凝土管桩和预应力钢筋混凝土管桩两种。直径为 400 mm、550 mm,壁厚为 80 mm,混凝土强度等级为 C25 ~ C80,每节管桩两端装有连接钢盘(法兰盘)以供接长。

（3）管柱

管柱实质上是一种大直径薄壁钢筋混凝土圆管节,在工厂分节制成,施工时逐节用螺栓接成。它的组成部分是法兰盘、主钢筋、螺旋筋、管壁（混凝土强度等级不低于C25,壁厚100~140 mm）,最下端的管柱具有用薄钢板制成的钢刃脚。我国常用的管柱直径为1.5~5.8 m,一般采用预应力钢筋混凝土管柱。

预制钢筋混凝土管柱的分节长度应根据施工条件确定,并应尽量减少接头数量。接头强度不应低于桩身强度,并有一定的刚度以减少锤振能量的损失。接头法兰盘的平面尺寸不得突出管壁以外。

3.钢桩

（1）钢桩的形式

钢桩的形式很多,主要有钢管桩和H型钢桩,常用的是钢管桩。钢管桩的分段长度按施工条件确定,不宜超过12~15 m,常用直径为400~1 000 mm。

（2）钢管桩的厚度

钢管桩的厚度由有效厚度和腐蚀厚度两部分组成。有效厚度为管壁在外力作用下所需要的厚度,可按使用阶段的应力经计算确定。腐蚀厚度为建筑物在使用年限内管壁腐蚀所需要的厚度,可通过钢桩的腐蚀情况实测或调查确定。

（3）钢桩的防腐

钢桩防腐处理可采用外表涂防腐层,增加腐蚀余量及阴极保护。当钢管桩内壁同外界隔绝时,可不考虑内壁防腐。

（4）钢管桩的分类

钢管桩按桩端构造可分为开口桩和闭口桩两类,如图4.8所示。开口钢管桩穿透土层的能力较强,但沉桩过程中桩端的土将涌入钢管内腔形成土塞。闭口桩沉桩挤土,提高桩基周围土体的密实度,有利于提高桩基承载力,但沉桩难度略大。

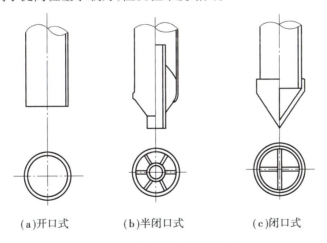

(a)开口式　　　(b)半闭口式　　　(c)闭口式

图4.8　钢管桩的端部构造形式

（二）承台的构造及桩和承台的连接

1. 对承台的要求

对于多排桩基础，桩顶由承台连接成为一个整体。承台的平面尺寸和形状应与上部结构（墩、台身）底面尺寸和形状以及基桩的平面布置相协调，一般采用矩形或圆端形。

承台厚度应保证承台有足够的强度和刚度。公路桥梁墩台多采用钢筋混凝土或混凝土刚性承台（承台本身材料的变形远小于其位移），其厚度不宜小于 1.5 m。混凝土强度等级不宜低于 C15。对于空心墩台的承台，应验算承台强度并配置必要的钢筋，承台厚度可不受前述限制。

2. 桩和承台的连接

钻（挖）孔灌注桩桩顶主筋宜伸入承台，桩身伸入承台长度一般为 150 ~ 200 mm（盖梁式承台，桩身可不伸入）。伸入承台的桩顶主筋可做成喇叭形（约与竖直线倾斜 15°），若受构造限制，主筋也可不做成喇叭形，如图 4.9（b）所示。伸入承台的钢筋锚固长度应符合结构规范要求。对于不受竖向拉力的打入桩，可不破桩头，将桩直接埋入承台内，如图 4.9（c）所示。

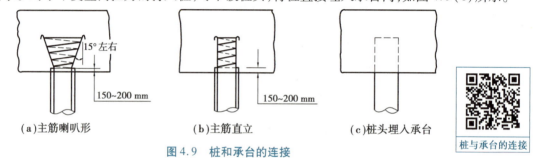

（a）主筋喇叭形   （b）主筋直立   （c）桩头埋入承台

图 4.9　桩和承台的连接

桩与承台的连接

3. 承台的钢筋构造

承台的受力情况比较复杂，为了使承台受力较为均匀并防止承台因桩顶荷载作用发生破碎和断裂，应在承台底部桩顶平面处设置一层钢筋网。钢筋纵桥向和横桥向每 1 m 宽度内可采用钢筋截面积为 1 200 ~ 1 500 mm²（钢筋直径为 14 ~ 18 mm），应弯起锚固；钢筋网在越过桩顶钢筋处不应截断，并应与桩顶主筋连接。钢筋网也可根据基桩和墩台的布置，按带状布设，如图 4.10（b）所示。低桩承台有时也可不设钢筋网。

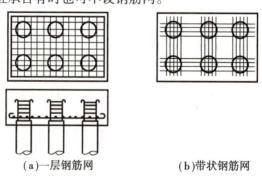

（a）一层钢筋网   （b）带状钢筋网

图 4.10　承台底钢筋网

对于双柱式或多柱式墩(台)单排桩基础,在桩之间为加强横向联系而设有横系梁时,一般认为横系梁不直接承受外力,可不做内力计算,按横断面的0.15%配置构造钢筋。

五、桩基础承载力确定

一般情况下,桩受到竖向力、水平力及弯矩作用,因此可分别分析和确定单桩的竖向承载力和水平承载力。

(一)单桩竖向承载力的确定

1.单桩荷载传递过程

当竖向荷载逐步施加于单桩桩顶,桩身上部受到压缩而产生相对于土的向下位移,桩侧表面就会受到土的向上摩阻力。桩顶荷载通过所发挥出来的桩侧摩阻力传递到桩周土层中,致使桩身轴力和桩身压缩变形随深度递减。在桩土相对位移等于零处,其摩阻力尚未开始发挥作用而等于零。随着荷载增加,桩身压缩量和位移量逐渐增大,桩身下部的摩阻力随之逐步调动起来,桩端土层也因受到压缩而产生桩端阻力。桩端土层的压缩加大了桩土相对位移,从而使桩身摩阻力进一步发挥到极限值。而桩端极限阻力的发挥则需要比发生桩侧极限摩阻力大得多的位移值,总是桩侧摩阻力首先充分发挥出来。当桩身摩阻力全部发挥出来达到极限后,若继续增加荷载,其荷载增量将全部由桩端阻力承担。由于桩端持力层的大量压缩和塑性挤出,位移增长速度显著加大,直至桩端阻力达到极限,位移迅速增大而破坏。此时,桩所受的荷载就是桩的极限承载力。

由此可见,桩侧摩阻力和桩端阻力的发挥程度与桩-土间的变形状态有关。

对于柱桩,桩端阻力占桩支承力的绝大部分,桩侧摩阻力很小,常忽略不计。对于桩长很大的摩擦桩,因桩身压缩变形大,桩端反力尚未达到极限值,桩顶位移已超过使用要求所容许的范围,且传递到桩端的荷载也很小,此时确定桩的承载力时桩端阻力不宜取值过大。

(1)桩侧摩阻力的影响因素及其分布

桩侧摩阻力除与桩-土间的相对位移有关,还与土的性质、桩的刚度、时间因素和土中应力状态以及桩的施工方法等因素有关。因此,要精确地用物理力学方程描述桩侧摩阻力沿深度的分布规律十分困难。为简化起见,常假设打入桩桩侧摩阻力在地面处为零,沿桩入土深度呈线性分布,而对钻孔灌注桩则近似假设桩侧摩阻力沿桩身均匀分布。

(2)桩端阻力的影响因素及其深度效应

桩端极限阻力取决于持力层土的抗剪强度和上覆荷载及桩径大小等。研究表明,桩端阻力随着桩的入土深度,特别是进入持力层的深度而变化,这种特性称为深度效应。

以夹于软土层中的硬层作为桩端持力层时,要根据夹层厚度,综合考虑基桩进入持力层的深度和桩端硬层的厚度对桩端阻力的影响。

(3)单桩在竖向受压荷载作用下的破坏模式

竖向受压荷载作用下,单桩的破坏是由地基土强度破坏或桩身材料强度破坏所引起的(图4.11)。而以地基土强度破坏居多,以下介绍工程实践中的典型破坏模式。

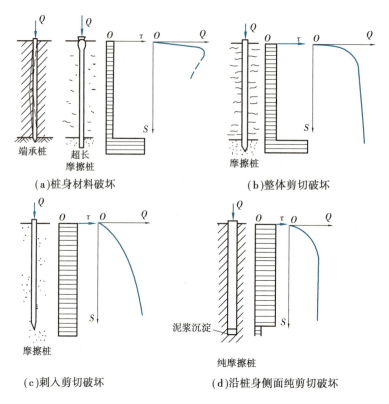

（a）桩身材料破坏   （b）整体剪切破坏

（c）刺入剪切破坏   （d）沿桩身侧面纯剪切破坏

图4.11　桩破坏模式

①当桩端支承在很坚硬的地层,桩侧土为软土层时,桩在竖向受压荷载作用下,如同受压杆呈现纵向挠曲破坏。在荷载-沉降(Q-S)曲线上呈现出明确的破坏荷载。桩的承载力取决于桩身的材料强度。

②当具有足够强度的桩穿过软土层而到达强度较高的硬土层时,桩在竖向受压荷载作用下,由于桩端持力层以上的软土层不能阻止滑动土楔的形成,桩端土体将形成滑动面而出现整体剪切破坏。在Q-S曲线上可见明确的破坏荷载。桩的承载力主要取决于桩端土的支承力,桩侧摩阻力起一部分作用。

③当具有足够强度的桩入土深度较大或桩周和桩端为普通土层时,桩在竖向受压荷载作用下,将出现刺入破坏。根据荷载大小和土质不同,其Q-S曲线通常无明显的转折点。桩所受荷载由桩侧摩阻力和桩端反力共同承担,一般摩擦桩或纯摩擦桩多为此类破坏,且基桩承载力往往由桩顶所允许的沉降量控制。

因此,桩的竖向受压承载力取决于桩周土的强度或桩本身的材料强度。一般情况下,桩的竖向承载力都是由土的支承能力所决定的。对于柱桩和穿过较差土层的长摩擦桩,则两种因素均有可能是决定因素。

2.根据现场检测试验确定单桩竖向承载力

在工程设计中,单桩竖向承载力是指桩在竖向荷载作用下,地基土和桩本身的强度和稳定性均能得到保证,变形也在容许范围以内所容许承受的最大荷载。

根据现场试验确定单桩竖向承载力的方法有多种,考虑到地基土的多变性、复杂性和地域性等特点,重要的工程需选用几种方法作综合考虑和分析,以合理确定单桩竖向承载力。

(1)竖向静载试验法

竖向静载试验法即在桩顶逐级施加竖向荷载,直至桩达到破坏状态为止,并在试验过程中测量每级荷载下不同时间的桩顶沉降。根据沉降与荷载及时间的关系,分析确定单桩竖向承载力。

试桩可在已打好的工程桩中选定,也可专门设置与工程桩相同的试验桩。考虑到试验场地的差异及试验的离散性,试桩数目应不小于基桩总数的2%,且不应少于2根;试桩的施工方法以及试桩的材料和尺寸、入土深度均应与设计桩相同。

试验装置主要有加载系统和观测系统两部分。加载主要有堆载法与锚桩法两种,如图4.12所示。堆载法是在荷载平台上堆放重物,一般为钢锭、混凝土块或沙包,也有在荷载平台上置放水箱,向水箱中充水作为荷载。堆载法适用于极限承载力较小的桩。

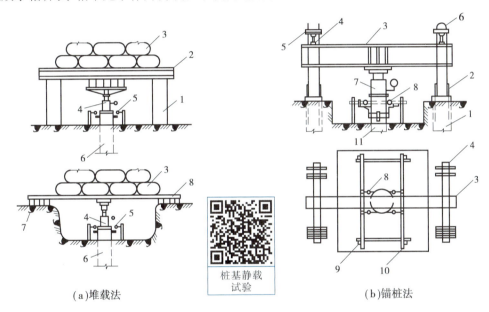

(a)堆载法　　　　　　　　　　　　　(b)锚桩法

图 4.12　桩基静载试验检测竖向抗压承载力

1—支墩;2—钢横梁;3—钢锭;　　　　　1—锚桩(4根);2—锚筋;3—主梁(钢横梁
4—油压千斤顶;5—百分表;6—试验桩;　或倒置钢桁架);4—次梁;5—厚钢板
7—垫木;8—钢架或厚钢板　　　　　　　6—硬木包钢皮;7—油压千斤顶;8—百分表;
　　　　　　　　　　　　　　　　　　　9—基准桩;10—基准梁(一端固定,一端
　　　　　　　　　　　　　　　　　　　可水平移动);11—试验桩

锚桩法是在试桩周围布置4~6根锚桩,常利用工程桩群。锚桩深度不宜小于试桩深度,且与试桩有一定距离,一般应大于4d且不小于2 m(d为试桩直径或边长),以减少锚桩对试桩承载力的影响。观测系统主要有桩顶沉降量和加载数值两种参数。

具体加载、观测方法以及承载力分析判断标准,参考相关行业的"桩基承载力检测规范"。

采用静载试验法确定单桩承载力直观可靠,但费时、费力,通常只在大型、重要工程或地质较复杂的桩基工程中进行试验。配合其他测试设备,它还能较直接地了解桩的荷载传递特征,提供有关资料,因此也是桩基础研究分析常用的试验方法。

（2）静力触探法

静力触探法是借助触探仪的探头贯入土中时的贯入阻力与受压单桩在土中的工作状况相似的特点，将探头压入土中测得探头的贯入阻力，并与试桩结果进行比较，建立经验公式。测试时，可采用单桥或双桥探头。

静力触探是一种方法简捷的原位测试技术，用以预估桩的承载力，具有一定的实用价值。

（3）动测试桩法

动测试桩法是指给桩顶施加一动荷载（冲击、振动等方式施加），记录桩-土系统的响应信号，然后分析计算桩的性能和承载力，分为低应变动测法与高应变动测法两种。

低应变动测法是用小锤敲击桩顶，在桩身产生应力波，传递到桩端再返回，置于桩顶的接收器接收到反射信号，分析该反射信号，可以判断桩身有无裂缝、断桩、短桩等质量问题。

高应变动测法是以重锤敲击桩顶，使桩有一微小贯入度，桩-土间产生相对位移，可以分析土体对桩的外来抗力和测定桩的承载力，也可检验桩体质量。高应变动测单桩承载力的方法主要有锤击贯入法和波动方程法。高应变动测法检测时间短、设备简单、费用低，因而被广泛采用。

3. 根据地基土的极限阻力确定桩基竖向承载力特征值

桩基础竖向承载力是由桩侧和桩端土体能够提供的反力确定的。根据全国各地大量的静载试验资料，经过理论分析和统计整理，各行业技术标准、规范给出不同类型和施工工艺的桩基础，按土的类别、密实度、稠度、埋置深度等条件下桩侧摩阻力及桩端阻力的经验值，提出了桩基竖向承载力计算公式。下面以《公路桥涵地基与基础设计规范》（JTG 3363—2019）为例简介如下（以下各经验公式除特殊说明者外，均适用于钢筋混凝土桩、混凝土桩及预应力混凝土桩）。

（1）摩擦桩

①沉桩。沉桩单桩竖向受压承载力特征值按式（4.1）计算：

$$R_a = \frac{1}{2}\left(u\sum_{i=1}^{n}\alpha_i l_i q_{ik} + \alpha_r A_p q_{rk}\right) \tag{4.1}$$

式中　R_a——单桩竖向受压承载力特征值，kN，桩身自重与置换土重（当自重计入浮力时，置换土重也计入浮力）的差值作为荷载考虑；

　　　u——桩身截面周长，m；

　　　n——土的层数；

　　　l_i——桩在承台底面或最大冲刷线以下第 i 层土层中的长度，m；

　　　q_{ik}——与 l_i 相对应的各土层的极限侧摩阻力，kPa，可按表4.1查用；

　　　A_p——桩端面积，m²；

　　　q_{rk}——桩端处土的极限承载力，kPa，可通过单桩静载试验或静力触探试验确定，或按表4.2查用；

　　　α_i, α_r——振动沉桩对各土层桩侧摩阻力和桩端承载力的影响系数，按表4.3查用；对于锤击、静压沉桩，其值均为1.0。

表 4.1 沉桩桩侧极限摩阻力 q_{ik} 值

土类	状态	摩阻力标准值 q_{ik}/kPa
黏性土	流塑（$1 \leqslant I_L \leqslant 1.5$）	15 ~ 30
	软塑（$0.75 \leqslant I_L < 1.0$）	30 ~ 45
	可塑（$0.5 \leqslant I_L < 0.72$）	45 ~ 60
	可塑（$0.25 \leqslant I_L < 0.5$）	60 ~ 75
	硬塑（$0 \leqslant I_L < 0.25$）	75 ~ 85
	坚硬（$I_L < 0$）	85 ~ 95
粉土	稍密	20 ~ 35
	中密	35 ~ 65
	密实	65 ~ 80
粉、细砂	稍松	20 ~ 35
	中密	35 ~ 65
	密实	65 ~ 80
中砂	中密	55 ~ 75
	密实	75 ~ 90
粗砂	中密	70 ~ 90
	密实	90 ~ 105

表 4.2 沉桩桩端处土的承载力标准值 q_{rk}

土类	状态	桩端承载力标准值 q_{rk}/kPa		
黏性土	$I_L \geqslant 1$	1 000		
	$0.65 \leqslant I_L < 1$	1 600		
	$0.35 \leqslant I_L < 0.65$	2 200		
	$I_L < 0.35$	3 000		
—		桩尖进入持力层的相对深度		
		$\dfrac{h_c}{d} < 1$	$1 \leqslant \dfrac{h_c}{d} < 4$	$\dfrac{h_c}{d} \geqslant 4$
粉土	中密	1 700	2 000	2 300
	密实	2 500	3 000	3 500
粉砂	中密	2 500	3 000	3 500
	密实	5 000	6 000	7 000

续表

土类	状态	桩端承载力标准值 q_{rk}/kPa		
细砂	中密	3 000	3 500	4 000
	密实	5 500	6 500	7 500
中、粗砂	中密	3 500	4 000	4 500
	密实	6 000	7 000	8 000
圆砾石	中密	4 000	4 500	5 000
	密实	7 000	8 000	9 000

注:表中 h_c 为桩端进入持力层的深度(不包括桩靴);d 为桩的直径或边长。

表4.3 影响系数 α_i,α_r 值

桩径或边长 d/m	土类			
	黏土	粉质黏土	粉土	砂土
$d \leqslant 0.8$	0.6	0.7	0.9	1.1
$0.8 < d \leqslant 2.0$	0.6	0.7	0.9	1.0
$d > 2.0$	0.5	0.6	0.7	0.9

②钻(挖)孔灌注桩。钻(挖)孔灌注桩的单桩竖向受压承载力特征值 R_a 按式(4.2)计算:

$$R_a = \frac{1}{2}u\sum_{i=1}^{n} q_{ik}l_i + m_0\lambda A_p[f_{a0} + k_2\gamma_2(h-3)] \qquad (4.2)$$

式中 u——桩的周长,m,按成孔直径计算;若无实测资料时,成孔直径可按下列规定采用:旋转钻按钻头直径增大 30~50 mm;冲击钻按钻头直径增大 50~100 mm;冲抓钻按钻头直径增大 100~200 mm。

q_{ik}——第 i 层土对桩壁的极限侧摩阻力,kPa,可按表4.4采用。

λ——考虑桩入土长度影响的修正系数,按表4.5采用。

m_0——考虑孔底沉淀淤泥影响的清孔系数,按表4.6采用。

A_p——桩端截面积,m²;一般用设计直径(钻头直径)计算;但采用换浆法施工(即成孔后,钻头在孔底继续旋转换浆)时,则按成孔直径计算。

h——桩的埋置深度,m;对于有冲刷的基桩,由一般冲刷线起算;对于无冲刷的基桩,由天然地面(实际开挖后地面)起算;当 $h > 40$ m 时,可按 $h = 40$ m 考虑。

f_{a0}——桩端处土的承载力特征值,kPa,可按表3.5至表3.9查用。

γ_2——桩端以上土的容重,多层土时按换算容重计算。

k_2——地基土容许承载力随深度的修正系数,可按表3.10采用。

采用式(4.2)计算时,应以最大冲刷线下桩身自重的1/2作为外荷载计算。

表 4.4 钻孔桩桩侧土的摩阻力标准值 q_{ik}

土类		q_{ik}/kPa
中密炉渣、粉煤灰		40 ~ 60
黏性土	流塑($I_L > 1$)	20 ~ 30
	软塑($0.75 < I_L \leq 1$)	30 ~ 50
	可塑、硬塑($0 < I_L \leq 0.75$)	50 ~ 80
	坚硬($I_L \leq 0$)	80 ~ 120
粉土	中密	30 ~ 55
	密实	55 ~ 80
粉砂、细砂	中密	35 ~ 55
	密实	55 ~ 70
中砂	中密	45 ~ 60
	密实	60 ~ 80
粗砂、砾砂	中密	60 ~ 90
	密实	90 ~ 140
圆砾、角砾	中密	120 ~ 150
	密实	150 ~ 180
碎石、卵石	中密	160 ~ 220
	密实	220 ~ 400
漂石、块石	—	400 ~ 600

表 4.5 修正系数 λ

桩端土情况	l/d		
	4 ~ 20	20 ~ 25	>25
透水性土	0.70	0.70 ~ 0.85	0.85
不透水性土	0.65	0.65 ~ 0.72	0.72

表 4.6 清底系数 m_0

t/d	0.3 ~ 0.1
m_0	0.7 ~ 1.0

注:①t、d 为桩端沉渣厚度和桩的直径。

②$d \leq 1.5$ m 时,$t \leq 300$ mm;$d > 1.5$ m 时,$t \leq 500$ mm,且 $0.1 < t/d < 0.3$。

③管柱竖向受拉承载力特征值确定。管柱竖向受拉承载力特征值可按沉桩的式(4.1)计

算,也可由专门试验确定。

④单桩竖向受拉承载力特征值确定。当桩的竖向力由上述荷载与其他可变作用、偶然作用的频遇组合或偶然组合引起时,桩可能受拉,其单桩竖向受拉承载力特征值按式(4.3)计算:

$$R_t = 0.3u \sum_{i=1}^{n} a_i l_i q_{ik} \tag{4.3}$$

式中　　R_t——单桩竖向受拉承载力特征值,kN。

　　　　u——桩身周长,m;对于等直径桩,$u = \pi d$;对于扩底桩,自桩端起算的长度 $l_i \leq 5d$ 时,取 $u = \pi D$;其余长度均取 $u = \pi d$(其中,D 为桩的扩底直径,d 为桩身直径)。

　　　　a_i——振动沉桩对各土层桩侧摩阻力的影响系数,按表4.3采用;对于锤击、静压沉桩和钻孔桩,$a_i = 1$。

计算作用于承台底面由外荷载引起的竖向力时,应扣除桩身自重值。其余符合意义可参见式(4.1)及式(4.2)。当荷载组合 I 作用时,桩不宜出现上拔力。

(2)柱桩

支承在基岩上或嵌入岩层中的单桩,其竖向受压承载力特征值 R_a 取决于桩端处岩石的强度和嵌入岩层的深度,可按式(4.4)计算:

$$R_a = c_1 A_p f_{rk} + u \sum_{i=1}^{n} c_{2i} h_i f_{rki} + \frac{1}{2} \zeta_s u \sum_{i=1}^{n} l_i q_{ik} \tag{4.4}$$

式中　　A_p——桩端截面面积,m^2。

　　　　f_{rk}——桩端岩石饱和单轴极限抗压强度,kPa。

　　　　h_i——桩嵌入未风化岩层部分的厚度,m。

　　　　ζ_s——覆盖层土的侧阻力发挥系数,根据桩端 f_{rk} 确定;当 2 MPa $\leq f_{rk} <$ 15 MPa 时,$\zeta_s = 0.8$;当 15 MPa $\leq f_{rk} <$ 30 MPa 时,$\zeta_s = 0.5$;当 $f_{rk} >$ 30 MPa 时,$\zeta_s = 0.2$。

　　　　u——桩嵌入基岩部分的横截面周长,m,按设计直径计算。

　　　　n——土层的层数,强风化和全风化岩层按土层考虑。

　　　　q_{ik}——同式(4.2)。

　　　　c_1, c_2——根据岩石破碎程度、清孔情况等因素而定的端阻、侧阻发挥系数,可参考表4.7采用。

表4.7　阻力发挥系数 c_1、c_2

岩石情况	完整、较完整	较破碎	破碎、极破碎
c_1	0.6	0.5	0.4
c_2	0.05	0.04	0.03

注:①当入岩深度小于或等于0.5 m时,c_1 乘以折减系数0.75,$c_2 = 0$。

　　②对于钻孔桩,系数 c_1、c_2 应降低20%采用。桩端沉渣厚度 t 应满足以下要求:$d \leq 1.5$ m 时,$t \leq 50$ mm;$d > 1.5$ m 时,$t \leq 100$ mm。

　　③对于中风化层作用持力层的情况,c_1、c_2 应分别乘以折减系数0.75。

4.按桩身材料强度确定单桩承载力

一般来说,桩的竖向承载力往往由土对桩的支承能力控制。但当桩穿过极软弱土层,支承(或嵌固)于岩层或坚硬的土层上时,单桩竖向承载力往往由桩身材料强度控制。此时,基桩如同受压杆件,在竖向荷载作用下将发生纵向挠曲破坏而丧失稳定性,而且这种破坏往往发生于截面受压强度破坏以前。因此,验算时尚需考虑纵向挠曲影响,即截面强度应乘以纵向挠曲系数。根据《公路钢筋混凝土及预应力混凝土桥涵设计规范》(JTG 3362—2018),对于钢筋混凝土桩,当配有普通箍筋时,可按式(4.5)进行基桩竖向承载力的验算:

$$P \leqslant 0.9\varphi(f_{cd}A + f'_{sd}A'_s)/\gamma_0 \tag{4.5}$$

式中 P——单桩竖向压力设计值;

φ——轴压稳定系数,对低承台桩基可取 $\varphi=1$,对高承台桩基可按相应规范查表确定;

f_{cd}——混凝土抗压设计强度;

A——验算截面处桩的截面面积,当纵向钢筋配筋率大于3%时,A 应改用 $A_n = A - A'_s$;

f'_{sd}——纵向钢筋抗压设计强度;

A'_s——纵向钢筋截面面积;

γ_0——桩的重要性系数,公路桥涵的设计安全等级为一级、二级、三级时分别取1.1、1.0、0.9。

5.桩的负摩阻力

一般情况下,桩受竖向荷载作用后,桩相对于桩侧土体向下发生位移,土对桩产生向上的摩阻力,称为正摩阻力,如图4.13(a)所示。但当桩周土体因某种原因发生下沉,其沉降变形大于桩身的沉降变形时,在桩侧表面将出现向下作用的摩阻力,称为负摩阻力,如图4.13(b)所示。

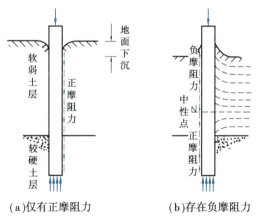

(a)仅有正摩阻力   (b)存在负摩阻力

图4.13 桩的正、负摩阻力

负摩阻力不但不能成为桩承载力的一部分,反而变成施加在桩上的外荷载,使桩的承载力相对降低、桩基沉降加大。在分析确定桩的承载力时,应予以注意。对于桥梁工程,特别要注意桥头路堤高填土的桥台桩基础的负摩阻力问题。

桩的负摩阻力能否产生,主要是看桩与桩周土的相对位移发展情况。桩的负摩阻力产生的原因有:在桩附近地面大量堆载,引起地面沉降;土层中抽取地下水或其他原因,地下水位下降,使土层产生自重固结下沉;桩穿过欠压密土层(如填土)进入硬持力层,土层产生自重固结下沉;桩数很多的密集群桩打桩时,使桩周土中产生很大的超孔隙水压力,打桩停止后桩周土的再固结作用引起下沉;在黄土、冻土中的桩,因黄土湿陷、冻土融化产生地面下沉。

从上述分析可见,当桩穿过软弱高压缩性土层而支承在坚硬持力层上时,最易发生负摩阻力问题。

(二)单桩水平承载力的确定

桩的水平承载力是指桩在与桩轴线相垂直的方向受力时的承载能力。桩在水平力(包括弯矩)作用下的工作情况较竖向受力时要复杂一些,但仍然是从保证桩身材料和地基强度与稳定性,以及桩顶水平位移满足使用要求的原则下,来分析和确定桩的水平承载力。

1. 水平荷载作用下桩的破坏机理和特点

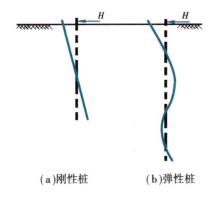

(a)刚性桩　　　　(b)弹性桩

图4.14　桩在水平力作用下变形示意图

桩在水平荷载作用下,桩身产生水平位移或挠曲,并与桩侧土协调变形。桩身对土产生侧向压力,同时桩侧土反作用于桩,产生侧向土抗力。桩-土共同作用,互相影响。桩-土相互作用通常有以下两种典型情况(图4.14)。

①当桩径较大,入土深度较小或周围土层较松软,即桩的刚度远大于土层刚度时,受水平力作用后桩身挠曲变形不明显,如同刚体一样围绕桩轴某一点转动,如图4.14(a)所示。如果不断增大水平荷载,则可能由于桩侧土强度不够而失稳,使桩丧失承载能力或破坏。因此,这种基桩的水平承载力由桩侧土的强度及稳定性决定。

②当桩径较小,入土深度较大或周围土层较坚实,即桩的相对刚度较小时,由于桩侧土有足够大的抗力,桩身发生挠曲变形,其侧向位移随着入土深度增大而逐渐减小,以至达到一定深度后,几乎不受荷载影响,形成一端嵌固的地基梁,桩的变形如图4.14(b)所示的波状曲线。如果不断增大水平荷载,可使桩身在较大弯矩处发生断裂,或使桩发生过大的侧向位移超过了桩或结构物的容许变形值。因此,基桩的水平承载力将由桩身材料的抗剪强度或侧向变形条件决定。

以上是桩顶自由的情况。当桩顶受约束而呈嵌固条件时,桩的内力和位移情况以及桩的水平承载力仍可由前述两种条件确定。

2. 单桩水平承载力的确定方法

确定单桩水平承载力有水平静载试验法和分析计算法两种。

(1)水平静载试验法

桩的水平静载试验是确定桩的水平承载力比较可靠的方法。试验在工程现场进行,所确定的单桩水平承载力和地基土的水平抗力系数最符合实际情况。如果预先已在桩身埋有量测元件,则可测出桩身应力变化,并由此求得桩身弯矩分布。

①单桩水平静载试验装置如图4.15所示。采用千斤顶施加水平荷载,其施力点位置宜放在工程桩实际受力点位置。在千斤顶与试桩接触处宜安置一个球形铰座,以保证千斤顶作用力水平通过桩身轴线。桩的水平位移宜采用大量程百分表测量。固定百分表的基准桩宜打设在试桩侧面靠位移的反方向,与试桩的净距不小于试桩直径。

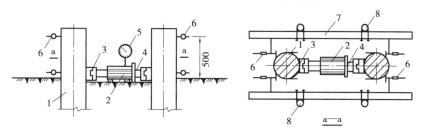 

图4.15　单桩水平静载荷试验装置(单位:mm)

1—水平试验桩;2—油压千斤顶;3—球铰;4—垫块;
5—油压表;6—百分表;7—基准梁;8—基准桩

单桩水平承载力检测

②加载方法。试验加载方法有单向多循环加卸载法和慢速维持荷载法。一般采用前者。对于个别受长期水平荷载的桩,也可采用后者。单向多循环加卸载法可模拟基础承受反复水平荷载(风载、地震荷载、制动力和波浪冲击力等循环性荷载)的情形。

③数据分析。根据试验数据,可绘制荷载-时间-位移曲线和荷载-位移梯度曲线。据此可综合确定单桩水平临界荷载 H_{cr} (指桩身受拉区混凝土开裂退出工作前的荷载)与极限荷载 H_u 。具体分析方法可查阅相应行业的桩基检测规范规程。

(2)分析计算法

该方法是根据某些假定而建立的理论(如弹性地基梁理论),计算桩在水平荷载作用下桩身内力与位移及桩对土的作用力,验算桩身材料和桩侧土的强度与稳定以及桩顶或墩台顶位移等,从而评定桩的水平承载力。

学以致用

桩基础质量检验

为确保桩基工程质量,应对桩基进行必要的检测,验证其能否满足设计要求,保证桩基的正常使用。桩基工程为隐蔽工程,建成后在某些方面难以检测。为控制和检验桩基质量,施工一开始就应按工序严格监测,推行全面的质量管理(TQC),每道工序均应检测,及时发现和解决问题,并认真做好施工和检测记录,便于桩基施工完毕对桩基质量作出综合评价。

桩的类型和施工方法不同,所需检测的内容和侧重点也不同。桩基质量检测通常涉及桩基平面位置、倾斜度等桩身入土情况,桩身开裂断桩等桩身质量,桩基承载力等内容。

(一)桩身入土情况检测

桩身入土情况检测主要是指有关桩位的平面布置、桩身倾斜度、桩顶和桩端标高等,要求这些指标在容许误差范围以内。例如,桩的中心位置误差不宜超过50 mm,桩身的倾斜度应不大于1/100 等。

（二）桩身质量检测

桩身质量检测是指对桩的尺寸、构造及其完整性进行检测，验证桩的制作或成桩质量。

1. 预制桩

预制桩制作时，应对桩的钢筋笼骨架、尺寸长度、混凝土强度等级和浇筑进行检测，验证其是否符合选用的桩基标准图或设计图的要求。检测项目有混凝土质量、主筋间距、箍筋间距、吊环位置与露出桩表面的高度、桩顶钢筋网片位置、桩尖中心线、桩的横截面尺寸和桩长、桩顶平整度及其与桩轴线的垂直度、钢筋保护层厚度等。

对于混凝土质量，应检查其原材料质量与计量、配合比和坍落度、桩身混凝土试块强度，以及成桩后表面是否产生蜂窝麻面及收缩裂缝的情况。一般桩顶与桩尖不允许有蜂窝和损伤，表面蜂窝面积不应超过桩表面积的 0.5%，收缩裂缝宽度不应大于 0.2 mm。

2. 钻孔灌注桩

钻孔灌注桩的尺寸取决于钻孔的大小，桩身质量与施工工艺有关。因此，桩身质量检测应对钻孔、成孔与清孔、钢筋笼制作与安放、水下混凝土配制与灌注等主要过程进行质量检测。

成孔后的钻孔灌注桩桩身结构完整性检测方法有很多，常用的有低应变动测法、钻芯检测法等。

（1）低应变动测法

低应变动测法是通过施加于桩顶的瞬时冲击荷载在桩身产生应力波，反射回桩顶，接收记录反射信号，根据反射信号分析、探测桩身质量。

①反射波法：用力锤敲击桩顶，给桩一定能量，在桩身产生应力波，检测和分析应力波在桩体中的传播历程，分析基桩的完整性（图 4.16）。

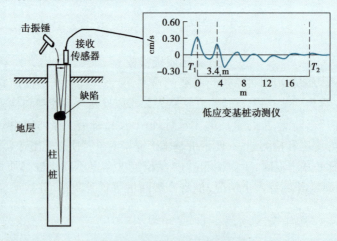

图 4.16　低应变检测桩身完整性示意图（反射波法）

②水电效应法：在桩顶安装一个高约 1 m 的水泥圆筒，筒内充水，在水中安放电极和水听器；电极高压放电，瞬时释放大电流产生声学效应，给桩顶一定的冲击能量，由水听器接收

桩-土体系的响应信号,对信号进行频谱分析;根据频谱曲线包含的桩基质量信息,判断桩的质量和承载力。

③机械阻抗法:把桩-土体系看成一个线性不变振动系统,在桩头施加一激励力,在桩头同时观测系统的振动响应信号,如位移、速度、加速度等,并获得速度导纳曲线(导纳即响应与激励力之比)。分析导纳曲线,判定桩身混凝土的完整性,确定缺陷类型。

④动力参数法:通过简单地敲击桩头,激起桩-土体系的竖向自由振动,按实测频率及桩头振动初速度,根据质量弹簧振动理论推算出单桩动刚度,再进行适当的动静对比修正,换算成单桩的竖向承载力。

⑤声波透射法:将置于被测桩声测管中的发射换能器发出的电信号,经转换、接收、放大处理后存储,显示在显示器上加以观察、判读,判定被测桩混凝土的质量。

声波透射法

对灌注桩的桩身质量判定,可分为 4 类。

a.优质桩(Ⅰ类):动测波形规则衰减,无异常杂波;桩身完好,达到设计桩长;波速正常,混凝土强度等级高于设计要求。

b.合格桩(Ⅱ类):动测波形桩端反射清晰,桩身有小畸变,如轻微缩径、混凝土局部轻度离析等,对单桩承载力没有影响;桩身混凝土波速正常,达到混凝土设计强度等级。

c.严重缺陷桩(Ⅲ类):动测波形出现较明显的不规则反射,对应桩身缺陷如裂纹、混凝土离析、缩径 1/3 桩截面以上,桩身混凝土波速偏低,达不到设计强度等级,对单桩承载力有一定的影响。该类桩要求设计单位复核单桩承载力后提出是否处理的意见。

d.不合格桩(Ⅳ类):动测波形严重畸变,对应桩身缺陷如裂缝、混凝土严重离析、夹泥、严重缩径、断裂等。这类桩一般不能使用,需进行工程处理。

工程上,还习惯将前述 4 种判定类别按Ⅰ类桩、Ⅱ类桩、Ⅲ类桩、Ⅳ类桩划分。

(2)钻芯检测法

钻芯检测法是利用专用钻机从桩身混凝土结构中钻取芯样,以检测桩身混凝土完整性和强度。它便于检测大直径基桩,简便又直观,具有以下特点:

①可检查基桩混凝土胶结、密实程度及其实际强度,发现断桩、夹泥及混凝土离析等不良状况,检查桩身混凝土灌注质量。

②可测出桩端沉渣厚度并检验桩长,直观认定桩端持力层岩性。

③用钻芯的桩孔对出现断桩、夹泥或离析等缺陷的部位进行压浆补强处理。

钻芯检测法广泛应用于大直径基桩质量检测中,特别适用于大直径、大载荷端承桩的质量检测。对于长径比较大的摩擦桩,则易因钻孔倾斜使钻具中途穿出桩外而受到限制。

(三)桩身强度与单桩承载力检验

桩的承载力取决于桩身强度和地基强度。桩身强度检验,除保证桩的完整性外,还要检测桩身混凝土的抗压强度。预留试块的抗压强度应不低于设计的抗压强度;对于水下混凝土,应高出 20%。钻孔桩在凿平桩头后,应抽查桩头混凝土质量,检验抗压强度。对于大桥的钻孔桩,必要时还应抽检,钻取桩身混凝土芯样,检验其抗压强度。

在施工过程中,进行单桩承载力检测。对于打入桩,常用最终贯入度和桩端标高进行控制。成桩可做单桩承载力检测,常采用单桩静载试验或高应变动力试验确定单桩承载力。

国内外工程实践证明,用静力检测法测试单桩竖向承载力,尽管检测设备笨重、造价高、试验时间长,但迄今为止还是其他任何检测方法无法替代的基桩承载力检测方法,其检测结果的可靠性也毋庸置疑。对于动力检测法确定单桩竖向承载力,无论是高应变法还是低应变法,均是近几十年国内外发展起来的新测试手段,目前仍处于发展和继续完善阶段。大桥、重要工程及地质条件复杂或成桩质量可靠性较低的桩基工程,均需做单桩承载力检测。

重大工程案例

1. 苏通长江公路大桥

苏通长江公路大桥位于江苏省境内,北起通启高速公路的小海互通立交,南止苏嘉杭高速公路董浜互通立交,是沈阳—海口高速公路(G15)跨越长江的重要枢纽。苏通长江公路大桥跨度为 1 088 m,建成时是世界上跨度最大的斜拉桥。大桥主墩基础由 131 根长约 120 m、直径 2.5~2.8 m 的群桩组成,承台长 114 m、宽 48 m,面积有一个足球场大,是在 40 m 水深以下厚达 300 m 的软土地基上建起来的,建成时是世界上规模最大、入土最深的群桩基础。建设者们迎难而上,攻克了四大世界级施工技术难题:主塔墩永久性冲刷防护工程、主桥全部 410 根钻孔灌注桩施工、世界最大的两个钢吊箱沉放及混凝土封底、世界最大群桩基础工程。

2. 港珠澳大桥

港珠澳大桥位于广东省伶仃洋海域内,是连接香港、珠海、澳门的桥隧集群工程。大桥全长 55 km,其主体工程由 6.7 km 的海底沉管隧道、22.9 km 的桥梁及逾 20 万 m^2 的东西人工岛组成,即"桥—岛—隧"一体,是目前世界上建设难度最大的跨海集群工程。大桥首创了高桩承台与桩基础施工技术。港珠澳大桥珠海口岸人工岛采用"钢-混组合梁"结构。其中,跨海大桥桩基采用了大直径钻孔桩,沉管隧道的承台与桩基础分别采用"整圆沉管"和"圆管桩"结构。青州航道桥为双塔钢箱梁斜拉桥,是港珠澳大桥桥梁工程三大通航孔桥之一,其 56#、57#主墩桩基础采用 76 根 ϕ2.5 m/ϕ2.15 m 钢管复合桩,每个主墩有 38 根,呈梅花形布置,整个桩身分为有钢管段和无钢管段。57#主墩最长设计桩长达 137.8 m,混凝土方量为 565.7 m^3,为国内同类型桩基中桩长最长、混凝土方量最大的桩,施工难度非常大。其中,钢护筒插打工艺的成功应用吹响了项目技术攻关的号角。下沉后中心偏差不大于 10 cm、倾斜度不大于 1/250 是国内桥梁海域施工中尚属首次的钢护筒插打精度要求,技术团队反复论证,增设一套倾斜仪,通过 3 套 GPS 系统、两套倾斜仪、红外线激光测距仪、全站仪辅助控制,优化施工工艺,缩短工期。

技能训练

根据《公路工程基桩检测技术规程》(JTG/T 3512—2020)及国家现行有关标准的规定,掌握桩基础质量检验标准,完成表4.8。

表4.8　钻孔灌注桩的质量检验

任务描述	查阅《公路工程基桩检测技术规程》(JTG/T 3512—2020)及国家现行有关标准中关于建筑工程基桩的承载力和桩身完整性的检测与评价,结合地基条件、桩型及施工质量可靠性、使用要求等因素,合理选择检测方法,正确判定检测结果,回答问题。
任务实施	桩基竖向承载力有哪些检测方法?分别简述其检测原理。
	桩身完整性可用哪些方法检测?分别简述其检测原理。
	根据桩身完整性检测结果评价,说明受检桩的桩身完整性有哪些类别。

知识检测

1. 桩基础一般由_____和_____两部分组成。

2. 按施工方法不同,桩可分为_____和_____两大类。

3. 按设置效应,可将桩分为挤土桩、_____和_____三类。

4. 根据桩-土相互作用特点,基桩可分为_____和_____。

5. 根据现场试验确定单桩竖向承载力的方法主要有_____、_____和_____。

6. 确定单桩水平承载力有_____和_____两种方法。

7. 成孔后的钻孔灌注桩的桩身结构完整性检测方法有很多,常用的有_____和_____。

8. 对灌注桩的桩身质量判定,可分为_____、_____、_____和_____共4类。

9. 桥梁浅基础埋深一般在3 m以内,最常见的是天然地基上的扩大基础。　　　　　(　　)

10. Ⅱ类桩桩身存在轻微缺陷,对桩身结构完整性有一定影响,不影响桩身结构承载力的正常发挥。　　　　　(　　)

11. 桩基础的作用是将承台以上结构物传来的外力通过承台,由桩传到较深的地基持力层中。　　　　　(　　)

12. 桩基础按施工方法不同分为摩擦桩和端承桩两种。 （　　）

13. 桩基础是由桩和承接上部结构的承台组成。 （　　）

14. 管桩施工结束后,应对承载力及桩体质量做检测。 （　　）

15. 当上部建筑物荷载较大,而天然地基的承载力、沉降量不能满足设计要求时,可采用（　　）。

  A. 条形基础   B. 毛石基础   C. 独立基础   D. 桩基础

16. 桩基础的承台底面位于地面(或局部冲刷线)以上,基桩部分入土,则该种桩为（　　）。

  A. 高承台桩   B. 低承台桩   C. 摩擦桩   D. 柱桩

17. （　　）主要依靠桩侧土的摩阻力支承垂直荷载,桩穿过并支承在各种压缩性土层中。

  A. 高承台桩   B. 低承台桩   C. 摩擦桩   D. 柱桩

18. 单桩竖向容许承载力等于极限荷载除以（　　）。

  A. 2   B. 3   C. 4   D. 5

任务二　灌注桩施工

上海中心大厦
桩基础

任务描述

  灌注桩以其适应各种施工条件,能够有效缩短施工工期,施工操作简单方便而且施工设备投入小而在桥梁桩基础中被广泛应用。大部分钻孔灌注桩施工是在水下进行的,其施工过程无法直接观察,成桩后也不能进行开挖验收。施工过程中的任何一个环节出现问题,将直接影响整个工程的质量和进度,甚至造成巨大的经济损失和社会影响。因此,提高施工工艺水平,做好施工质量控制,消除质量隐患,是保证钻孔灌注桩质量的重要技术支撑。桩基检测工作是整个桩基工程中不可缺少的环节,只有提高桩基检测工作的质量和检测评定结果的可靠性,才能真正地确保桩基工程的质量与安全。

理论知识

钻孔灌注桩的
施工

一、钻孔灌注桩施工

  钻孔灌注桩施工应根据地质、桩径大小、入土深度和机具设备等条件选用适当的钻具。目前,我国常使用的钻具有旋转钻、冲击钻和冲抓钻3种类型,选择适宜的钻孔方法,以保证顺利达到预计孔深,然后清孔、吊放钢筋笼架、灌注水下混凝土。

(一)准备工作

1. 准备场地

①施工前应将场地平整好,以便安装钻架进行钻孔。

②墩台位于无水岸滩时,应整平夯实,清除杂物,挖除软土并换填硬土。

③场地有浅水时,宜采用土或草袋围堰筑岛,如图4.17所示。

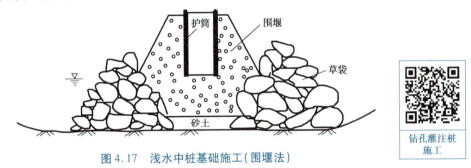

图 4.17 浅水中桩基础施工(围堰法)

④当场地为深水或陡坡时,可用木桩或钢筋混凝土桩搭设支架,安装施工平台支承钻机(架)。深水中,当水流较平稳时,也可将施工平台架设在浮船上,就位锚固稳定后在水上钻孔。

2. 埋置护筒

①护筒的作用:固定桩位,并作为钻孔导向;保护孔口,防止孔口土层坍塌;隔离孔内、孔外表层水,并保持钻孔内水位高出施工水位,以稳固孔壁。

②护筒制作要求:坚固、耐用、不易变形、不漏水、装卸方便和能重复使用;一般用木材、薄钢板或钢筋混凝土制成;护筒内径应比钻头直径稍大,旋转钻须增大 0.1 ~ 0.2 m,冲击或冲抓钻须增大 0.2 ~ 0.3 m。

③埋置护筒时,应注意以下4个方面:

a. 护筒平面位置应埋设正确,偏差不宜大于 50 mm。

b. 护筒顶标高应高出地下水位和施工最高水位 1.5 ~ 2.0 m。无水地层钻孔因护筒顶部设有溢浆口,筒顶也应高出地面 0.2 ~ 0.3 m。

c. 护筒底应低于施工最低水位,一般低 0.1 ~ 0.3 m 即可。深水下沉埋设的护筒应沿导向架借自重、射水、振动或锤击等方法将护筒下沉至稳定深度,入土深度黏性土应达到 0.5 ~ 1 m,砂性土则为 3 ~ 4 m。

d. 下埋式及上埋式护筒挖坑不宜太大(一般比护筒直径大 0.6 ~ 1 m)。护筒四周应夯填密实的黏土,护筒底应埋置在稳固的黏土层中,否则应换填黏土并夯密实,其厚度一般为 0.50 m。

3. 制备泥浆

泥浆在钻孔中的作用如下:

①在孔内产生较大的静水压力,防止坍孔。

②泥浆向孔外土层渗漏,在钻进过程中,由于钻头的转动,孔壁表面形成一层胶泥,具有护壁作用,同时将孔内外水流切断,稳定孔内水位。

③泥浆比重大,具有携带钻渣的作用,有利于钻渣排出。

④具有冷却机具和切土润滑作用,降低钻具磨损和发热程度。

因此,在钻孔过程中,孔内应保持一定稠度的泥浆,一般比重以 1.1 ~ 1.3 为宜;在冲击钻进大卵石层时,比重宜为 1.4 以上,黏度为 20 s,含砂率小于 6%。在较好的黏性土层中钻孔,也可灌入清水,使钻孔内自造泥浆,达到固壁效果。调制泥浆的黏土塑性指数不宜小于15。

4.安装钻机或钻架

钻架是钻孔、吊放钢筋笼、灌注混凝土的支架。我国生产的定型旋转钻机和冲击钻机都附有定型钻架,其他常用的还有木制和钢制的四脚钻架(图4.18)、三脚架或人字扒杆。

在钻孔过程中,成孔中心必须对准桩位中心,钻机(架)必须保持平稳,不能发生位移、倾斜和沉陷。钻机(架)安装就位时,应详细测量,底座应用枕木垫实塞紧,顶端应用缆风绳固定平稳,并在钻进过程中经常检查钻架的平稳度。

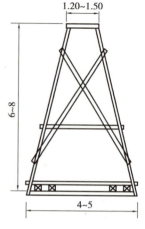

图 4.18　四脚钻架(单位:m)

(二)钻孔

1.钻孔方法和钻具

(1)旋转钻进成孔

旋转钻进成孔指利用钻具的旋转,切削土体钻进,同时采用循环泥浆护壁排渣。我国现用旋转钻机按泥浆循环的程序不同分为正循环和反循环两种。

正循环成孔即在钻进的同时,泥浆泵将泥浆压进泥浆笼头,通过钻杆中心从钻头喷入钻孔内,泥浆携带钻渣沿钻孔上升,从护筒顶部排浆孔排出至沉淀池,钻渣在此沉淀,泥浆仍进入泥浆池循环使用,如图4.19所示。

正循环成孔的特点:设备简单,操作方便,工艺成熟;当孔深不太深、孔径较小时,钻进效率高;当桩径较大时,钻杆与孔壁间的环形断面较大,泥浆循环时返流速度低,排渣能力弱。

反循环成孔是泥浆从钻杆与孔壁间的环状间隙流入孔内,以冷却钻头,并携带沉渣由钻杆内腔返回地面的一种钻进工艺。

反循环成孔的特点:成孔效率高,但在接长钻杆时装卸较麻烦,如钻渣粒径超过钻杆内径(一般为120 mm)易堵塞管路,则不宜采用(图4.20)。

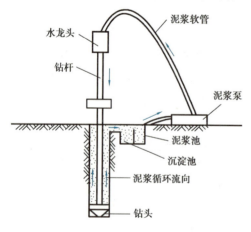

图 4.19　正循环旋转钻机成孔示意图

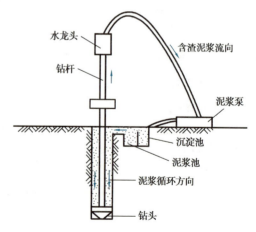

图 4.20　反循环旋转钻机成孔示意图

我国定型生产的旋转钻机,其转盘、钻架、动力设备等均配套定型。钻头构造根据土质采用各种形式,正循环旋转钻机所用钻头有鱼尾钻头、笼式钻头和刺猬钻头,常用的反循环钻头有三翼空心单尖钻锥和牙轮钻头。

旋转钻孔也可采用更轻便、高效的潜水电钻,钻头的旋转电动机及变速装置均经密封后安装在钻头与钻杆之间,如图 4.21 所示。钻孔时,钻头旋转刀刃切土,并在端部喷出高速水流冲刷土体,以水力排渣。

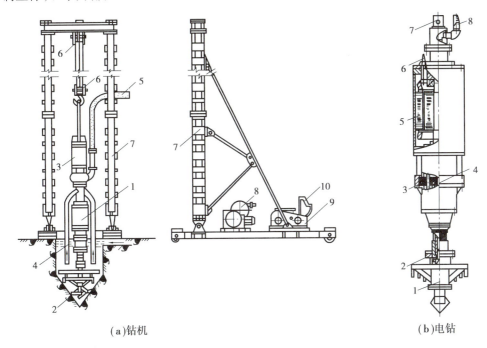

（a）钻机　　　　　　　　　　　　　（b）电钻

图 4.21　潜水电钻

1—潜水电钻;2—钻头;3—潜水砂石泵;　　　　1—钻头;2—钻头接箍;3—行星减速箱;
4—吸泥管;5—排泥胶管;6—三轮滑车;7—钻机架;　4—中间进水箱;5—潜水电机;
8—副卷扬机;9—慢速主卷扬机;10—配电箱　　　6—电缆;7—提升盖;8—进水管

旋转钻进成孔适用于较细、软的土层,如各种塑性状态的黏性土、砂土、夹少量粒径小于 100～200 mm 的砂卵石土层,在软岩中也曾使用过。我国采用这种钻孔方法的钻孔深度曾达 100 m 以上。

（2）冲击钻进成孔

利用钻锥（重为 10～35 kN）不断地提锥、落锥反复冲击孔底土层,把土层中泥沙、石块挤向四壁或打成碎渣,钻渣悬浮于泥浆中,利用掏渣筒取出,重复上述过程冲击钻进成孔。

冲击钻进成孔主要采用的机具有定型的冲击式钻机（包括钻架、动力装置、起重装置等）、冲击钻头、转向装置和掏渣筒等,也可用 30～50 kN 带离合器的卷扬机配合钢、木钻架及动力装置组成简易冲击机。

冲击时,钻头应有足够的重量、适当的冲程和冲击频率,以使它有足够的能量将岩块打碎。冲锥每冲击一次旋转一个角度,才能得到圆形的钻孔,因此在锥头和提升钢丝绳连接处应有转向装置。常用的有合金套或转向环,以保证冲锥的转动,也避免了钢丝绳打结扭断。

图 4.22　掏渣筒

掏渣筒是用于掏取孔内钻渣的工具,如图 4.22 所示。掏渣筒用厚度为 30 mm 左右的钢板制作,直径为桩孔直径的 50%～70%,下端碗形阀门应与渣筒密合,以防止漏水漏浆。

冲击钻孔适用于含有漂卵石、大块石的土层及岩层,也能用于其他土层。成孔深度一般不宜大于 50 m。

(3)冲抓钻进成孔

用兼有冲击和抓土作用的抓土瓣,通过钻架,由带离合器的卷扬机操纵,靠冲锥自重(10～20 kN)冲下使抓土瓣锥尖张开插入土层,然后由卷扬机提升锥头,收拢抓土瓣,将土抓出,弃土后继续冲抓钻进而成孔。

钻锥常采用四瓣或六瓣冲抓锥,其构造如图 4.23 所示。当收紧外套钢丝绳、放松内套钢丝绳时,内套在自重作用下相对外套下坠,便使锥瓣张开插入土中。

冲抓钻进成孔适用于黏性土、砂性土及夹有碎卵石的砂砾土层,成孔深度不宜大于 30 m。

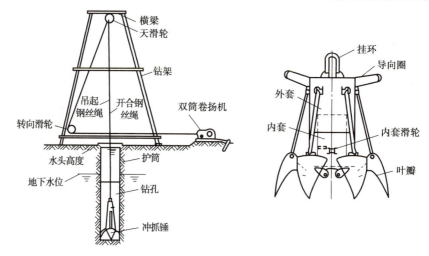

图 4.23　冲抓锥

2.钻孔过程中容易发生的质量问题及处理方法

在钻孔过程中,应防止坍孔、孔形扭歪或孔偏斜,甚至把钻头埋住或掉进孔内等事故发生。

(1)坍孔

在成孔过程中或成孔后,有时在排出的泥浆中不断出现气泡,有时护筒内的水位突然下降,这是坍孔的迹象。其形成原因主要是土质松散、泥浆护壁不好、护筒水位不高等所致。如发生坍孔,应探明坍孔位置,将砂和黏土的混合物回填到坍孔位置以上 1～2 m。如坍孔严重,应全部回填,等回填物沉积密实后再重新钻孔。

(2)缩孔

缩孔是指孔径小于设计孔径的现象,是由于塑性土膨胀造成的,处理时可反复扫孔,以扩大孔径。

(3)斜孔

桩孔成孔后,发现较大垂直度偏差,是由于护筒倾斜和位移、钻杆不垂直、钻头导向部分太短、导向性差、土质软硬不一或遇上孤石等原因造成。斜孔会影响桩基质量,并会造成施工困难。处理时,可在偏斜处吊放钻头,上下反复扫孔,直至把孔位校直;或在偏斜处回填黏土,待沉积密实后再钻孔。

3.钻孔注意事项

在钻孔过程中,要始终保持护筒内水位高出筒外 1~1.5 m,护壁泥浆符合设计要求(泥浆比重为 1.1~1.3、黏度为 10~25 Pa·s、含砂率≤6% 等),以起到护壁、固壁作用,防止塌孔。若发现漏水(漏浆)现象,应找出原因,及时处理。

在钻孔过程中,应根据土质等情况控制钻进速度、调整泥浆稠度,以防止塌孔及钻孔偏斜、卡钻和旋转钻机负荷超载等情况发生。

钻孔宜连续作业,不宜中途停钻,以避免坍孔。

钻孔过程中,应加强对桩位、成孔情况的检查。终孔时,应对桩位、孔径、形状、深度、倾斜度及孔底土质等情况进行检验,合格后立即清孔、吊放钢筋笼骨架、灌注混凝土。

(三)清孔及吊放钢筋笼骨架

1.清孔

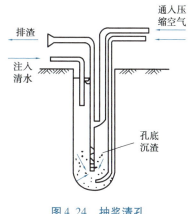

图 4.24 抽浆清孔

清孔目的是去除孔底沉淀的钻渣和泥浆,以保证灌注的钢筋混凝土质量,确保桩的承载力。

(1)清孔的方法

①抽浆清孔:又称为空气吸泥机清孔,用空气吸泥机吸出含钻渣的泥浆而达到清孔。如图 4.24 所示,由风管将压缩空气输进排泥管,使泥浆形成密度较小的泥浆空气混合物,在水柱压力下沿排泥管向外排出泥浆和孔底沉渣,同时用水泵向孔内注水,保持水位不变,直至喷出清水或沉渣厚度达设计要求为止。这种方法适用于孔壁不易坍塌的各种钻孔方法的柱桩和摩擦桩。

②掏渣清孔:用掏渣筒掏清孔内粗粒钻渣,适用于冲抓、冲击成孔的摩擦桩。

③换浆清孔:正、反循环旋转机可在钻孔完成后不停钻、不进尺,继续循环换浆清渣,直至达到清理泥浆的要求。它适用于各类土层的摩擦桩。

(2)清孔要求

浇筑混凝土前,孔底 500 mm 以内的泥浆比重应小于 1.1、含砂率≤8%、黏度宜为 17~28 Pa·s。

2.吊放钢筋笼

吊放钢筋笼骨架前,应检查孔底深度是否符合要求;孔壁有无妨碍骨架吊放和正确就位的情况。骨架吊装可利用钻架或另立扒杆进行。吊放时,应避免骨架碰撞孔壁,并保证骨架外混凝土保护层厚度,应随时校正骨架位置。钢筋骨架达到设计标高后,牢固定位于孔口。再次进行孔底检查,必要时可以二次清孔,达到要求后即可灌注水下混凝土。

(四)灌注水下混凝土

目前,我国多采用直升导管法灌注水下混凝土。

1.灌注方法及有关设备

导管法的施工过程如图4.25所示。

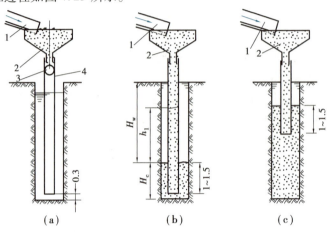

图4.25　灌注水下混凝土(单位:m)

1—混凝土储料槽;2—漏斗;3—隔水栓;4—导管

导管是内径为0.20~0.40 m的钢管,壁厚3~4 mm,每节长度为1~2 m,最下面一节导管较长,一般为3~4 m。导管两端用法兰盘连接,并垫橡皮圈以保证接头不漏水。导管内壁应光滑,内径大小一致,连接牢固,在压力下不漏水。可在漏斗与导管接头处设置活门作为隔水装置。

首批灌注的混凝土数量,要保证将导管内水全部压出,并能将导管初次埋入2~6 m深,如图4.25(b)所示。漏斗和储料槽的最小容量为:

$$V = h_1 \times \frac{\pi d^2}{4} + H_c \times \frac{\pi D^2}{4} \tag{4.6}$$

式中　H_c——导管初次埋深加开始时导管离孔底的间距,m;

h_1——孔内混凝土高度至H_c时,导管内混凝土柱与导管外水压平衡所需高度,m;

d,D——导管及桩孔直径,m。

漏斗顶端至少应高出桩顶3 m(桩顶在水面以下时,应比水面高出3 m),以保证在灌注最后部分混凝土时,管内混凝土能满足顶托管外混凝土及其上的水或泥浆重力的需要。

2.对混凝土材料的要求

混凝土应有必要的流动性,坍落度宜为180~220 mm,水灰比宜为0.5~0.6;混凝土强度等级提高20%。为了改善混凝土的和易性,可在其中掺入减水剂和粉煤灰掺和物。为防止卡管,石料尽可能用卵石,适宜直径为5~30 mm,最大粒径不应超过40 mm。水泥强度等级不宜低于P·O 42.5,每立方米混凝土的水泥用量不小于350 kg。

3.灌注水下混凝土的注意事项

灌注水下混凝土是钻孔灌注桩施工最后一道关键性工序,其施工质量将影响成桩质量。

施工中应注意以下 4 点:

①混凝土拌和必须均匀,尽可能缩短运输距离和减小颠簸,防止混凝土离析而发生卡管事故。

②灌注混凝土必须连续作业,避免任何原因的中断。

③在灌注过程中,要随时测量和记录孔内混凝土灌注标高和导管入孔长度,孔内混凝土上升到接近钢筋骨架底处时,应防止钢筋笼骨架被混凝土顶起。

④灌注的桩顶标高应比设计值高出 0.5 m,此范围的浮浆和混凝土待混凝土养护完成应凿除。待桩身混凝土达到设计强度,按规定检验合格后方可灌注系梁、盖梁或承台。

二、挖孔灌注桩和沉管灌注桩施工

(一)挖孔灌注桩施工

挖孔桩施工,必须在保证安全的前提下不间断地快速进行。每一桩孔开挖、提升出土、排水、支撑、立模板、吊放钢筋笼骨架(简称钢筋笼)及灌注桩身混凝土等作业,都应事先准备充分,紧密配合。

1. 开挖桩孔

桩孔一般采用人工开挖。开挖之前,应清除现场四周及山坡上悬石、浮土等,排除一切不安全因素,备好孔口四周临时围护和排水设备,并安排好排土提升设备,布置好弃土通道,必要时孔口应搭设雨棚。

挖土过程中,要随时检查桩孔尺寸和平面位置,防止误差。应根据孔内渗水情况,做好孔内排水,并注意施工安全。

2. 护壁

挖孔桩开挖过程中,开挖和护壁两个工序必须连续作业,以确保孔壁不坍塌。应根据地质、水文条件、材料来源等情况,因地制宜选择支撑和护壁方法。

常用的井壁护圈有以下 3 种。

(1)现浇混凝土护圈

当桩孔较深、土质相对较差、出水量较大或遇流砂等时,宜采用就地灌注混凝土围圈护壁。采用拼装式弧形模板,每下挖 1~2 m 灌注一次,随挖随支。护圈的结构形式为斜阶形。混凝土强度等级为 C25 或 C30。必要时,可配置少量的钢筋,如图 4.26 所示。有时,也可在架立钢筋网后直接锚喷砂浆形成护圈,以代替现浇混凝土护圈,这样可以节省模板。

(2)沉井护圈

先在桩位上制作钢筋混凝土井筒,然后在井筒内挖土,井筒靠自重或附加荷载克服井壁与土之间的摩阻力,使其下沉至设计标高,再在井内吊装钢筋骨架及灌注桩身混凝土。

(3)钢套管护圈

在桩位处,先用桩锤将钢套管强行打入土层中,再在钢套管的保护下将管内土挖出,吊放钢筋笼,浇筑桩基混凝土。待浇筑混凝土完毕,用振动锤和人字拔杆将钢套管立即强行拔出,移至下一桩位使用。这种方法适用于地下水丰富的强透水地层或承压水地层,可避免出现流

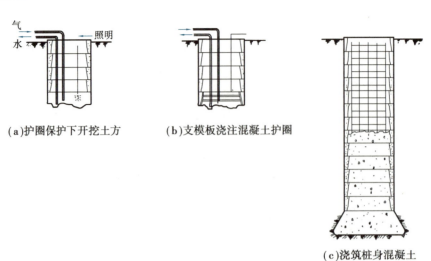

(a)护圈保护下开挖土方   (b)支模板浇注混凝土护圈   (c)浇筑桩身混凝土

图4.26　混凝土护圈

砂和管涌现象,能确保施工安全。

3.吊放钢筋笼骨架及灌注桩身混凝土

挖孔到达设计深度后,应检查和处理孔底及孔壁情况。检查合格,即可吊放钢筋笼骨架。钢筋笼骨架制作、运输、安放入孔与钻孔灌注桩的要求相同。孔内的混凝土灌注应连续快速进行,防止污水、泥土、杂物等掉进孔内,避免断桩。空气中灌注混凝土时,混凝土应分层灌注、分层振捣,每层不超过400 mm。

(二)沉管灌注桩施工

沉管灌注桩是将一根与桩的设计尺寸相适应的钢管(下端带有桩尖),采用锤击或振动的方法沉入土中,然后将钢筋笼放入钢管内,再灌注混凝土,并边灌边将钢管拔出,利用拔管时的振动力将混凝土捣实。

钢管下端有两种构造:一种是开口,在沉管时,套以钢筋混凝土预制桩尖;拔管时,桩尖留在桩端土中。另一种是管端带有活瓣桩尖,沉管时,桩尖活瓣合拢;灌注混凝土后,拔管时活瓣打开。

施工中,应注意下列事项:

①套管沉入土中时,应保持位置正确,如有偏斜或倾斜应立即纠正。

沉管灌注桩　　沉管灌注桩施工

②拔管时,应先振后拔,满灌慢拔,边振边拔。在开始拔管时,应确保桩靴活瓣确已张开,或钢筋混凝土桩尖确已脱离,灌入混凝土已从套管中流出,方可继续拔管。拔管速度宜控制在1.5 m/min之内,在软土中不宜大于0.8 m/min。边振边拔,以防管内混凝土被吸住上拉而缩颈,每拔起0.5 m,宜停拔,再振动片刻,如此反复进行,直至将套管全部拔出。

③在软土中沉管时,排土挤压作用会使周围土体侧移及隆起,有可能挤断邻近已完成但混凝土强度还不高的灌注桩。因此,桩距不宜小于3~3.5倍桩径,宜采用间隔跳打的施工方法,避免对邻桩挤压过大。

④由于沉管的挤压作用,在软黏土中或软、硬土层交界处所产生的孔隙水压力较大,或侧压力大小不一而易出现混凝土桩缩颈。为了克服这种现象,可采取扩大桩径的"复打"措施,即在灌注混凝土并拔出套管后,立即在原位重新沉管再灌注混凝土。对于复打后的桩,其横截面增大,承载力提高,但其造价也相应增加,对邻近桩的挤压也大。

三、水中桩基础施工

水中施工桩基础显然比旱地施工要复杂、困难得多,尤其是在深水急流的大河中施工桩基础。为了适应水中施工的环境,需要增添浮运沉桩及有关设备,采用水中施工的特殊方法。与旱地施工相比较,水中钻孔灌注桩施工有如下特点:

①地质条件复杂,河床底一般以松散砂、砾、卵石为主,很少有泥质胶结物,在近堤岸处大多有护堤抛石,而港湾或湖滨静水地带又多为流塑状淤泥。

②护筒埋设难度大,技术要求高。尤其是水深流急时,必须采取专门措施,以保证施工质量。

③水面作业自然条件恶劣,施工具有明显的季节性。

④在重要的航运水道上,必须兼顾航运和施工两者安全。

⑤考虑上部结构荷重及其安全稳定,桩基设计的竖向承载力较大,所以钻孔较深,孔径也比较大。

基于前述特点,水中施工必须充分准备施工场地,用于安装钻孔机械、混凝土灌注设备以及其他设备。这是水中钻孔桩施工的最重要一环。

根据水中桩基础施工方法的不同,其施工场地分为两种类型:一类是用围堰筑岛法修筑的水域岛或长堤,称为围堰筑岛施工场地;另一类是用船或支架拼装建造的施工平台,称为水域工作平台。水域工作平台依据其建造材料和定位的不同,可分为船式、支架式和沉浮式等多种类型。水中支架的结构强度、刚度和船只的浮力、稳定都应事先验算。

水中桩基础施工方法有多种,下面就常用的基本方法(分浅水和深水施工)作简要介绍。

(一)浅水中桩基础施工

位于浅水或临近河岸的桩基,其施工方法类同于浅水浅基础常用的围堰修筑法,即先筑围堰施工场地,然后抽水开挖基坑或水中吸泥挖坑再抽水,最后进行基桩施工。对围堰所用的材料和形式,以及各种围堰应注意的要求,与"浅基础施工"所述相同,在此不作赘述。

在浅水中建桥,常在桥位旁设置施工临时便桥。在这种情况下,可利用便桥和相应的脚手架搭设水域工作平台,进行围堰和基桩施工。这样,在整个桩基础施工中可不必动用浮运打桩设备,同时也可以用作料具、人员的运输。

(二)深水中桩基础施工

在宽大的江河深水中施工桩基础时,常采用围堰和吊箱等施工方法。

1.围堰法

在深水中,低桩承台桩基础或墩身有相当长度需在水下施工时,常采用围笼(围图)修筑钢板桩围堰施工桩基础（围堰法参见本书项目三任务四）。

钢板桩围堰桩基础施工的方法与步骤如下：

①在导向船上拼制围笼，拖运至墩位，将围笼下沉、接高、沉至设计标高，用锚船（定位船）抛锚定位。

②在围笼内插打定位桩（可以是基础的基桩，也可以是临时桩或护筒），并将围笼固定在定位桩上，退出导向船。

③在围笼上搭设工作平台，安置钻机或打桩设备。沿围笼插打钢板桩，组成防水围堰。

④完成全部基桩的施工（钻孔灌注桩或打入桩）。

⑤吸泥，开挖基坑。

⑥基坑经检验合格后，灌注水下混凝土封底。

⑦待封底混凝土达到规定强度后，抽水、修筑承台和墩身直至出水面。

⑧拆除围笼，拔除钢板桩。

也可先完成全部基桩施工，再进行钢板桩围堰施工。先筑围堰还是先打基桩，应根据现场水文、地质条件、施工条件、航运情况和所选择的基桩类型等情况确定。

2. 吊箱法和套箱法

在深水中修筑高桩承台桩基时，由于承台位置较高，不需坐落到河底，一般采用吊箱法修筑桩基础，或在已完成的基桩上安置套箱，修筑高桩承台。

（1）吊箱法

吊箱是悬吊在水中的箱形围堰，基桩施工时用作导向定位；基桩完成后，在吊箱内封底抽水，灌注混凝土承台。

吊箱一般由围笼、底盘、侧面围堰板等部分组成。吊箱围笼的平面尺寸与承台相应，分层拼装，最下一节将埋入封底混凝土内，以上部分可拆除周转使用；顶部设有起吊的横梁和工作平台，并留有导向孔。底盘用槽钢作为纵、横梁，梁上铺以木板作为封底混凝土的底板，并留有导向孔（大于桩径 50 mm）以控制桩位。侧面围堰板由钢板形成，整块吊装。

如图 4.27 所示，吊箱法的施工方法与步骤如下：

①在岸上或岸边驳船上拼制吊箱围堰，浮运至墩位，吊箱下沉至设计标高［图 4.27（a）］。

②插打围堰外定位桩，并将吊箱围堰固定于定位桩上。

③基桩施工［图 4.27（b）、（c）］。

④填塞底板缝隙，灌注水下混凝土。

⑤抽水，将桩顶钢筋伸入承台，铺设承台钢筋，灌注承台及墩身混凝土。

⑥拆除吊箱围堰连接螺栓外框，吊出围笼。

（2）套箱法

套箱法是先完成全部基桩施工后，再修筑高桩承台基础的水中承台。

套箱可预制成与承台尺寸相应的钢套箱或钢筋混凝土套箱，箱底板按基桩平面位置留有桩孔。基桩施工完成后，吊放套箱围堰，将基桩顶端套入套箱围堰内（基桩顶端伸入套箱的长度按基桩与承台的构造要求确定），并将套箱固定在定位桩上（可使用已打设完成的基桩），然后浇筑水下混凝土封底，待达到规定强度后即可抽水，继而施工承台和墩身结构。

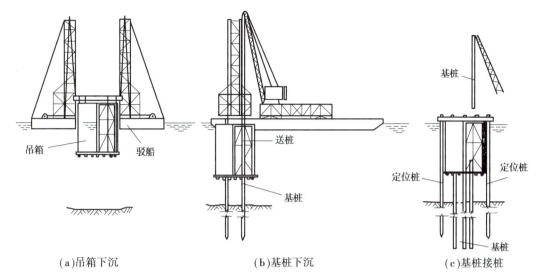

(a)吊箱下沉　　　　　　　(b)基桩下沉　　　　　　(c)基桩接桩

图 4.27　吊箱围堰修建水中桩基

施工中,应注意以下 3 个方面:

①水中直接打桩及浮运箱形围堰吊装的正确定位,一般均采用交汇法控制。在大河中,有时还需搭临时观测平台。

②在吊箱中插打基桩,由于桩的自由长度大,应细心把握吊桩方位。

③在浇灌水下混凝土前,应将箱底桩侧缝隙堵塞好。

3.沉井结合法

当河床基岩裸露或因卵石、漂石土层,钢板围堰无法插打时,或在水深流急的河道上为使钻孔灌注桩在静水中施工时,还可以采用浮运钢筋混凝土沉井或薄壁沉井(有关沉井的内容见"沉井基础")作为桩基施工时的挡水挡土结构,把沉井顶作为工作平台。沉井既可作为桩基础的施工设施,又可作为桩基础的一部分即承台。薄壁沉井多用于钻孔灌注桩的施工,除能保持在静水状态施工外,还可将几个桩孔一起圈在沉井内,代替单个安设护筒,可重复使用。

(三)水中钻孔灌注桩施工注意事项

1.护筒的埋设

围堰筑岛施工场地的护筒埋设方法与旱地施工时基本相同。

施工场地平坦时,可采用钢制或钢筋混凝土护筒。为防止水流将护筒冲歪,应在工作平台的孔口部位架设护筒导向架;下沉好的护筒应固定在工作平台上或护筒导向架上,以防发生坍孔时,护筒下移或倾斜。在水流速度较大的深水中,可在护筒或导向架四周抛锚,加固定位。

2.配备安全设施,抓好安全作业

严格保持船体和平台没有任何位移。船体和平台的位移将导致孔口护筒偏斜、倾倒等一系列恶性事故。因此,每一桩孔从开孔到灌注成桩,都要严格控制。

在工作平台四周搭设坚固的防护栏,配备足够的救生设备和防火器材,还要按规定悬挂信号灯等。

学以致用

某省道为公路-I级,设计速度为 100 km/h,双向四车道,路基全宽 26 m。某标段路线长为 7.0 km。设跨河桥梁 4 座,共长 166.12 m,其中中桥 97.96 m/2 座,小桥 68.16 m/2 座。桥梁基础为钻孔灌注桩。下部为重力式桥台或墩柱,上部为先张空心板梁。钻孔灌注桩 φ1.2 m、合计 80 根,混凝土强度等级为 C30,采用正循环钻机成孔。钻孔灌注桩施工工艺如下:

1. 桩位测量放样

根据施工图纸及现场导线控制点,使用全站仪测定桩位,并用"十字交叉法"定桩,上报监理工程师复核验收。

2. 平整场地

根据桩基设计的平面尺寸、钻机底座平面尺寸、钻机移位要求、施工用水、泥浆池位置、动力供应、施工方法及其配合施工的机具设施布置等情况,进行施工场地整理。对于陆上桩,采取平整场地,清除杂物,夯打密实;对于水中桩,采取抽水筑围堰,混凝土浇筑采用泵送。

3. 埋设护筒

(1)护筒的制作

护筒要求坚固,便于安装,且不漏水。采用钢护筒,5 mm 钢板制作,护筒直径大于设计桩径 20 ~ 40 cm。

(2)护筒

采用挖埋法,护筒埋深 1.5 m 左右,将护筒四周 100 cm 范围内土挖出,夯填黏土至护筒底 50 cm 以下,严防地表水渗入。护筒埋设时,泥浆溢出口底边高出地下水位 1 ~ 1.5 m 以上,高出地面 0.3 m。

(3)埋设要求

护筒埋设准确、稳固、不变位,底部不漏水,保持孔内水头稳定,形成静水压力,保护孔壁。

4. 泥浆制备

选用优质黏土或膨润土造浆,泥浆比重控制在 1.1 左右,钻进中定期检验泥浆比重、稠度、含砂率、胶体率等,填写泥浆试验记录表。施工时,设置泥浆池、贮浆池、沉淀池,用泥浆槽连接。

5. 钻进成孔

①钻机就位前,先检查各项准备工作是否做好,包括机具设备性能是否完好。此外,将地质资料绘制成钻孔地质剖面图悬挂于钻机台上,对不同的土层选用适当的钻头,调整钻进速度和合适的泥浆指标。

②钻机就位时,认真调平对中,钻架上的起吊滑车与转盘中心及桩位中心在同一铅垂线上,并用水平尺或水准仪检查钻机是否水平。在钻进过程中,经常检查转盘;如有倾斜或位移,及时纠正。

③初钻时,先启动泥浆泵和转盘,使之空转一段时间,待泥浆输进一定数量后,进行钻孔。

④开始钻进时,进尺适当控制,轻压慢钻,正常以后再加速。

⑤在钻进过程中,严格控制和保持孔内水头稳定,高出护筒外地面(水面)0.3～0.5 m,以保护孔壁稳固,并严格控制泥浆的各项指标。

⑥在钻孔时,密切关注钻进的土质情况是否与设计资料相符。若发现不符,立即向监理工程师及建设单位报告。

⑦钻孔灌注桩成孔质量标准见表4.9。

表4.9　钻孔灌注桩成孔质量标准

项目		规定值或允许偏差
钻孔灌注桩	孔的中心位置/mm	50
	孔径	不小于设计桩径
	倾斜度/%	钻孔:<1
	孔深	不小于设计规定
	沉淀厚度	符合设计规定
	清孔泥浆指标	相对密度:1.03～1.10,黏度:17～20 Pa·s,含砂率:<2%,胶体率:>98%

6. 清孔

①清孔的目的是抽换孔内泥浆,清除钻渣和沉淀层,减少孔内沉淀厚度,提高桩的承载力,为灌注水下混凝土创造良好条件,并使测深准确、灌注顺利。

②终孔检查后立即清孔。在清孔过程中,仍要保持孔内静水压力不变,保持孔壁稳固,清孔后在最短时间内灌注混凝土。

③清孔拟采用换浆法。钻孔终孔后,停止进尺,稍提钻锥离孔底20～30 cm 空转,并保持泥浆正常循环,以中速压入泥浆把孔内悬浮钻渣的泥浆换出。清孔后,泥浆指标及沉淀层厚度均应符合表4.9的规定。

7. 制作、安放钢筋笼

①建立专门的平台,钢筋骨架主筋对接部分采用单面焊连接,主筋与箍筋间点焊连接。为起吊方便,钢筋骨架分段制作,在孔口处现场焊接,钢筋接头按规定错开,同一断面接头率小于50%。为确保钢筋骨架刚度、起吊不变形,每隔2 m 在钢筋骨架内壁设ϕ22 加劲筋。

②为保证钢筋骨架吊装时不变形,采用多吊点扁担起吊法。设置4 道吊点,吊点设在加劲筋与主筋连接处,且吊点对称布置,并保证钢筋骨架在吊起时受力均衡,吊装时骨架直顺、不变形。入孔时,应对准桩心,由护筒上的十字标记和引桩拉十字线控制钢筋骨架的中心位置。

③吊放钢筋骨架时,保持竖直,缓慢吊放入孔(图4.28)。若遇阻碍应停止下放,查明原因进行处理,严禁高提猛落和强制入孔。

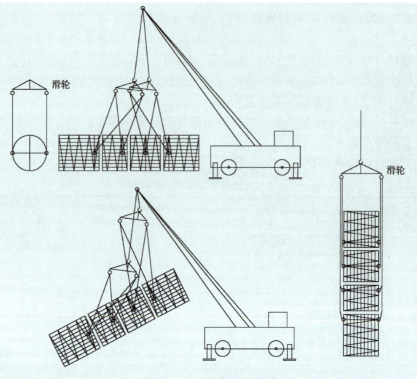

图 4.28　钢筋骨架吊装

8. 水下混凝土灌注

混凝土强度等级为 C30,坍落度为 180~220 mm。

①采用导管法灌注,导管内径为 30 cm。导管使用前要进行闭水试验,导管合格方可使用,且将导管自上而下进行编号并标示尺度。

②导管安装时,其底部管口距孔底 25~40 cm。导管安装完成、灌注混凝土前,再次检测孔底泥浆沉淀层厚度,沉淀层厚度不大于 20 cm,合格后灌注混凝土。

③事先做好充分准备,尽快开始灌注混凝土,以防止坍孔和泥浆沉淀过大。

④混凝土灌注施工前,应仔细计算首次灌注量,必须满足首次灌注后导管口能埋入混凝土面以下不小于 1 m。

⑤严格按监理工程师批准的配合比拌制混凝土,控制好材料的计量、拌和时间、水灰比、和易性和坍落度。

⑥正常灌注应连续进行,严禁中断,确保不出现堵管、卡管现象。

⑦灌注混凝土时,应经常测量混凝土面上升高度,并与理论上升高度比较,作出正确判断;及时拆除多余导管,使导管埋入混凝土内保持在 2~6 m。

⑧孔内灌注的混凝土接近桩顶时,降低灌注速度,保持较深的埋管,防止钢筋笼被混凝土顶托上升。

⑨为保证桩身质量,灌注混凝土标高超出桩顶标高 50~100 cm。

⑩在灌注水下混凝土过程中,应认真填写各项原始记录。

⑪待桩身混凝土达 80% 强度后,凿除桩头多余部分,使桩顶混凝土表面无松散层,桩顶

部采用砂轮机磨平,联系检测单位进行桩基检测。

⑫灌注混凝土时,溢出的泥浆引流至适当地点进行处理,避免污染环境。

9.钻孔灌注桩施工工艺流程

钻孔灌注桩施工工艺流程如图4.29所示。

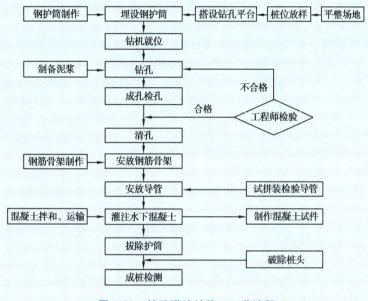

图4.29 钻孔灌注桩施工工艺流程

技能训练

根据国家规范、标准,掌握钻孔灌注桩的施工工艺、施工要点及质量检测标准,完成表4.10。

表4.10 钻孔灌注桩质量检验

任务描述	查阅《公路工程质量检验评定标准 第一册 土建工程》(JTG F80/1—2017)、《公路桥涵施工技术规范》(JTG/T 3650—2020),回答问题。
任务实施	钻孔灌注桩钢筋骨架吊装实测项目包括哪些?
	钻孔灌注桩实测项目包括哪些?
	护筒设置时,应符合哪些规定?

157

知识检测

1. 水下混凝土灌注施工应符合下列要求,其中说法错误的是( )。
   A. 混凝土灌注应连续,中途停顿时间不宜大于 30 min
   B. 在灌注混凝土过程中,导管的埋置深度宜控制在 1～3 m
   C. 灌注混凝土时,应采取防止钢筋笼骨架上浮的措施
   D. 灌注的桩顶标高应比设计高出 0.5～1 m

2. 灌注桩钻孔中采用泥浆护壁,泥浆的主要性能指标有( )。
   A. 密度　　　　　　B. 黏度　　　　　　C. 稠度　　　　　　D. 含砂率
   E. 含泥量

3. 清孔后的沉渣厚度应符合设计要求。设计未规定时,摩擦桩的沉渣厚度不应大于
   ( )mm,端承桩的沉渣厚度不应大于( )mm。
   A. 500,200　　　　B. 400,200　　　　C. 400,100　　　　D. 300,100

4. 确保灌注桩顶质量,在桩顶设计标高以上应加灌一定高度,一般不宜小于( )。
   A. 0.5 m　　　　　B. 0.3 m　　　　　C. 0.4 m　　　　　D. 0.2 m

5. 在钻孔灌注桩钻孔过程中,护筒内的泥浆面应高出地下水位( )以上。
   A. 0.5 m　　　　　B. 0.8 m　　　　　C. 0.6 m　　　　　D. 1.0 m

6. 泥浆制备根据施工机械、工艺及穿越土层情况进行配合比设计,宜选用( )。
   A. 高塑性黏土　　　B. 膨润土　　　　　C. 粉质黏土　　　　D. 黏性土
   E. 粉土

7. ( )是在现场地基中采用钻孔、挖孔机械或人工成孔,然后浇筑钢筋混凝土或混凝
   土而成的桩。
   A. 摩擦桩　　　　　B. 柱桩　　　　　　C. 预制桩　　　　　D. 灌注桩

8. 泥浆护壁钻孔灌注桩成孔至设计标高后的下一道工序是( )。
   A. 清孔　　　　　　　　　　　　　　B. 提升并拆钻杆
   C. 吊放钢筋笼　　　　　　　　　　　D. 设置定位钢筋环

9. 泥浆护壁钻孔灌注桩钻孔前,应在桩位处开挖埋设护筒。护筒的中心要求与桩位的中
   心线偏差不得大于( )。
   A. 20 mm　　　　　B. 40 mm　　　　　C. 50 mm　　　　　D. 80 mm

10. 清孔目的是除去孔底沉淀的钻渣和泥浆,利用空气吸泥机吸出含钻渣的泥浆的清孔方
    法为( )。
    A. 抽浆清孔　　　　B. 掏渣清孔　　　　C. 换浆清孔　　　　D. 喷射清孔

11. 深基础的常用类型主要包括( )。
    A. 桩基、沉井及地下连续墙　　　　　B. 桩基、沉井及箱形基础
    C. 桩基、地下连续墙及箱形基础　　　D. 桩基及箱形基础

12. (多选题)关于钻孔灌注桩水下混凝土灌注的说法,正确的有( )。
    A. 导管安装固定后,开始吊装钢筋笼骨架
    B. 开始灌注混凝土时,导管底部应与孔底保持密贴

C. 混凝土混合料具有良好的和易性,坍落度可为 200 mm

D. 灌注首盘混凝土时,应使用隔水球

E. 灌注必须连续进行,避免将导管提出混凝土灌注面

13.(多选题)现场混凝土灌注桩按成孔方法不同,可分为(　　　)。

A. 钻孔灌注桩　　　　B. 沉管灌注桩　　　　　　C. 静压沉桩

D. 人工挖孔灌注桩　　E. 锤击沉桩

14.(多选题)泥浆护壁钻孔灌注桩施工中,泥浆的作用有(　　　)。

A. 护壁　　　　　　　B. 携渣　　　　　　　C. 降压　　　　　　　D. 冷却钻头

E. 提高含水率

任务三　沉入桩施工

任务描述

桥梁工程常用的桩基础可分为沉入桩基础和灌注桩基础。常用的沉入桩种类有钢筋混凝土桩、预应力混凝土桩、预制钢筋混凝土桩和钢管桩等。不同土的类别选用不同的沉桩方式,锤击沉桩宜用于砂类土、黏性土(静力压桩无法压入)。振动沉桩宜用于锤击沉桩效果较差的密实的黏性土、砾石、风化岩,慎用于砂类土(振动液化)。在密实的砂土、碎石土、砂砾的土层中用锤击法、振动沉桩法有困难时,可采用射水作为辅助手段进行沉桩施工,在黏性土中应慎用射水沉桩;在重要建筑附近不宜采用射水沉桩。静力压桩宜用于软黏土、淤泥质土。那么,沉入桩在制作时,需要符合哪些规定? 在桩的吊运、存放和运输和沉桩施工过程中,有哪些施工要点?

理论知识

沉桩施工包括桩的制作、桩的吊装及运输和桩的沉入。沉桩正式施工前应进行试验,以便检验沉桩设备和工艺是否符合要求。按照规范的规定,试桩不得少于 2 根。

一、准备工作

①沉桩施工前,应具备工程地质、水文等资料,并应制订专项施工方案,配置合理的沉桩设备。

②沉桩前,必须处理地上(下)障碍物,平整场地,并应满足沉桩所需的地面承载力。

③应根据现场环境状况采取降噪声措施;城区、居民区等人员密集的场所不得进行沉桩施工。

④对于地质复杂的大桥、特大桥,为检验桩的承载能力和确定沉桩工艺,应进行试桩。

⑤贯入度应通过试桩或做沉桩试验后会同监理及设计单位研究确定。

⑥用于地下水有侵蚀性的地区或腐蚀性土层的钢桩,应按照设计要求做好防腐处理。

二、桩的制作

1. 钢筋混凝土桩和预应力混凝土桩

钢筋混凝土桩和预应力混凝土桩制作时,预制场的设置、模板、钢筋、混凝土和预应力的施工除应符合《公路桥涵地基与基础设计规范》(JTG 3363—2019)的相关规定外,尚应符合下列规定:

①钢筋混凝土桩的主筋宜采用整根钢筋,如需接长,宜采用对焊连接或机械连接;接头应相互错开,在桩尖、桩顶各 2 m 长范围内的主筋不应有接头。箍筋或螺旋筋与纵筋的交接处宜点焊焊接;当采用矩形绑扎筋时,箍筋末端应为 135°弯钩或 90°弯钩加焊接;桩两端的加密箍筋均应点焊焊成封闭箍。

②采用焊接连接的钢筋混凝土桩,应按设计要求预埋连接钢板。采用法兰盘连接的混凝土桩,法兰盘应对准位置,连接在钢筋或预应力筋上;先张法预应力混凝土桩采用法兰盘连接时,应先将法兰盘连接在预应力筋上,然后再进行张拉;法兰盘应保证焊接质量。混凝土方桩或矩形桩连接用的法兰盘,一般采用角钢增焊加劲肋钢板制成;制作时,将角钢的一肢焊接在纵向主钢筋上,另一肢位于桩的连接平面端上;桩连接时,利用法兰盘两连接端的连接肢用螺栓连接。

③每根或每一节桩的混凝土应连续浇筑,不得留施工缝。混凝土浇筑完毕后,应及时覆盖养护,并应在桩上标明编号、浇筑日期和吊点位置,同时应填写制桩记录。

2. 预制钢筋混凝土桩和预应力混凝土桩

预制钢筋混凝土桩和预应力钢筋混凝土桩的制作质量应符合《公路工程质量检验评定标准 第一册 土建工程》(JTG F80/1—2017)的规定;采用法兰盘接头的预制桩,其法兰盘制成后的允许偏差应符合表 4.11 的规定。同时,应符合下列规定:

①钢筋混凝土桩的横向收缩裂缝宽度不得大于 0.2 mm,深度不得大于 20 mm,裂缝长度不得大于 1/2 桩宽;预应力混凝土桩不得有裂缝。

②桩的表面出现蜂窝麻面时,其深度不得大于 5 mm,每面的蜂窝面积不得超过该面总面积的 0.5%。

③有棱角的桩,棱角破损深度应在 5 mm 以内,且每 10 m 长的边棱角上只能有一处破损,在一根桩边棱破损的总长度不得大于 500 mm。

④预制桩出场前应进行检验,出场时应具备出场合格检验记录。

表 4.11　法兰盘的允许偏差

项目	允许偏差/mm
法兰盘顶面任意两点高差	≤2
螺栓孔中心对法兰盘中心径向偏差	±0.5
法兰盘相邻两孔间距偏差	±0.5
法兰盘任意不相邻两孔间距偏差	≤1

3.先张法预应力混凝土管桩和钢管桩

先张法预应力混凝土管桩的制作应符合《先张法预应力混凝土管桩》(GB/T 13476—2023)的规定;后张法预应力混凝土大直径管桩的制作应符合《码头结构施工规范》(JTS 215—2018)的规定。用于水上沉设的大直径管桩宜在预制场内按设计桩长拼接成整根长桩。

钢管桩的制作应符合下列规定:

①钢管桩应有出厂合格证明和质量检验报告。钢管桩的分节长度应满足桩架的有效高度、制作场地条件、运输与装卸能力等要求。

②钢管桩可采用成品钢管或自制钢管,焊接钢管的制作工艺应符合相应标准规范的规定。对于焊接钢管的管节制作,管端平整度应不超过 2 mm,管端平面倾斜度应小于 1%。对于管节的对口拼装,当管径小于或等于 700 mm 时,其相邻管节管径的允许偏差应小于或等于 2 mm;管径大于 700 mm 时,其相邻管节管径的允许偏差应小于或等于 3 mm;板边高差应符合表4.12 的规定。相邻管节的竖向焊缝应错开 1/8 周长以上。

③钢管桩的防腐处理应符合设计要求及《公路桥梁钢结构防腐涂装技术条件》(JT/T 722—2023)的规定。

表 4.12　相邻管节对口板边的允许偏差

板厚 δ/mm	相邻管节对口的板边高差 Δ/mm
$\delta \leq 10$	<1.0
$10 < \delta \leq 20$	<2.0
$\delta > 20$	$<\delta/10$,且不大于 3

钢管桩的焊接应符合下列规定:

①焊接前,应将焊缝上下 30 mm 范围内的铁锈、油污、水气和杂物清除干净,并应将焊丝、焊条和焊剂烘干。

②管节拼接所用的辅助工具(如夹具等)不应妨碍管节焊接时的自由伸缩。

③焊接定位点和施焊应对称进行。露天焊接时,应考虑由于阳光照射所造成的桩身弯曲。环境温度低于−10 ℃时,不宜焊接。

④钢管桩应采用多层焊,焊完每层焊缝后,应及时清除焊渣,并做外观检查;每一层焊缝应错开。

⑤焊缝的探伤检验应满足 Ⅱ 级要求,焊缝外观的允许偏差应符合表 4.13 的规定。

表 4.13　焊缝外观的允许偏差

缺陷名称	允许偏差
咬边	深度不超过 0.5 mm,累计总长度不超过焊缝长度的 10%
超高	3 mm
表面裂缝、未熔合、未焊透	不允许
弧坑、表面气孔、夹渣	不允许

三、桩的吊运、存放和运输

预制的钢筋混凝土桩由预制场地吊运到桩架内,在起吊、运输、堆放时,都应该在吊点位置起吊(一般吊点在桩内预埋直径为 20～25 mm 的钢筋吊环,或以油漆在桩身标明)。否则,桩身受力情况恶化,可能引起桩身混凝土开裂。

对于较长的桩,为了减小内力、节省钢材,有时采用多点起吊。应根据施工的实际情况,考虑桩受力的全过程、合理布置吊点位置,并确定吊点上作用力的大小与方向,然后计算桩身内力与配筋,或验算其吊运时的强度。

1. 钢筋混凝土桩和预应力混凝土桩

钢筋混凝土桩和预应力混凝土桩的吊运、存放和运输应符合下列规定:

①桩在厂(场)内吊运时,桩身混凝土强度应符合设计规定,否则应经验算,确认不会对桩身混凝土产生损伤时方可进行。吊桩时,吊点处应采取适当措施进行保护,避免绳扣或桩角损伤。

②桩的存放场地应平整、坚实,不应有不均匀沉降,且场地应有防排水设施。堆放时,应设置垫木,支垫位置宜按设计吊点位置确定,其偏差宜不超过 200 mm;多层堆放时,各层垫木应位于同一垂直面上,且层数宜不超过 3 层。

③桩在运输时,应采用多支垫堆放,垫木应均匀放置且其顶面应在同一平面上;桩的堆放形式应使装载工具在装卸和运输过程中保持平稳。采用驳船装运时,对桩体应采取加撑和系绑等措施,防止在风浪的影响下发生倾斜;对于管桩,应采用特殊支架进行固定,防止其滚动和坠落。

2. 钢管桩

钢管桩的吊运、存放和运输应符合下列规定:

①钢管桩应按不同规格分别堆放,堆放的形式和层数应安全可靠,并应避免产生纵向变形和局部压曲变形;长期存放时,应采取防腐蚀等保护措施。

②钢管桩在运输时,宜放置在半圆形专用支架上,必要时应采用缆索紧固;采用船舶装运多根不同规格的桩时,应考虑沉桩顺序的要求。

③钢管桩在吊运、存放和运输过程中,应采取适当措施,防止对其产生碰撞或摩擦而导致防腐涂料破损、管身变形和其他损伤。

四、试桩与桩基承载力

沉桩施工前,应施工试桩,确定沉桩的施工工艺、技术参数、检验桩的承载力。其主要作用如下:

①提供桩-土体系工作机理,确定合适桩长、桩尖进入持力层的深度、最终贯入度。

②了解采用的沉桩工艺及配套的沉桩机具是否合适。

试桩附近应有钻探勘察资料,试桩的规格应与工程桩一致,所用船机应与正式施工时相同。

特大桥和地质复杂的大、中桥,宜采用静压试验确定单桩承载力;一般大、中桥的试桩,可采用静载试验法,在条件适宜时,亦可采用可靠的动力检测法;锤击沉入的中、小桥试桩,在缺乏前述试验条件时,可结合具体情况,选用适当的动力公式计算单桩承载力。当单桩承载力不能满足设计要求时,应会同监理和设计单位研究处理。

五、沉桩

1. 沉桩要求

①沉桩前,应在陆域或水域建立平面测量与高程测量控制网,桩基轴线的测量定位点应设置在不受沉桩作业影响处;应根据桩的类型、地质条件、水文条件及施工环境等确定沉桩的方法和机具,并应对地上和地下的障碍物进行妥善处理。

②在一定范围内沉入较多的桩时,桩会将土体挤紧或使土体上拱,导致后期沉桩难度加大,甚至难以下沉。沉桩顺序宜由一端向另一端进行。当基础尺寸较大时,宜由中间向两端或四周进行;长桩先沉入;在斜坡地带,应先沉坡顶的桩。沉桩过程中,应始终保持锤、桩帽和桩身在同一轴线上。

③桩的连接应符合下列规定:

a. 在同一墩、台的桩基中,同一水平面内的桩接头数不得超过基桩总数的1/4,但采用法兰盘按等强度设计的接头,可不受此限制。

b. 接桩时,应保持各节桩的轴线在同一竖直线上。

c. 接桩可采用焊接或法兰盘连接。当采用焊接连接时,焊接应牢固,位置应准确;采用法兰盘接桩时,法兰盘的结合处应密贴,法兰螺栓应对称逐个拧紧,并加设弹簧垫圈或加焊;锤击时,应采取有效措施防止螺栓松动。

2. 锤击沉桩

锤击沉桩施工应符合下列规定:

①预制钢筋混凝土桩和预应力混凝土桩在锤击沉桩前,桩身混凝土强度应达到设计要求。

②桩锤的选择宜根据地质条件、桩身结构强度、单桩承载力、锤的性能并结合试桩情况确定,且宜选用液压锤和柴油锤。其他辅助装备应与所选用的桩锤相匹配。

③开始沉桩时,宜采用较低落距,且桩锤、送桩与桩宜保持在同一轴线上;在锤击过程中,应采用重锤低击。

④沉桩过程中,若遇到贯入度剧变,桩身突然发生倾斜、移位或有严重回弹,桩顶出现严重裂缝、破碎,桩身开裂等情况时,应暂停沉桩,查明原因,采取有效措施后方可继续沉桩。

⑤锤击沉桩应考虑锤击振动对其他新浇筑混凝土结构物的影响。当结构物混凝土强度未达到 5 MPa 时,距结构物 30 m 范围内,不得进行沉桩;锤击能量超过 280 kN·m 时,应适当加大沉桩处与结构物的距离。

⑥锤击沉桩控制,应根据地质情况、设计承载力、锤型、桩型和桩长综合考虑,并应符合下列规定:

a. 设计桩尖土层为一般黏性土时,应以高程控制。桩沉入后,桩顶高程的允许偏差为 100 mm。

b. 设计桩尖土层为砾石、密实砂土或风化岩时,应以贯入度控制。当沉桩贯入度已达控制贯入度,而桩端未达到设计高程时,应继续锤击贯入 100 mm 或锤击 30~50 击,其平均贯入度应不大于控制贯入度,且桩端距设计高程宜不超过 1~3 m(硬土层顶面高程相差不大时,取小值）。超过前述规定时,应会同监理和设计单位研究处理。

c.设计桩尖土层为硬塑状黏性土或粉细砂时,应以高程控制为主,贯入度作为校核。当桩尖已达到设计高程而贯入度仍较大时,应继续锤击使其贯入度接近控制贯入度,但继续下沉时,应考虑施工水位的影响。

⑦对出现"假极限""吸入""上浮"现象的桩,应进行复打。

在饱和的细、中、粗砂中连续沉桩时,易使流动的砂紧密挤实于桩的周围,阻碍了水沿桩上升,在桩尖处形成水压很大的"水垫",使桩产生暂时的极大贯入阻力,休止一定时间之后贯入阻力降低,这种现象称为桩的"假极限"。在黏性土中连续沉桩时,由于土的渗透系数小,桩周围水不能渗透扩散,桩周围形成润滑套,使桩周围摩阻力大为减小,但休止一定时间后,桩周围的水消散,摩阻力逐渐恢复,这种现象称为"吸入"。桩的上浮有两种情况:被锤击的桩上浮和附近的桩上浮。对于前者,如使用桩锤时,一般将桩锤停留在桩头时间长一些;当用柴油锤时,如为空心管桩,桩尖不要封闭,将桩内土排除,能减少桩的上浮。锤击沉桩出现上述情况时,均需要复打,以确定桩的实际承载力。

3.振动沉桩

振动沉桩施工应符合下列规定:

①振动沉桩在选锤或换锤时,应验算振动上拔力对桩身结构的影响。振动沉桩机、机座、桩帽应连接牢固,与桩的中心轴线应保持在同一直线上。

②开始沉桩时,宜利用桩自重下沉或射水下沉,待桩身入土达一定深度确认稳定后,再采用振动下沉。每一根桩的沉桩作业,宜一次完成,不宜中途停顿过久,避免土阻力恢复、沉桩困难。

③振动沉桩时,应以设计规定的或通过试桩验证的桩尖高程控制为主,以最终贯入度(mm/min)作为校核。当桩尖已达到设计高程,而与最终的贯入度相差较大时,应查明原因,会同监理和设计单位研究处理。

4.射水沉桩

射水沉桩施工应符合下列规定:

①在砂类、碎石类土层中,锤击沉桩困难时,可采用射水锤击沉桩,以射水为主,锤击配合;在黏性土、粉土中采用射水锤击沉桩时,应以锤击为主,射水配合;在湿陷性黄土中采用射水沉桩时,应按设计要求进行。

②射水锤击沉桩时,应根据土质情况随时调节射水压力,控制沉桩速度。当桩尖接近设计高程时,应停止射水,改用锤击,保证桩的承载力。停止射水的桩尖高程,可根据沉桩试验确定的数据及施工情况决定。当缺乏资料时,距设计高程不得小于2 m。

③钢筋混凝土桩或预应力混凝土桩采用射水配合锤击沉桩时,宜采用较低落距锤击。

④采用中心射水法沉桩时,应在桩垫和桩帽上留有排水通道;采用侧面射水法沉桩时,射水管应对称设置。

⑤采用射水锤击沉桩后,应及时与邻桩或稳定结构夹紧固定,防止桩倾斜位移。

5.水上沉桩

水上沉桩施工应符合下列规定:

①水上沉桩应根据地形、水深、风向、水流和船舶性能等具体情况,充分利用有利条件,使

沉桩施工正常进行。沉桩应根据水上施工的特点采取有效措施,保证作业安全。

②在浅水中沉桩,可采用设置筑岛围堰或固定平台等方法施工;在深水或有潮汐影响的水域沉桩,宜采用打桩船施打,在宽阔水域宜采用具有卫星测量定位功能的打桩船;在风浪条件恶劣的深水水域,宜采用自升式平台施工。

③沉桩应设置导向设施,防止桩发生偏移或倾倒。若桩的自由长度较大,应适当增设支点。

④采用固定平台沉桩施工应符合锤击成桩、振动沉桩和射水沉桩施工的相关规定;采用打桩船沉桩可按《码头结构施工规范》(JTS 215—2018)的规定执行。

⑤已沉好的水中桩,应及时采用钢制杆件夹桩,将相邻桩连成一体加以防护,并应在水面设置标志。严禁在已沉好的桩上系缆。

6. 钢管桩沉桩

钢管桩沉桩施工应符合下列规定:

①钢管桩锤击沉桩时,锤的选择除应符合锤击沉桩的相关规定外,尚应考虑钢管桩桩尖形式的影响因素。沉入封闭式桩尖的钢管桩时,应采取必要措施防止其上浮;在砂土中沉入开口或半封闭桩尖的钢管桩时,应防止管涌。

②环境温度在-10 ℃以下时,应暂停钢管桩锤击沉桩和焊接接桩施工。

③钢管桩在水上接桩应避免接桩时间过长。沉桩平台或打桩船应保持平稳,上、下节钢管桩应保持在同一轴线上;焊接工作平台应牢固,并应避免受潮水及波浪的影响,对称焊接。沉桩锤击后,如有变形和破损,接桩前应将变形和破损的部分割除,并采用砂轮机磨平。

7. 沉桩过程中常遇到的问题

沉桩过程中,要注意观察,凡发生贯入度突变、桩身突然倾斜、锤击时桩锤严重回弹、桩顶或桩身出现严重裂缝或破碎等情况时,应暂停施工,及时研究处理。沉桩施工中常遇到的问题如下:

①桩顶、桩身被打坏。当桩头钢筋设置不合理、桩顶与桩轴线不垂直、混凝土强度不足、桩尖通过坚硬土层、锤的落距过大、桩锤过轻时,容易出现此类问题。

②桩位偏斜。当桩顶不平、桩尖偏心、接桩不正、土中有障碍物时,容易发生桩位偏斜。

③桩难以打入。若桩锤严重回弹、贯入度突然变小,则可能与土层中夹有较厚砂层或其他硬土层以及钢渣、孤石等障碍物有关。当桩顶或桩身已被打坏,锤的冲击能难以有效传给桩时,也会发生桩难以打入的现象。

学 以致用

某铁路工程部分地段地基采用管桩加固。地基加固管桩共 21 427 根,设计管桩型为 PHC-AB-400(95),桩径为 40 cm,壁厚为 9.5 cm,按正方形布置,间距为 2.4 m,桩长 12、20、25、33、35 m。根据地质情况,现场采用静压法施工。

1. 管桩施工工艺

(1)施工准备

施工临时便道由机场路引入,便道宽度为 4.5 m。施工用电从就近的变压器接入,并在施工现场配一台备用发电机。堆放场地设置在机场路以南邻近试桩处,并清理临时堆放场地后压实平整,满足管桩堆放条件。

施工前进行场地平整,清除地表种植土、垃圾土等。表层清基后进行碾压,在地基表层不小于 0.5 m 的深度范围内压实系数 K 为 0.95,达到要求后进行管桩施工。

(2)测量放线

清表完成后,利用轴线控制网,用全站仪测放出线路的中线、坡脚线。根据管桩平面布置图,放出每根桩的施工桩位。定桩位时,采用短钉、短钢筋钉入或涂红漆定位,然后沿桩轴线用白灰粉撒成网格状以便施工时核查桩位,并向现场施工管理人员交底保护。桩位测放时,应分批分段放样,不宜放得太多或全部放出,以免施工时挤压偏位。桩位放好后,用 5 m 钢卷尺按图纸复核相邻桩位间距,控制桩位偏差≤1 cm。

(3)桩机就位

桩机就位,调整机座水平,然后按管桩规格尺寸,以桩位为中心,用白灰画一个与管外径相等的圆。桩管对中时,管外径应与圆边框线重合。

在桩机周围可通视安全处(一般距桩机 15 m 左右),呈直角方位分别设置两台经纬仪,测量桩管的垂直度。应在机座前方吊挂线锤,注意观察桩管下压时是否出现遇障碍物挤偏等异常情况。

(4)吊桩

起吊前,管桩上用红油漆划分刻度尺,便于控制桩体沉入度。吊桩宜两点缓慢起吊,待整根桩离开地面后,落下一端,继续起吊另一端直至桩完全垂直,再慢慢送至桩机中心抱压器内。

管桩起吊就位依靠液压及自重使桩沉入土中,检查桩位及桩身垂直度偏差。桩位纵横偏差:中间桩不大于 $d/4$,起吊就位插入地面的垂直度偏差不得大于 1%。采用经纬仪在正交两个方向观测校正。

(5)管桩静压

第一节桩的垂直度严格控制,偏差不超过 0.5%。如果超差,必须及时调整,但须保证桩身不开裂。必要时,可慢慢拔出重插,绝不允许用强拔的方式进行快速纠偏,否则易将桩身拉裂、折断。

压桩过程中,严格控制压桩速度,以减小地基土中超孔隙水压力的增长速率,防止对周围土体及相邻桩产生严重挤压,造成土体隆起,致使邻桩产生偏移。

原则上,每根桩应一次压送到位。若遇特殊情况须停顿时,亦应尽量缩短停顿时间,以防土体密实、固结而增大瞬时压桩力。

压桩时,通过调整单节桩的长度,以满足桩接头埋深位置,同时避免接头在同一截面上。

(6)接桩

①接桩就位时,其入土部分桩段的桩头高出地面 1.0 m 左右。接桩时,上下节桩段应保持顺直,中心线偏差不大于 2 mm。桩管法兰盘端板应平整,坡口上的浮锈及污物应清除干净,直至露出金属光泽。若法兰盘对正后间隙较大,可用铁片填实焊牢。

②焊接采用二氧化碳保护焊,先检查确认管桩接头是否合格,再分层焊接,焊接层数不得少于 3 层;内层焊渣必须清理干净后,方可施焊外一层,焊缝应饱满、连续。

③焊接好的桩接头应自然冷却后再施工,严禁用冷水降温和焊好即打,待自然冷却后,接头处全部涂上沥青漆,防止腐蚀。

④正常压桩情况下,按设计压力的 1.3~1.5 倍送桩,达到设计深度后持荷 10 min,且每分钟沉降量不超过 2 mm 方可停止送桩。PHC 桩施工完毕后,若高出地面,应注意保护,严

防机械碰撞。机械挖土时,严格控制铲斗入土深度,防止碰撞而导致桩头破损。

在同一地段,若出现静压力显著增加或送桩时静压力显著减小、桩身突然倾斜跑位、压桩不到位等异常情况,应停止打桩并及时查明原因,做好相关数据记录。

⑤焊接完成并自检合格后,及时通报监理工程师验收,经监理工程师同意后方可续压。

(7)管桩垂直度、桩顶标高检查及控制措施

①垂直度检查及控制措施。在静压管桩过程中,管桩上部采用两台经纬仪检查沉桩垂直度。在沉桩停歇时,采用水准尺检查管桩垂直度。在沉桩过程中,如发现垂直度超出1%时,及时通知桩机操作手调整管桩垂直度。

②桩顶标高检查及控制措施。试桩前,精密复核整体水准标高,在试桩区域外布设永久性水准点。在管桩沉桩过程中,采用水准仪对桩顶标高进行测量控制。压桩接近设计标高时,减小沉桩速度,确保桩顶标高偏差在要求范围内。

2. 施工控制要点

(1)管桩的堆放、起吊和运输

①管桩堆放场地必须平整、坚实,堆放层数不宜超过4层;堆放桩的支承垫木位置,采用两点支承时,应分别设在距两端桩长的21%处;采用三点支承时,在距两端15%桩长及中点处用垫木支承。每层垫木必须保持在同一平面上,各层间垫木应在同一垂直线上。

②桩的混凝土应达到吊运要求强度,且不低于设计强度的70%后方可吊运,达到设计强度后方可用于施工。

③起吊时,应平稳提升,使各吊点同时受力;采用一个吊点吊桩时,吊点应设在距桩上端30%桩长处;在起吊中,应用钢丝绳捆绑并控制桩的下端。

④桩在起吊、搬运和堆码时,应防止冲撞和产生附加弯矩。

(2)管桩垂直度控制

①管桩起吊就位的垂直度偏差不得大于1%。

②压桩时,若桩身倾斜度超过1%,应找出原因并设法及时纠正。桩尖进入硬土层后,严禁用移动桩架等强行回扳的方法纠偏,必要时拔桩重打。

技能训练

根据国家规范、标准，掌握沉入桩的施工工艺、施工要点及质量检测标准，完成表4.14。

表4.14　沉入桩施工

任务描述	某市迎宾大桥采用沉入桩基础，承台平面尺寸为5 m×30 m。布置145根桩，为群桩形式；顺桥方向5排，桩中心距为0.8 m；横桥方向29排，桩中心距为1 m。设计桩长15 m，分两节预制，采用法兰盘等强度接头。由专业队伍打桩作业，施工组织设计编制和审批中出现了下列事项： ①鉴于现场条件，预制桩节长度分为4种。其中，72根上节长7 m、下节长8 m(带桩靴)，73根上节长8 m、下节长7 m。 ②为挤密桩间土，增加桩与土体的摩擦力，打桩顺序定为四周向中心打。 ③为防止桩顶或桩身出现裂缝、破碎，决定以贯入度为主控制。
任务实施	分述上述方案和做法是否符合规范的规定。若不符合，请说明理由。 在沉桩过程中，遇到哪些情况应暂停沉桩？分析原因，采取有效措施。 在沉桩过程中，如何妥善掌握控制桩桩尖标高与贯入度的关系？

知识检测

1.下列关于沉入桩沉桩方式及设备选择的说法，错误的是(　　)。

　A.锤击沉桩宜用于砂类土、黏性土

　B.静力压桩宜用于软黏土、淤泥质土

　C.振动沉桩宜用于黏土、砂土、碎石土且河床覆土较厚的情况

　D.重要建筑物附近不宜采用射水沉桩

2.不宜采用射水辅助沉桩施工的土层是(　　)。

　A.砂土层　　　　　B.碎石土层　　　　　C.黏性土层　　　　　D.砂砾土层

3.应通过试桩或做沉桩试验后会同监理及设计单位研究确定的沉入桩指标是(　　)。

　A.贯入度　　　　　B.桩端标高　　　　　C.桩身强度　　　　　D.承载能力

4.钢筋混凝土预制桩应在桩身混凝土强度达到(　　)设计强度标准值时才能打桩。

A. 70% B. 80% C. 90% D. 100%

5. 施工时无噪声、无振动,对周围环境干扰小,适合在城市中施工的是( )。

    A. 锤击沉桩 B. 振动沉桩 C. 射水沉桩 D. 静力压桩

6. 静力压桩法沉桩过程中,要认真记录桩入土深度和下列哪项的关系? ( )

    A. 贯入度 B. 标高 C. 垂直度 D. 压力表读数

7. 用振动打桩机(振动桩锤)将桩打入土中的施工方法为( )。

    A. 锤击沉桩法 B. 振动沉桩法 C. 射水沉桩法 D. 静力压桩法

8. 用液压千斤顶或桩头加重物以施加顶进力将桩压入土层中的施工方法为( )。

    A. 锤击沉桩法 B. 振动沉桩法 C. 射水沉桩法 D. 静力压桩法

9. (多选题)沉入桩的施工方法主要有( )。

    A. 锤击沉桩 B. 振动沉桩 C. 射水沉桩 D. 自动沉桩

    E. 静力压桩

10. (多选题)关于沉入桩施工技术要点,正确的有( )。

    A. 沉桩时,桩锤、桩帽或送桩帽应和桩身在同一中心线上

    B. 桩身垂直度偏差不得超过1%

    C. 接桩可采用焊接、法兰连接或机械连接

    D. 终止锤击应以控制贯入度为主,桩端设计标高为辅

    E. 沉桩过程中,应加强对邻近建筑物、地下管线等的观测、监护

项目五　沉井基础

项目导入

　　随着桥梁向大跨、轻型、高强、整体方向发展,桥梁基础的结构形式正出现日新月异的变化。许多大型桥梁都需要修建深基础。深基础的种类有很多,除桩基外,墩基、沉井和地下连续墙都属于深基础。

学习目标

能力目标

◇具有对沉井施工过程进行质量控制的能力。

◇具有针对沉井施工中出现的问题编写预案的能力。

知识目标

◇掌握沉井基础的形式和使用范围;掌握各类沉井的特点和各部分构造作用。

◇熟悉陆地沉井和水中沉井的施工步骤;掌握沉井施工中的问题及处理措施。

◇了解沉井设计内容、基岩和非基岩上沉井计算的内容和方法;熟悉沉井验算内容;了解相关计算原理。

素质目标

◇通过沉井基础的认知及施工,养成具有专业知识和技能、安全意识及操作规范的职业素养。

任务一　沉井基础认知

任务描述

作为深基础的一种类型,沉井基础主要用于大型桥梁的基础施工,适用于水中施工、淤泥等软土环境。基坑围护结构可以作为运营阶段的基础结构使用,具有独特优点。为使沉井基础在施工阶段挡土、阻水,在使用阶段承担上部结构荷载,沉井基础的结构形式根据地质条件、荷载大小、桥墩形状等发展出不同的类型。

理论知识

一、沉井基础的概念和适用条件

沉井是一种带刃脚的井筒状构筑物。它是以井内挖土,依靠自身重力克服井壁摩阻力下沉到设计标高,然后经过混凝土封底并填塞井孔,使其成为桥梁墩台或其他构筑物基础的一种深基础形式,如图 5.1 所示。

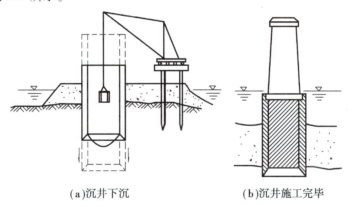

（a）沉井下沉　　　　（b）沉井施工完毕

图 5.1　沉井基础示意图

沉井基础

沉井作为深基础的一种,其特点如下:

①埋置深度较大,整体性强、稳定性好,有较大的承载面积,能承受较大的竖直荷载和水平荷载。

②沉井既是基础,又是施工时的挡土和挡水围堰结构物,施工工艺并不复杂,因此在深基础或地下结构中应用较为广泛,如桥梁墩台基础、地下泵房、水池、油库、矿用竖井、大型设备基础、高层和超高层建筑物基础等,但沉井施工期较长。

③对于粉、细砂类土,在井内抽水易发生流砂现象,造成沉井倾斜。

④沉井下沉过程中遇到的大孤石、树干或井底岩层表面倾斜过大,均会给施工带来一定困难。

下列情况下,宜采用沉井基础:

①上部荷载较大,表层地基土的容许承载力不足,在一定深度下有硬土层。

②山区河流中,冲刷大,或河中有较大卵石不便于桩基础施工。

③河水较深,采用扩大基础施工围堰有困难时。

二、沉井的类型

1.按沉井平面形状分类

沉井常用的平面形状有圆形、圆端形和矩形等。根据井孔的布置方式,又有单孔、双孔及多孔沉井,如图5.2所示。

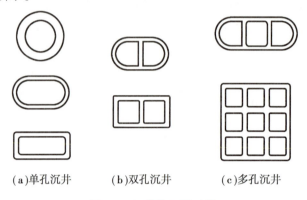

(a)单孔沉井 (b)双孔沉井 (c)多孔沉井

图 5.2 沉井的平面形状

①圆形沉井在下沉过程中易于控制方向;当采用抓泥斗挖土时,比其他沉井更能保证其刃脚均匀地支承在土层上;在侧压力作用下,井壁仅受轴向应力作用,即使侧压力分布不均匀,弯曲应力也不大,能充分利用混凝土抗压强度大的特点;多用于斜交桥或水流方向不定的桥墩基础。

②矩形沉井具有制造简单、基础受力有利的优点,常能配合墩台(或其他结构物)底部平面形状。其四角一般做成圆角,可有效改善转角处的受力条件,减小应力集中,以降低井壁摩阻力和避免取土清孔困难。矩形沉井在侧压力作用下,井壁承受较大的挠曲力矩;在流水中阻水系数较大,冲刷较严重。

③圆端形沉井控制下沉、受力条件、阻水冲刷均较矩形者有利,但沉井制造较复杂。对于平面尺寸较大的沉井,可在沉井中设置隔墙,使沉井由单孔变成双孔或多孔。

2.按制造沉井的材料分类

(1)素混凝土沉井

素混凝土沉井的抗压强度高,抗拉能力低,因此宜做成圆形,并适用于下沉深度不大于4~7 m的软土层中。

(2)钢筋混凝土沉井

钢筋混凝土沉井的抗拉及抗压能力较好,下沉深度可以很大(达数十米以上),可做成重型或薄壁就地制造下沉的沉井,也可做成薄壁浮运沉井及钢丝网混凝土沉井等,工程中应用最广。此外,钢筋混凝土沉井井壁隔墙可分段(块)预制,工地拼接,做成装配式。

(3)砖石沉井

砖石沉井适用于较浅的小型沉井,或临时性沉井。例如,房屋纠倾工作井可用砖砌沉井,深度为 4～5 m。

（4）竹筋混凝土沉井

沉井承受拉应主要在下沉阶段。我国南方盛产竹材,因此可就地取材,采用耐久性差但抗拉好的竹筋代替部分钢筋,做成竹筋混凝土沉井,但在沉井分节接头处及刃脚内仍采用钢筋。例如,南昌赣江大桥等曾采用这种沉井。

（5）钢沉井

钢沉井由钢材制作,其强度高、质量轻、易于拼装,但用钢量大,适于制造空心浮运沉井。

另外,根据工程条件也可选用木沉井和砌石圬工沉井等。

3. 按沉井的立面形状分类

沉井的立面形状主要有柱形、锥形及阶梯形等,如图 5.3 所示。采用何种形式,应视沉井下沉需要通过的土层性质和下沉深度而定。

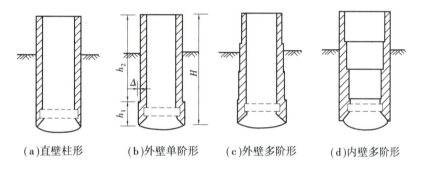

　(a)直壁柱形　　　(b)外壁单阶形　　　(c)外壁多阶形　　　(d)内壁多阶形

图 5.3　沉井剖面示意图

（1）柱形沉井

柱形沉井受土体约束较均衡,在下沉过程中不易倾斜,井壁接长较简单,模板可重复使用;侧阻力较大,当土体密实、下沉深度较大时,易出现下部悬空;适用于入土不深或土质较松软的情况。

（2）锥形沉井

锥形沉井可以减小土与井壁的摩阻力,缺点是预制较复杂,消耗模板多,同时沉井下沉过程中容易发生倾斜。在土质较密实、沉井下沉深度大,要求在不增加沉井本身自重的情况下沉至设计标高,可采用锥形沉井。锥形沉井井壁坡度一般为 1：20～1：40。但锥形沉井具有下沉不稳定、制造困难等缺点,故较少使用。

（3）阶梯式沉井

阶梯式沉井台阶宽度为 100～200 mm。鉴于沉井所承受的土压力与水压力均随深度而增大,为了合理利用材料,可将沉井的井壁随深度分为几段,做成阶梯形。下部井壁厚度大,上部井壁厚度小,可以减小沉井外壁所受的摩阻力,有利于下沉。

4. 按施工方法分类

（1）一般沉井

一般沉井就地制造下沉,是在基础设计的位置上制造,然后挖土,依靠沉井自重下沉。如基础位置在水中,需先在水中筑岛,再在岛上筑井下沉。

（2）浮式沉井

在深水地区筑岛有困难或不经济，或有碍通航，当河流流速不大时，可采用岸边浇筑浮运就位下沉的方法。浮式沉井又称为浮运沉井。

三、沉井基础的构造

1. 沉井的轮廓尺寸

沉井的平面形状常取决于结构物底部的形状。对于矩形沉井，为保证下沉的稳定性，沉井的长短边之比不宜大于3。若结构物的长宽比较接近，可采用方形或圆形沉井。沉井顶面尺寸为结构物底部尺寸加襟边宽度。襟边宽度不宜小于0.2 m，且大于沉井全高的1/50，浮运沉井不小于0.4 m。如沉井顶面需设置围堰，其襟边宽度根据围堰构造还需加大。结构物边缘应尽可能支承于井壁上或顶板支承面上，对井孔内部以混凝土填实的空心沉井不允许结构物边缘全部置于井孔位置上。沉井顶部需设置围堰时，其襟边宽度应满足安装墩台模板的需要。

沉井的入土深度需根据上部结构、水文地质条件及各土层的承载力等确定。入土深度较大的沉井应分节制造和下沉，每节高度不宜大于5 m；当底节沉井在松软土层中下沉时，还不应大于沉井宽度的80%；若底节沉井高度过高，沉井过重，将给制模、筑岛时岛面处理、抽除垫木下沉等带来困难。

2. 沉井的一般构造

沉井一般由井壁、刃脚、隔墙、井孔、凹槽、封底和顶板等组成，如图5.4所示。有时，井壁中还预埋有射水管等其他部分。

（1）井壁

沉井的外壁是沉井的主体部分，在沉井下沉过程中起挡土、挡水及利用本身自重克服土与井壁间摩阻力下沉的作用。当沉井施工完毕后，就成为传递上部荷载的基础或基础的一部分。因此，井壁必须具有足够的强度和一定的厚度，并根据施工过程中的受力情况配置竖向及水平向钢筋。一般壁厚为0.80~1.50 m，最薄不宜小于0.4m，但钢筋混凝土薄壁浮运沉井及钢模薄壁浮运沉井的壁厚不受此限。混凝土强度等级不低于C25。

对于薄壁沉井，应采用触变泥浆润滑套、壁外喷射高压空气等措施，以降低沉井下沉时的摩阻力，达到减小井壁厚度的目的。但对于这种薄壁沉井的抗浮问题，应谨慎核算，并采取适当、有效的措施。

（2）刃脚

刃脚是指井壁下端形如楔状的部分，其作用是利于沉井切土下沉。刃脚底面（踏面）宽度一般为10~20 cm，软土可适当放宽。若下沉深度大、土质较硬，刃脚底面应以型钢（角钢或槽钢）加强（图5.5），以防刃脚损坏。刃脚内侧斜面与水平面夹角不宜小于45°，以减小下沉阻力。刃脚高度视井壁厚度、便于抽除垫木确定，一般大于1.0 m，混凝土强度等级不应低于C25。当沉井需要下沉至稍有倾斜的岩面上时，在掌握岩层高低差变化的情况下，可将刃脚做成与岩面倾斜度相适应的高低刃脚。

（3）隔墙

隔墙是指沉井的内壁，其作用是将沉井空腔分隔成多个井孔，便于控制挖土下沉，防止或纠正倾斜和偏移，并加强沉井刚度，减小井壁挠曲应力。隔墙厚度一般小于井壁，为0.5~1.0

m。隔墙底面应高出刃脚底面0.5 m以上，避免被土搁住而妨碍下沉。如为人工挖土，还应在隔墙下端设置过人孔，以便工作人员由过人孔相互往来。对于薄壁浮运沉井，隔墙混凝土强度等级不低于C25。

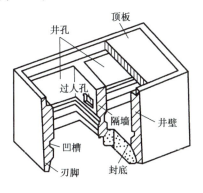

图5.4　沉井的一般构造

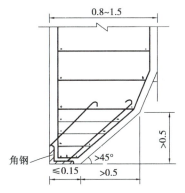

图5.5　刃脚构造(单位:m)

（4）井孔

沉井内设置的内隔墙或纵横隔墙或纵横框架形成的格子空间称为井孔，井孔为挖土、排土的工作场所和通道。其尺寸应满足施工要求，最小边长不宜小于2.5 m，且不应大于5～6 m。井孔应对称布置，以便对称挖土，保证沉井均匀下沉。

（5）凹槽

凹槽位于刃脚内侧上方，用于沉井封底时使井壁与封底混凝土较好地结合，使封底混凝土底面反力更好地传给井壁。凹槽底面一般距刃脚踏面2.5 m左右。槽高约1.0 m，接近于封底混凝土的厚度，以保证封底工作顺利进行。凹入深度为150～250 mm。

（6）射水管

当沉井下沉深度大，穿过的土质又较好，估计下沉会产生困难时，可在井壁中预埋射水管组。射水管应均匀布置，以便于控制水压和水量来调整下沉方向，一般不小于600 kPa。如使用触变泥浆润滑套施工时，应有预埋的压射泥浆管路。

（7）封底

当沉井下沉到设计标高，经过技术检验并对井底清理整平后即可封底，以防止地下水渗入井内。为使封底混凝土和底板与井壁间有更好的连接，以传递基底反力，使沉井成为空间结构受力体系，常在刃脚上方井壁内侧预留凹槽，以便在该处浇筑钢筋混凝土底板及井内结构。凹槽的高度应根据底板厚度确定，主要为传递底板反力而采取的构造措施。封底混凝土顶面应高出凹槽0.5 m，以保证封底工作顺利进行。封底混凝土厚度由计算确定，但其顶面应高出刃脚根部(即刃脚斜面的顶点处)不小于0.5 m。对于混凝土强度等级，非岩石地基不应低于C25，岩石地基不应低于C20。

（8）顶板

沉井封底后，若条件允许，为节省圬工量，减轻基础自重，在井孔内可不填充任何东西，做成空心沉井基础，或仅填以砂石。此时，须在井顶设置钢筋混凝土顶板，以承托上部结构的全部荷载。顶板厚度一般为1.5～2.0 m，钢筋配置经计算确定。

（9）沉井填料

沉井填料可采用混凝土、片石混凝土或浆砌片石；在无冰冻地区，亦可采用粗砂和砂砾填料。空心沉井应分析受力和稳定的要求。粗砂、砂砾填芯沉井和空心沉井的顶面均须设置钢筋混凝土盖板，盖板厚度通过计算确定。

五峰山长江大桥深基础

学以致用

五峰山长江特大桥位于泰州长江大桥和润扬长江大桥之间，其北岸位于江苏省镇江市丹徒区高桥镇，南岸位于镇江市新区五峰山脚下，是连镇铁路和京沪高速公路南延的关键控制性工程。大桥全长 6 409 m，主跨为 1 092 m，采用单跨悬吊钢桁梁悬索结构，上层为八车道高速公路，设计时速为 100 km/h；下层为四线高速铁路，设计时速为 250 km/h。

大桥北岸锚碇采用大型沉井基础，于 2017 年 11 月 10 日成功下沉到位。该沉井长 100.7 m，宽 72.1 m，高 56 m，面积超过一个标准足球场，是当时世界上最大面积的桥梁沉井基础。建成后的北锚碇质量达 133 万 t，相当于 186 座法国巴黎埃菲尔铁塔的质量，体积相当于 13 艘世界上最大航空母舰满载排水量之和，不论从体积还是质量，都是名副其实的"世界第一井"。

随着中国式现代化强国建设不断推进，我国岩土工程专家脚踏实地，依靠广大工程建设者顽强斗争、团结协作、不畏困难、勇攀高峰的精神，逐个克服建设困难，不断创造技术进步新高度。

技能训练

徐州经开区毛庄污水处理厂位于 X202（紫房路）西侧，S344 省道南侧 600 m 处，设计产能为 5 000 t/d，主要承接毛庄片区约 25 000 人的生活污水，污水管道已建成。新建配套污水管网总长度为 10.8 km。其中，A 线为沿紫房线西侧新建钢筋混凝土管道，全长 2.3 km，均为顶管作业。顶管施工的工作井及接收井共计 25 座，均为钢筋混凝土沉井。其中，一个沉井为长 7.9 m、宽 5.9 m、高 6.8 m、壁厚 0.7 m 的矩形钢筋混凝土结构，下沉深度达 6.8 m，封底厚度为 1 m。根据地质勘察报告中的地质情况描述、地下水位和施工场地的综合考虑，沉井采用一次制作、一次下沉施工方案和排水下沉、干封底施工工艺。在施工前进行降排水，以便于清晰掌握挖土范围的土质情况。

请结合该工程案例，说明沉井基础的结构组成及其施工和使用阶段发挥的作用。

知识检测

1. 什么是沉井基础？适用于哪些工程？
2. 沉井基础的主要构成有哪几个部分？各部分具有什么作用？

任务二　沉井基础施工

任务描述

沉井基础断面很大,甚至相当于篮球场大小,其下沉到设计标高,将会遇到较大的土阻力、不均匀下沉导致倾斜、软土地基出现突然下沉以及局部的块石等阻碍下沉等各种问题。沉井基础在预制施工时将遇到场地平整、刃脚刺入地面等难题,水中施工沉井还将因为施工环境复杂、水流冲刷等出现异常情况。

理论知识

沉井基础施工一般可分为陆地施工、水中筑岛及浮运沉井 3 种。施工前,应详细了解场地的地质、水文条件及现场的实际情况。水中施工应做好河流汛期、河床冲刷、通航及漂流物等调查研究,充分利用枯水季节,制订出详细的施工计划及必要的措施,确保施工安全。

一、陆地沉井施工

陆地沉井施工可分为就地制造、除土下沉、封底、充填井孔以及浇筑顶板等,如图 5.6 所示。沉井下沉前,应对周边的堤防、建筑物和施工设备采取有效的防护措施。

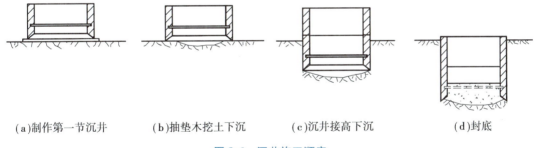

| (a)制作第一节沉井 | (b)抽垫木挖土下沉 | (c)沉井接高下沉 | (d)封底 |

图 5.6　沉井施工顺序

1.平整场地

要求施工场地平整干净。若天然地面土质较硬,只需将地表杂物清理干净并整平,即可在其上制造沉井。否则,应换土或在基坑处铺填不小于 0.5 m 厚夯实的砂或砂砾垫层,防止沉井在混凝土浇筑之初因地面沉降不均匀产生裂缝。为减小下沉深度,也可挖一浅坑,在坑底制作沉井,但坑底应高出地下水位 $0.5 \sim 1.0$ m。

2.制作第一节沉井

由于沉井自重较大,刃脚踏面尺寸较小,应力集中,场地土往往承受不了这样大的压力。制造沉井前,应先在刃脚处对称铺满垫木,以支承第一节沉井的自重,并按垫木定位立模板以绑扎钢筋,如图 5.7 所示。垫木数量可按垫木底面压力不大于 100 kPa 计算,其布置应考虑抽垫方便。垫木一般为枕木或方木(200 mm×200 mm),其下垫一层厚约 0.3m 的砂,垫木间隙用砂填实(填到半高即可)。然后,在刃脚位置处放上刃脚角钢,竖立内模,绑扎钢筋,再立外模浇筑第一节沉井,如图 5.8 所示。模板应有较大刚度,以免挠曲变形。当场地土质较好时,也可采用土模。

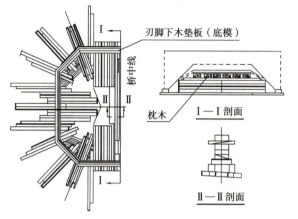

图 5.7　垫木布置实例

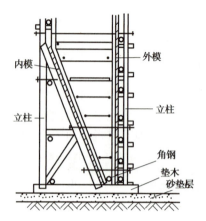

图 5.8　沉井刃脚立模

3.拆模及抽垫

当沉井混凝土强度达到设计强度 70% 时可拆除模板,达到设计强度后方可抽撤垫木。抽垫木应分区、依次、对称、同步地向沉井外抽出。其顺序为:先隔墙下,再短边,最后长边。长边下垫木应隔一根抽一根,以固定垫木为中心,由远而近对称地抽,最后抽除固定垫木,并随抽随用砂土回填捣实,以免沉井开裂、移动或偏斜。

4.沉井挖土下沉

沉井下沉施工可分为排水下沉和不排水下沉两种方法。当沉井穿过的土层较稳定,不会因排水而产生大量流砂时,可采用排水下沉。土的挖除可以采用人工挖土或机械除土,排水下沉常用人工挖土。它适用于土层渗水量不大且排水时不会产生涌土或流砂的情况。人工挖土可使沉井均匀下沉,便于清除井下障碍物,但应采取措施保证施工安全。排水下沉时,有时也用机械除土。

不排水下沉一般都采用机械除土,挖土工具可以是抓土斗或水力吸泥机,如土质较硬,水力吸泥机需配以水枪射水将土冲松。由于吸泥机是将水和土一起吸出井外,故需经常向井内加水维持井内水位高出井外水位 1~2 m,以免发生涌土或流砂现象。

沉井正常下沉时,应自中间向刃脚处均匀对称除土;排水下沉时,应严格控制支承点土的排除,并随时注意沉井正位,保持竖直下沉。沉井下沉过程中,应监测沉井的垂直度和下沉速度,采用信息化施工。

沉井下沉时,工人每 6 h 换班一次,沉井的标高、轴线位移至少每 6 h 测量一次。

5.接高沉井

当第一节沉井下沉至井顶露出地面不小于 0.5 m 或露出水面不小于 1.5 m,停止挖土,接筑下一节沉井。接筑前,刃脚不得掏空,并应尽量纠正上节沉井的倾斜,凿毛顶面,立模,然后对称均匀浇筑混凝土,待强度达到设计要求后再拆模,继续下沉。接高沉井的轴线与第一节沉井的轴线应一致。

6.设置井顶防水围堰

若沉井顶面低于地面或水面,应在井顶接筑临时性防水围堰。围堰的平面尺寸略小于沉井,其下端与井顶上预埋锚杆相连。井顶防水围堰应因地制宜,合理选用,常见的有土围堰、砖围堰和钢板桩围堰。若水深流急,围堰高度大于5.0 m时,宜采用钢板桩围堰。

7.基底检验和处理

沉井沉至设计标高后,应检验基底地质情况是否与设计相符。排水下沉时,可直接检验;不排水下沉,则应进行水下检验;必要时,可用钻机取样进行检验。如果沉井底部的土层与设计不符,应报告设计和监理单位,寻求处理措施。

当基底达到设计要求后,应对地基进行必要的处理。砂性土或黏性土地基,一般可在井底铺一层砾石或碎石至刃脚底面以上200 mm。未风化岩石地基,应凿除风化岩层;若岩层倾斜,还应凿成阶梯形。要确保井底浮土、软土清除干净,封底混凝土、沉井与地基结合紧密。观测沉井的沉降量,待沉降稳定且满足设计要求后方可浇筑封底。

8.沉井封底

基底检验合格后,应及时封底。排水下沉时,如渗水量上升速度≤6 mm/min,可采用普通混凝土封底;否则,宜用水下混凝土封底。若沉井面积大,可采用多导管先外后内、先低后高依次浇筑。封底一般为素混凝土,但必须与地基紧密结合,不得存在有害的夹层、夹缝。混凝土浇筑过程中,应采取有效措施,防止其强度达到5 MPa之前受到压力水的作用。

9.井孔填充和顶板浇筑

封底混凝土达到设计强度后,再排干井孔中的水,井内圬工施工,填充井孔。如井孔中不填料或仅填砾石,则井顶应浇筑钢筋混凝土顶板,以支承上部结构,且应保持无水施工。然后砌筑井上构筑物,并随后拆除临时性的井顶围堰。

二、水中沉井施工

当沉井下沉施工处于水中时,可以采用筑岛法和浮运法,一般根据水深、流速、施工设备和施工技术等条件选用。

广东黄茅海大桥钢套箱沉井

1.水中筑岛

当水深小于3 m、流速≤1.5 m/s时,可用砂或砾石在水中筑岛,周围用草袋围护,如图5.9(a)所示;若水深或流速加大,可采用围堤防护筑岛,岛面应比沉井周围宽出1.5m以上作为护道,还应高出施工最高水位0.5 m以上,如图5.9(b)所示;当水深较大(通常小于15 m)或流速较大时,宜采用钢板桩围堰筑岛,如图5.9(c)所示。砂岛地基强度应符合要求。围堰筑岛时,考虑沉井重力对围堰产生的侧向压力影响,围堰距井壁外缘距离(即护道宽度)$b \geqslant H\tan(45°-\dfrac{\varphi}{2})$,且$b \geqslant 2$ m(H为筑岛高度,φ为砂土在水下的内摩擦角)。其余施工方法与陆地沉井相同。

2.浮运沉井

水深较大,如超过10 m时,筑岛法很不经济,且施工也困难,可改用浮运沉井施工。

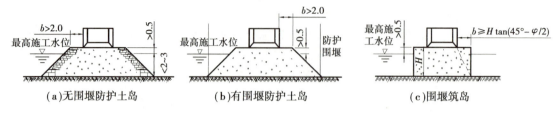

(a)无围堰防护土岛　　　　(b)有围堰防护土岛　　　　(c)围堰筑岛

图 5.9　水中筑岛下沉沉井(单位:m)

采用浮运沉井时,沉井在岸边制成,利用在岸边铺成的滑道滑入水中,然后用绳索牵引到设计墩位,如图 5.10 所示。沉井井壁可做成空体形式或采用其他措施(如带木底或装上钢气筒)使沉井浮于水上,也可以在船坞内制成用浮船定位和吊放下沉或利用潮汐、水位上涨浮起,再浮运至设计位置。沉井就位后,用水或混凝土灌入空体,徐徐下沉直至河底;或在悬浮状态下逐节接长沉井及填充混凝土使它逐步下沉。这时,每个步骤均需保证沉井本身有足够的稳定性。沉井刃脚切入河床一定深度后,即可按一般沉井下沉方法施工。

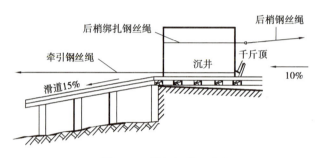

图 5.10　浮运沉井下水

三、泥浆套和空气幕下沉沉井施工

当沉井深度很大、井侧土质较好时,井壁与土层间的摩阻力很大。若采用增加井壁厚度或压重等办法受限时,通常可设置泥浆润滑套和空气幕来减小井壁摩阻力。

1.泥浆套下沉沉井

泥浆套下沉法是借助泥浆泵和输送管道将特制的泥浆压入沉井外壁与土层之间,在沉井外围形成有一定厚度的泥浆层;该泥浆层把土与井壁隔开,并起润滑作用,从而大大降低沉井下沉中的摩阻力(可降至 $3 \sim 5$ kPa,一般黏性土为 $25 \sim 50$ kPa),减少井壁坏工数量,加速沉井下沉,并具有良好的稳定性。

泥浆通常由膨润土、水和碳酸钠分散剂配置而成,具有良好的固壁性、触变性和胶体稳定性。泥浆润滑套的构造主要包括射口挡板、地表围圈及压浆管。

射口挡板可用角钢或钢板弯制,置于每个泥浆射出口处,固定在井壁台阶上,如图 5.11 所示。其作用是防止压浆管射出的泥浆直冲土壁,避免土壁局部坍落堵塞射浆口。

在沉井周围埋设地表围圈(用木板或钢板制成),以防止沉井下沉时土壁坍落,为沉井下沉过程中新造成的空隙补充泥浆,以及调整各压浆管出浆的不均衡。其宽度与沉井台阶相同,高 $1.5 \sim 2.0$ m,顶面高出地面或岛面 0.5 m,围圈顶面宜加盖。

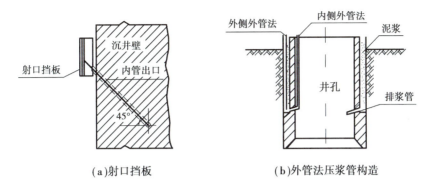

(a)射口挡板　　　　　　(b)外管法压浆管构造

图 5.11　射口挡板与压浆管构造

压浆管可分为内管法(厚壁沉井)和外管法(薄壁沉井)两种,通常用 $\phi38\sim50$ mm 的钢管制成,沿井周边每 $3\sim4$ m 布置一根。

沉井下沉过程中,要勤补浆、勤观测,发现倾斜、漏浆等问题要及时纠正。若基底为一般土质,易出现边清基边下沉现象,应压入水泥砂浆以置换泥浆,增大井壁摩阻力。此外,该方法不宜用于卵石、砾石土层等易漏浆的土层。

2. 空气幕下沉沉井

空气幕下沉是一种减少下沉时井壁摩阻力的有效方法。它是通过向沿井壁四周预埋的气管中压入高压气流,气流沿喷气孔射出再沿沉井外壁上升,在沉井周围形成一空气"帷幕"(即"空气幕"),使井壁周围土松动,减小摩阻力,促使沉井下沉。

如图 5.12 所示,空气幕沉井在构造上增加了一套压气系统。该系统由气斗、井壁中的气管、空气压缩机、贮气筒以及输气管等组成。

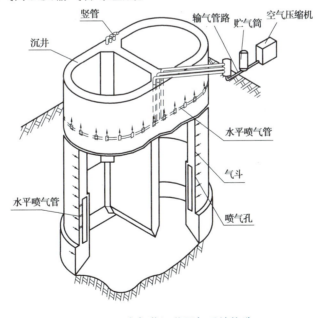

图 5.12　空气幕沉井压气系统构造

空气幕沉井

气斗是沉井外壁凹槽及槽中的喷气孔。凹槽的作用是保护喷气孔,使喷出的高压气流有一个扩散空间,然后较均匀地沿井壁上升,形成气幕。气斗应布设简单、不易堵塞、便于喷气,目前多用棱锥形(150 mm×150 mm),其数量根据每个气斗所作用的有效面积确定。喷气孔直径为1 mm,可按等距离分布,上下交错排列布置。

气管有水平喷气管和竖管两种,可采用内径为25 mm的硬质聚氯乙烯管。水平管连接各层气斗每1/4或1/2周设一根,以便纠偏;每根竖管连接两根水平管,并伸出井顶。

由空气压缩机输出的压缩空气应先输入贮气筒,再由地面输气管送至沉井,以防止压气时压力骤然降低而影响压气效果。

在整个下沉过程中,应先在井内除土,消除刃脚下土的抗力后再压气,但也不得过分除土而不压气,一般除土面低于刃脚0.5~1.0 m时,即应压气下沉。压气时间不宜过长,一般不超过5 min/次。压气顺序应先上后下,以形成沿沉井外壁上喷的气流。气压不应小于喷气孔最深处理论水压的1.4~1.6倍,并尽可能使用风压机的最大值。

停气时,应先停下部气斗,依次向上,最后停上部气斗,并应缓慢减压,不得将高压空气突然停止,防止造成瞬时负压,使喷气孔内吸入泥沙而被堵塞。空气幕下沉沉井适用于砂类土、粉质土及黏质土地层,卵石土、砾类土及风化岩等地层中不宜使用。

四、沉井下沉过程中遇到的问题及处理

1. 偏斜

沉井偏斜大多发生在下沉不深时,导致偏斜的主要原因如下:

①土岛表面松软,或制作场地或河底高低不平、软硬不均。

②刃脚制作质量差,井壁与刃脚中线不重合。

③抽垫木方法欠妥,回填不及时。

④除土不均匀对称,下沉时有突沉和停沉现象。

⑤刃脚遇障碍物顶住而未及时发现,排土堆放不合理,或单侧受水流冲击掏空等导致沉井受力不对称。

纠正偏斜通常可用除土、压重、顶部施加水平力或刃脚下支垫等方法处理。空气幕沉井也可采用单侧压气纠偏。若沉井倾斜,可在高侧集中除土,加重物,或用高压射水冲松土层,低侧回填砂石,必要时在井顶施加水平力扶正。若中心偏移则先除土,使井底中心向设计中心倾斜,然后在对侧除土,使沉井恢复竖直,如此反复至沉井并逐步移近设计中心。当刃脚遇障碍物时,须先清除再下沉。如遇树根、大孤石,排水施工时可人工排除,必要时用少量炸药(少于200 g)炸碎;不排水施工时,可由潜水工水下切割或爆破。

2. 难沉

难沉即沉井下沉过慢或停沉。导致难沉的主要原因如下:

①开挖面深度不够,正面阻力大。

②偏斜,或刃脚下遇到障碍物或坚硬岩层和土层。

③井壁摩阻力大于沉井自重。

④井壁无减阻措施,或泥浆套、空气幕等遭到破坏。

解决难沉的措施主要是增加压重和减少井壁摩阻力。

增加压重的方法如下:

①提前接筑下节沉井,增加沉井自重。

②在井顶加压沙袋、钢轨等重物迫使沉井下沉。

③不排水下沉时,可在井内抽水,减少浮力,迫使下沉,但需保证土体不产生流砂现象。

减小井壁摩阻力的方法如下:

①将沉井设计成阶梯形、钟形,或使外壁光滑。

②井壁内埋设高压射水管组,射水辅助下沉。

③利用泥浆套或空气幕辅助下沉。

④增大开挖范围和深度,必要时还可采用0.1~0.2 kg炸药起爆助沉,但同一沉井每次只能起爆一次,且需适当控制炮震次数。

3. 突沉

突沉是在软土地基上进行沉井施工时,发生的沉井突然大幅度下沉的现象。突沉容易使沉井发生偏斜或超沉。引起突沉的主要原因是沉井井筒外壁土的摩阻力较小,在井内排水过多或刃脚附近挖土太深甚至挖除,沉井支承削弱而导致剧烈下沉。

防止突沉的措施如下:

①在设计沉井时,增大刃脚踏面宽度,并使刃脚斜面的水平倾角不大于60°;必要时,增设底梁以提高刃脚阻力。

②在软土地基上进行沉井施工时,控制井内排水、均匀挖土,控制刃脚附近挖土深度,或刃脚下暂时不挖土,让刃脚切土下滑。

4. 流砂

在粉、细砂层中下沉沉井,经常出现流砂现象;若不采取适当措施,将造成沉井严重倾斜。产生流砂的主要原因是土中动水压力的水头梯度大于临界值。故防止流砂的措施如下:

①排水下沉时,发生流砂可向井内灌水,采取不排水除土,减小水头梯度。

②采用井点,或深井和深井泵降水,降低井外水位,改变水头梯度方向使土层稳定,防止流砂发生。

五、沉井稳定性分析

1. 沉井下沉分析

沉井下沉过程中,需要克服周围土层的侧摩阻力以及沉井刃脚的土阻力。要使沉井顺利下沉,要求沉井自重大于这些阻力。不能满足上述要求时,可选择下列措施直至满足要求:

①加大井壁厚度或调整取土井尺寸。

②如为不排水下沉者,则下沉到一定深度后可采用排水下沉。

③增加附加荷载或射水助沉。

④采用泥浆润滑套或壁后压气法等措施。

另外,沉井下沉过程中,如果下沉段下面部分的阻力很小,将引起沉井壁产生很大的拉力,甚至超过沉井基础井壁的抗拉强度,出现井壁拉裂破坏。

2. 第一节(底节)沉井竖向挠曲分析

底节沉井在抽垫及除土下沉过程中,由于施工方法不同,刃脚下支承亦不同,沉井自重将导致井壁产生较大的竖向挠曲应力,超过钢筋混凝土抗拉强度时将产生竖向裂缝。因此,应根据不同的支承情况验算井壁的强度。若挠曲应力大于沉井材料纵向抗拉强度,应增加底节沉井高度或在井壁内设置水平向钢筋,防止沉井竖向开裂。

(1)排水除土下沉

将沉井视为支承于4个固定支点上的梁,且支点控制在最有利位置处,即支点和跨中所产生的弯矩大致相等。对于矩形和圆端形沉井,若沉井长宽比大于1.5,支点可采用长边$0.7l$设置方法,如图5.13(a)所示;圆形沉井的4个支点可布置在两相互垂直线上的端点处。

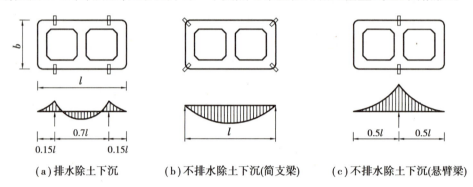

(a)排水除土下沉　　　　(b)不排水除土下沉(简支梁)　　　　(c)不排水除土下沉(悬臂梁)

图5.13　底节沉井支点布置及竖向挠曲应力

(2)不排水除土下沉

机械挖土时刃脚下支点很难控制,沉井下沉过程中可能出现最不利支承,即对矩形和圆端形沉井,因除土不均将导致沉井支承于四角成为一简支梁[图5.13(b)],跨中弯矩最大,沉井下部容易竖向开裂;也可能因孤石等障碍物使沉井支承于壁中形成悬臂梁[图5.13(c)],支点处沉井顶部容易产生竖向开裂;圆形沉井则可能出现支承于直径上的两个支点。对于沉井长边的跨中或跨边支承,均应对跨中附近最小截面上、下缘进行抗弯拉和抗裂验算。

若底节沉井隔墙跨度较大,还需验算隔墙的抗拉强度。其最不利受力情况是下部土已挖空,上节沉井刚浇筑而未凝固,隔墙成为两端支承在井壁上的梁,承受两节沉井隔墙和模板等自重。若底节隔墙强度不够,可布置水平向钢筋,或在隔墙下夯填粗砂以承受荷载。

3. 沉井刃脚受力分析

沉井在下沉过程中,刃脚受力较为复杂。刃脚切入土中时,受到井底内侧土体向外产生的弯曲应力;挖空刃脚下的土时,刃脚又受到外部土、水压力作用而向内弯曲。从结构上来分析,可认为刃脚把一部分力通过本身作为悬臂梁传到刃脚根部,另一部分由本身作为一个水平的闭合框架所负担。因此,可以把刃脚看成在平面上是一个水平闭合框架,在竖向是一个固定在井壁上的悬臂梁。

为防止沉井基础刃脚发生破坏,在该处应配置受力钢筋。

4. 封底混凝土受力分析

封底混凝土厚度取决于基底承受的反力。作用于封底混凝土的竖向反力有两种:一种是封底后封底混凝土需承受基底水和地基土的向上反力;另一种是空心沉井使用阶段封底混凝土需承受沉井基础所有最不利荷载组合引起的基底反力,若井孔内填砂或有水时可扣除其自重。

封底混凝土厚度,可按封底混凝土底面作用向上的水土压力所产生的弯矩进行计算。

封底混凝土还将受到剪力作用,即封底混凝土承受基底反力后有沿井孔范围内周边剪断的可能性。若剪应力超过其抗剪强度,则应加大封底混凝土的抗剪面积。

5.钢筋混凝土顶板受力分析

空心或井孔内填以砾砂石的沉井,井顶必须浇筑钢筋混凝土顶板,用以支承墩台及上部结构荷载。顶板厚度一般预先拟订再进行配筋计算。

如墩身全部位于井孔内,还应验算顶板的剪应力和井壁支承压力;若墩身较大,部分支承于井壁上,则不需进行顶板的剪力验算,但需进行井壁的压应力验算。

6.浮运沉井稳定性分析

沉井在浮运过程中要有一定的吃水深度,使重心低而不易倾覆,保证浮运时稳定;同时,还必须具有足够的高出水面高度,使沉井不因风浪等而沉没。因此,除前述计算外,还应考虑沉井浮运过程中的受力情况,进行浮体稳定性和井壁露出水面高度等的验算。将沉井视为一悬浮于水中的浮体,计算其漂浮稳定性。

薄壁浮式沉井在浮运过程中,如果沉井的重心高于浮心[图5.14(a)],将容易发生倾覆;如果沉井的重心低于浮心[图5.14(b)],该沉井在浮运过程中是稳定的。

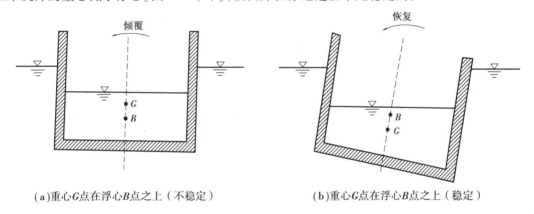

(a)重心 G 点在浮心 B 点之上(不稳定)　　(b)重心 G 点在浮心 B 点之上(稳定)

图5.14　浮式沉井重心与浮心的关系

受到人们心理安全的影响,当浮运沉井倾斜超过6°时,施工人员就感觉很不安全。因此,浮运沉井浮运过程中,其倾斜角度不能超过6°。

学以致用

张靖皋长江大桥北航道桥为主跨1 208 m双塔单跨吊悬索桥,北航道桥北锚碇施工包括锚碇沉井基础、支承桩和锚碇锚体三大部分。沉井基础长75.4 m、宽70.4 m、总高57 m,分为10次接高、4次下沉,坐落在标高为-53.5 m地层。首节钢壳高8 m,呈"田"字形结构,由36个井孔、79个钢壳节段组成,总面积约为13个篮球场大小,是我国公路桥梁领域最大沉井基础,相当于将一栋19层高楼整体沉入地下(图5.15)。

图 5.15 张靖皋长江大桥沉井基础施工

张靖皋长江大桥连通张家港、靖江、如皋三市,跨江段全长约 7.9 km,设南、北两座航道桥及南中北三段引桥,大桥采用双向八车道,设计时速为 100 km/h,于 2021 年 12 月开始施工。

技能训练

以本项目任务一中"徐州经开区毛庄污水处理厂配套污水管网顶管工作井沉井基础"为例,说明沉井基础的施工过程。

施工过程中以沉井的制作、下沉、纠偏、封底为施工重点,以钢筋、模板、混凝土工程为主要工序,进行流水施工。

(1)工艺流程

工艺流程如下:放线→开挖基坑→铺设砂垫层→浇筑垫层混凝土→砌筑砖垫座→绑扎钢筋→模板安装→浇筑沉井混凝土→养护→拆模→沉井下沉→沉井就位→浇筑封底混凝土。

(2)地基处理

为避免沉井在混凝土浇筑过程中发生不均匀沉降,制作沉井前,须将沉井范围内表土及其他杂物清理干净。基底压实平整后,在刃脚处分层铺设粗砂垫层,砂垫层宽 3 m、厚 0.5 m。每层铺平后,用平板振动仪振实,并洒水至饱和,然后再铺设 0.15 m 厚 C20 素混凝土垫层。

(3)刃脚支设

在垫层上对沉井平面位置进行测量放样后,开始制作下部刃脚的砖垫座。刃脚的砖垫座采用 M10 砂浆砌筑 MU10 砖。砌筑完成后,内侧用砂浆抹面并涂抹脱模剂,使刃脚斜面光滑平整,以便于沉井下沉。

(4)沉井制作

预制沉井时,先进行沉井内模安装,然后进行沉井刃脚及井壁钢筋绑扎,最后安装外模并加固,浇筑混凝土。

(5)钢筋绑扎

内模安装完成后,开始进行钢筋绑扎。钢筋绑扎时,采用钢筋绑扎胎具进行定位,确保井壁钢筋位置和间距符合设计要求。

（6）沉井模板施工

为保证沉井混凝土的外观质量，减少沉井下沉时井壁与土体之间的摩阻力，使下沉过程中不出现下沉过慢情况，应科学选择并安装模板。安装模板前，应根据沉井高度和混凝土浇筑方式，对模板的刚度、强度和稳定性进行验算，确保结构稳定、经济合理、方便施工。

根据现场材料情况及验算结果，模板采用表面光滑且较新的竹胶板，并涂刷脱模剂。模板竖向加固采用 60 mm×80 mm 方木，间距为 250 mm；横向加固采用 φ48×3.5 mm 钢管（双拼），间距为 600 mm；内外模固定采用止水对拉螺杆，螺杆的水平和竖向间距均为 600 mm。沉井顶管预留洞口封堵采用 M10 水泥砂浆砌筑 MU10 砖，待进行顶管施工时再拆除，封口内外侧用 1∶3 水泥砂浆抹平。

（7）沉井混凝土浇筑

混凝土采用泵车进行浇筑，最好一次连续浇筑完成。浇筑时，对称、均匀分层浇筑，每层浇筑厚度不大于 300 mm，浇筑面高差不超过 300 mm，避免因混凝土浇筑面高差过大导致沉井产生不均匀沉降出现裂缝或倾斜。混凝土浇筑时，应有专人观察钢筋、模板和预留孔洞。如有问题，应停止浇筑并进行处理。刃脚部分和顶管预留洞底部的混凝土，尤其要注意加强振捣，防止因不方便振捣而出现缺振、漏振、振捣不到位等现象，影响混凝土强度。

（8）沉井下沉

沉井混凝土强度达到设计强度时，即可开始下沉作业。根据地质报告，该沉井所在位置的土质主要是黏土和粉质黏土，因此采用排水下沉法施工，以便节省施工费用和缩短工期。

下沉前，在沉井周边布置降水井，把地下水降至开挖层以下，使井内保持干燥状态。检查沉井的顶管预留孔洞是否已经封堵，在井壁外侧画好中心线和水平标线，挂好线锤测量倾斜度，做好沉降标尺。待各项准备工作已完成，具备下沉条件后，开始沉井下沉作业。

下沉时，采取长臂挖掘机对沉井内的土进行开挖。挖土应均匀对称，每层挖土厚度为 0.3~0.5 m，沉井内的土中间稍低于四周，高差不超过 1 m，使井底形成锅底状。然后逐步向四周扩挖，直到距刃脚 1 m 左右，继续分层挖刃脚内侧的土。当土层的承载力不足以支撑刃脚压力、沉井自身的重力大于井壁与周边土体的摩阻力时，沉井便开始逐步下沉。开挖的土方应及时外运，以免造成沉井偏压过大出现下沉困难或偏移的情况。

沉井下沉作业时，对下沉速率和轴线偏差进行实时监测，出现偏差及时进行纠偏。下沉至距设计高程 1 m 左右时，应降低挖土速度，使沉井下沉的速度减慢。在此阶段，要始终对沉井的标高差和平面轴线偏差进行实时监测，以保证沉井的标高、倾斜度和位移等处于可控范围内，防止出现"超沉"情况。沉井下沉至距设计高程 0.1 m 左右时，停止井内挖土和排水，沉井依靠自身重力作用下沉至设计高程。

（9）沉井封底

终沉时，每小时观测一次沉井的高差和平面轴线偏差，沉井下沉已到位且下沉速率不大于 10 mm/8h 时，可以开始沉井封底施工。

干封底混凝土施工时，应保证沉井内无积水，降排水的水量应大于井内的渗水量。封底混凝土施工前，先将井壁处冲洗干净并对表面进行凿毛处理。基底部分高低不平的部位用人工找平，然后才能进行封底混凝土浇筑。混凝土未达到设计强度前，应始终保持地下水位低于混凝土底面 0.5 m。

知识检测

1. 沉井刃脚的垫层采用砂垫层上铺垫木方案时,以下说法错误的是( )。

   A. 砂垫层分布在刃脚中心线两侧,应考虑方便抽出垫木

   B. 砂垫层宜采用中粗砂,并应分层铺设、分层夯实

   C. 垫木铺设应使刃脚底面在同一水平面上,并符合设计起沉标高的要求

   D. 定位垫木的布置应使沉井呈三点着力状态

2. (多选题)沉井垫层的结构厚度和宽度应根据( )经计算确定。

   A. 土体地基承载力　　B. 垫木的长度和宽度　C. 沉井下沉结构高度

   D. 垫木的数量　　　　 E. 沉井结构形式

3. 沉井下沉时,工人每6 h换班一次,沉井的标高、轴线位移至少每( )测量一次。

   A. 1 h　　　　　　　　B. 2 h　　　　　　　　C. 4 h　　　　　　　　D. 6 h

4. 关于沉井下沉及封底质量验收主控项目的说法,错误的是( )。

   A. 封底所用工程材料应符合国家有关标准规定和设计要求

   B. 封底混凝土强度以及抗渗、抗冻性能应符合设计要求

   C. 封底前,坑底标高应符合设计要求;封底后,混凝土底板厚度不得小于设计要求

   D. 沉井结构、底板无渗水现象

5. 沉井下沉出现倾斜偏差时,可采用( )措施进行纠偏。

   A. 高压射水　　　　　　B. 调整开挖顺序和方式

   C. 抽水减浮　　　　　　D. 炮震

6. 沉井在施工中会遇到哪些问题? 通常怎样处理这些问题?

7. 沉井作为整体深基础,稳定分析应考虑哪些内容?

8. 沉井在施工过程中应进行哪些验算?

9. 简述沉井刃脚内力分析的主要内容。

项目六　地下连续墙

地下连续墙是一种施工在地下而形成的连续墙体,具有整体性强、稳定性好、兼具挡土和阻水效果的特点,还可以作为建筑物基础承担上部结构荷载。其施工工艺随着现代工程机械技术的发展而进行,施工质量与所采用的施工工艺和质量控制技术有着显著关系。通常,需要先成槽,再吊放钢筋骨架,然后浇筑混凝土,从而形成地下连续墙。

学习目标

能力目标
◇具有对地下连续墙施工过程进行质量控制的能力。
◇具有针对地下连续墙施工中出现的问题编写预案的能力。

知识目标
◇了解地下连续墙的概念、特点和作用。
◇掌握地下连续墙的类型和接头构造。
◇熟悉地下连续墙的施工方法和过程。

素质目标
◇通过对地下连续墙基础及施工的认知,养成具有专业知识和技能、安全意识及操作规范的职业素养。

任务一　地下连续墙认知

任务描述

作为深基础的一种类型,地下连续墙因其整体性强、承载能力稳定、综合效益高等特点而在基础工程中时有采用。这种基础类型的结构组成,特别是接头处的结构和技术措施,是其施工技术管理中的关键一环。

理论知识

地下连续墙简称"地连墙",该技术起源于欧洲,是根据钻井中膨润土泥浆护壁以及水下浇灌混凝土的施工技术而建立和发展起来的一种方法。1950年前后,意大利首先应用了排式地下连续墙。1954年,该施工技术传入法国、德国,1955年传入日本。1957年,我国水利代表团考察了意大利的地下连续墙技术;1958年,开始在青岛月子口水库和北京密云水库进行了排桩地下连续墙和槽孔地下连续墙的施工。

一、地下连续墙的概念、特点及应用

1.地下连续墙的概念

地下连续墙是在地面上用抓斗式或回转式等成槽机械,沿着开挖工程的周边,在有泥浆护壁的情况下开挖一条狭长的深槽,形成一个单元槽段后在槽内放入钢筋笼,然后用导管水下浇筑混凝土形成一个单元的墙段,各单元墙段之间以特定的接头方式相互连接,形成一条地下连续墙体,如图6.1所示。地下连续墙作为基坑开挖时起防渗、截水、挡土、抗滑、防爆和对邻近建筑物基础的支撑作用,有的直接成为承受上部结构荷载的基础的一部分。

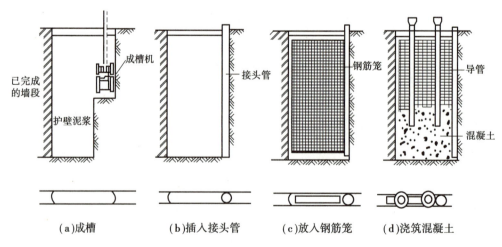

图6.1　地下连续墙施工过程示意图

2. 地下连续墙的特点

地下连续墙的优点是无须放坡,土方量小;全部机械化施工,工效高,速度快,施工期短;混凝土浇筑无须支模和养护,成本低;可在沉井作业、板桩支护等方法难以实施的环境中进行无噪声、无振动施工;穿过各种土层进入基岩,无须采取降低地下水的措施。因此,地下连续墙被广泛应用于市政工程的各种地下工程、房屋基础、桥梁基础、竖井、船坞船闸、码头堤坝等。近20年来,地下连续墙技术在我国有了较快的发展和应用。目前,地下连续墙已发展为后张预应力、预制装配和现浇预制等多种形式。

3. 地下连续墙的应用

地下连续墙在工程中,主要有以下应用:

①作为地下工程基坑的挡土防渗墙,是施工用的临时结构。

②在开挖期作为基坑施工的挡土防渗结构,以后与主体结构侧墙以某种形式结合,作为主体结构侧墙的一部分。

③在开挖期作为挡土防渗结构,以后单独作为主体结构侧墙使用。

④作为建筑物的承重基础、地下防渗墙、隔振墙等。

近年来,地下连续墙的发展趋势有以下4个特点:

①逐渐广泛地应用预制桩式及板式连续墙,这种连续墙墙面光滑、质量好、强度高。

②地下连续墙技术向大深度、高精度方向发展,国外已将地下连续墙用于桥梁深基础施工。

③聚合物泥浆已实用化,高分子聚合物泥浆已得到越来越多的应用。这种泥浆与传统的膨润土泥浆相比,可减少废浆量,增加泥浆重复使用次数。

④废泥浆处理技术得到广泛采用,有些国家要求达到全部处理后排放。

二、地下连续墙的类型与接头构造

(一)地下连续墙的类型

地下连续墙按其填筑材料分为土质墙、混凝土墙、钢筋混凝土墙(现浇或预制)和组合墙(预制钢筋混凝土墙体和现浇混凝土的组合,或预制钢筋混凝土墙板和自凝水泥膨胀土泥浆的组合等);根据成墙方式可分为桩排式、壁板式、桩壁组合式。

目前,我国应用较多的是现浇钢筋混凝土壁板式地下连续墙,多用作防渗挡土结构,并常作为主体结构的一部分。按其支护结构方式,又分为以下4种类型。

(1)自立式地下连续墙挡土结构

这种结构在开挖修建过程中,不需要设置锚杆或支撑系统,其最大的自立高度与墙体厚度和土质条件有关。一般在开挖深度较小的情况下采用;在开挖深度较大又难以采用支撑或锚杆支护的工程,可采用T形或I形断面以提高自立高度。

(2)锚定式地下连续墙挡土结构

一般锚定方式采用斜拉锚杆,锚杆层数及位置取决于墙体的支点、墙后滑动棱体的条件及地质情况。在软弱土层或地下水位较高处,也可在地下连续墙顶附近设置拉杆和锚碇块体。

（3）支撑式地下连续墙挡土结构

它与板桩挡土的支撑结构相似。常采用 H 型钢、钢管等构件支撑地下连续墙；目前，广泛采用钢筋混凝土支撑，其取材较方便，且水平位移较少，稳定性好；缺点是拆除时较困难，开挖时需待混凝土强度达到要求后才可进行。有时，也可采用主体结构的钢筋混凝土结构梁兼作施工支撑。当基坑开挖较深时，可采用多层支撑方式。

（4）逆筑法地下连续墙挡土结构

逆筑法是利用地下主体结构梁板体系作为挡土结构的支撑，逐层逆行开挖，逐层进行梁板体系的施工，形成地下连续墙挡土结构的一种方法。其工艺原理是：先沿建筑物地下室轴线或周围施工地下连续墙，同时在建筑内部的有关位置浇筑或打下中间支承柱，作为施工期间底板封底前承受上部结构自重和施工荷载的支撑；然后，施工地面一层的梁板楼面结构，作为地下连续墙刚度很大的支撑，再逐层向下开挖土方和浇筑各层地下结构，直至底板封底。

（二）地下连续墙的接头构造

1. 施工接头

通常，地下连续墙深度较大、长度较长，一般分段浇筑，墙段间需设施工接头；另外，地下连续墙与内部结构需要设置结构接头。施工接头的要求随工程项目而异，作为基坑开挖时的防渗挡土结构，要求接头密合不夹泥；作为主体结构侧墙或结构一部分时，除要求接头防渗挡土外，还要求有抗剪能力。

常用的墙段施工接头有 3 种类型：接头管接头、接头箱接头、钢筋混凝土预制接头。

（1）接头管接头（图 6.2）

初期的单元节段开挖完成并清底后，用吊机将钢制接头管竖直吊放入槽内，紧靠单元节段两侧；接头管底端插入槽底以下 100～150 mm，管长略大于地下连续墙深度设计值。接头管可分节在管内用销子连接固定，管外平顺无突出物，管外径宜比墙厚小 50 mm。此后，吊放钢筋骨架、灌注水下混凝土等。灌注水下混凝土时，应经常转动及少量提升接头管，避免接头管与混凝土黏结。待混凝土初凝后，将接头管拔出，拔管时不得损坏接头处的混凝土。

对于受力和防渗要求较小的施工接头，宜采用接头管式接头。这是目前应用最普遍的墙段接头形式。

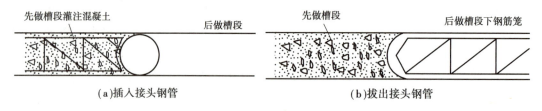

（a）插入接头钢管　　　　　　　　　　（b）拔出接头钢管

图 6.2　接头管接头

（2）接头箱接头

接头箱是一端带有堵头钢板的钢筋骨架，堵头钢板向外伸出的水平钢筋可插入接头箱管中；灌注混凝土时，由堵头板挡住，使混凝土不流入接头箱管内。混凝土初凝后，逐步吊出接头箱管，先灌槽段钢筋骨架的外伸钢筋就可伸入后一槽段内。接头箱接头施工顺序如图 6.3 所示。

受力、防渗和整体性要求较高的接头装置宜采用接头箱式或隔板式接头。

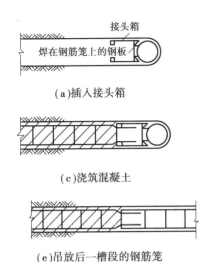

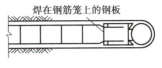

焊在钢筋笼上的钢板

接头箱

焊在钢筋笼上的钢板

（a）插入接头箱

（b）吊放钢筋笼

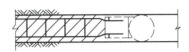

（c）浇筑混凝土

（d）吊出接头箱管，挖后一槽段土方

（e）吊放后一槽段的钢筋笼

（f）浇筑后一槽段的混凝土，形成整体接头

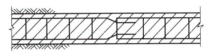

图 6.3　接头箱接头施工顺序

（3）钢筋混凝土预制接头

钢筋混凝土预制接头一般制作成工字形状，在车间内分段制作完成，厚度与墙厚相同，宽度为 600～800 mm（图 6.4）。在槽口分段吊装，采用预埋钢板焊接连接。预制接头混凝土强度、配筋与地下连续墙相同。成槽后，该接头构件直接埋在地下连续墙里，不再回收利用，减少了拔出工序。

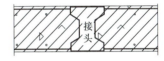

图 6.4　预制混凝土接头

钢筋混凝土接头为预制件，可提前制作，大大缩短混凝土浇筑时间。采用钢筋混凝土预制接头的形式，虽然预制接头的成本比钢板接头及锁口管接头相对较高，但由于该接头实际上取代了一部分的地下连续墙结构，从而使得地下连续墙本身的工程量减少，费用降低。

2.结构接头

当地下连续墙设计与梁、承台或墩柱连接时，应在连接处设置结构接头。施工时，在连接处埋设连接钢筋，待墙体混凝土灌注并凝固后，开挖墙体内侧土体，并凿去混凝土保护层，露出预埋钢筋。将预埋钢筋弯成所需形状，与后浇的梁、承台或墩柱的主钢筋连接。

学以致用

　　地下连续墙作为一种围护形式，目前广泛运用于各大城市地下空间开发的基坑围护中，其运用时间较为久远，技术已非常成熟。地下连续墙有现浇和预制两种类型。其中，预制式现场安装具有施工速度快、墙体质量高的显著优势。但是，其接头处的连续性、强度和抗渗性是影响其施工质量的主要原因。地下连续墙的深度逐步增大，预制地下连续墙竖向可以分节预制安装，接头处的处理是一个关键之处。

　　这里介绍一种新型预制地下连续墙竖向接头（图 6.5）。单幅预制地下连续墙长度方向一端中间做成凹口形，两侧预留胡子筋，另一端中间做成凸形并将止水钢片预留在里面，两侧预留槽口。预制地下连续墙竖向拼装时,地下连续墙的凹口端与凸出端对接,并在两侧接头处注浆(图6.6),可有效传递上下两幅地下连续墙的内力,同时增大地下连续墙竖向拼接处的承载能力,减小拼接处的渗水,有利于预制地下连续墙不另做处理即可直接作为地下室外墙使用,具有良好的经济效益。

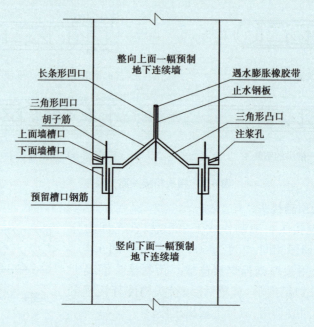

图6.5　新型预制地下连续墙竖向接头

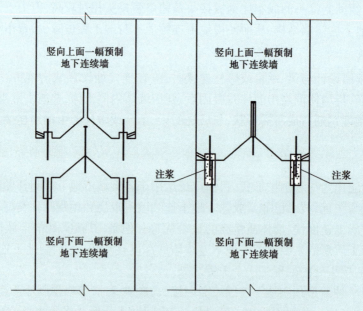

图6.6　预制地下连续墙竖向拼接前、拼接后剖面图

技能训练

地下连续墙施工的常用方式是先单槽段施工,然后单槽段相互连接形成完整的地下连续墙。这种施工方法对地质条件复杂的深基坑施工效果难以控制,特别是接头处容易出现变形大、渗漏严重的问题。在上海集设园项目创新采用了一种新型接头施工技术,有效解决常规方法出现的效率低、易渗漏等问题。

该项目东邻创新河,西侧为申江路,南至秋月路,北侧为银冬路。基坑面积约 2.5 万 m^2,基坑周长约 680 m。东西方向的长度约 107 m,南北向长约 233 m,开挖面深度约 15.1 m,局部落深区开挖深度为 19.1 m。场地内土质条件较差,有大量淤泥质土,深层土体分布起伏较大,土层主要由黏性土、粉性土及砂土组成。水位埋藏深度小,对施工有较大影响,基坑的安全等级设定为一级。地下连续墙厚度为 800 mm、1 000 mm,总计 120 幅。地下连续墙所用混凝土的设计标准在水下为 C35,相应抗渗等级为 P8。导墙混凝土强度为 C30,所用钢筋为Φ14@200 mm,双向布置,在地下连续墙设计厚度的基础上,两边的导墙间距离再增加 40 mm。

原设计方案接头管形式采用常见的锁口管接头,如图 6.7 所示。但这种接头对浇筑的要求较高,浇筑过程中需要混凝土量充足。如果下部先浇筑的混凝土与上部后浇筑的混凝土时间间隔过大,容易使锁口管卡在混凝土中,难以拔出。这种接头工艺刚度小,可能会发生变形,接头形状为圆弧形,抗渗性有所欠缺。

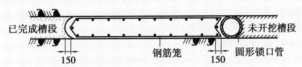

已完成槽段　　　　　　　　　　　未开挖槽段

钢筋笼　　　圆形锁口管

150　　　　　　　　　　　　　150

图 6.7　原设计锁口管接头管(单位:mm)

因此,采用改进的新Ⅱ形接头,如图 6.8 所示。其接头形状为Ⅱ形,材质为型钢,并在其内部浇筑混凝土。为防止浇筑混凝土时绕流到型钢外部,与周围的泥浆融合成强度低的混合物,后期会造成地下水沿着混合物内部流入基坑,在型钢两端各焊接铁皮以阻止混凝土绕流。导墙施工完成后,进行接头与槽段施工,Ⅱ形接头施工顺序为:型钢柱加工→确定接头位置→成槽施工→嵌固孔测量、成孔→钢柱吊放→浇筑柱底部混凝土→开挖接头→回填施工→混凝土柱浇筑。

施工监测发现,接头垂直度、槽宽偏差、地下连续墙止水效果、预埋件精度等均符合设计要求。

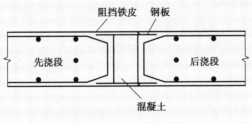

阻挡铁皮　　钢板

先浇段　　　　　　　后浇段

混凝土

图 6.8　改进的Ⅱ形接头

知识检测

1.地下连续墙有哪些特点？请简述。

2.地下连续墙的适用条件是什么？

3.地下连续墙接头的构造有哪些类型？分别具有什么特点？

任务二　地下连续墙施工

任务描述

地下连续墙基础主要用于市政及桥梁工程,经过成槽、吊放钢筋骨架、浇筑混凝土、养护等工序,形成这种深基础。其施工工艺、质量控制措施等是影响这种深基础施工质量的重点。

理论知识

一、地下连续墙施工

现浇钢筋混凝土壁板式地下连续墙的主要施工程序为:修筑导墙→泥浆制备与处理→深槽挖掘→钢筋笼制备与吊装→浇筑混凝土。

1.修筑导墙

（1）导墙的作用

导墙作为地下连续墙施工中必不可少的临时结构,对顺利成槽有着重要作用。

①作为挡土墙。在挖掘地下连续墙沟槽时,接近地表的土极不稳定,容易塌陷,而泥浆也不能起到护壁的作用。因此,在单元槽段挖完之前,导墙就起挡土的作用。

②作为测量的基准。它规定了沟槽的位置,表明单元槽段的划分,同时亦作为测量挖槽标高、垂直度和精度的基准。

③作为重物的支承。它既是挖槽机械轨道的支承,又是钢筋笼、接头管等搁置的支点,有时还承受其他施工设备的荷载。

④存储泥浆。导墙可存储泥浆,稳定槽内泥浆液面。泥浆液面应始终保持在导墙面以下20 cm,并高于地下水位1.0 m,以稳定槽壁。

此外,导墙还可以防止泥浆漏失,防止雨水等流入槽内;地下连续墙距离现有建筑物很近时,施工时还起一定的补强作用;在路面下施工时,可起到支承横撑的水平导梁的作用。

（2）导墙施工

导墙一般为现浇的钢筋混凝土结构,但亦有钢制或预制钢筋混凝土的装配式结构,可多次重复使用。常用的钢筋混凝土导墙断面如图6.9所示。

现浇钢筋混凝土导墙的施工顺序为:平整场地→测量定位→挖槽及处理弃土→绑扎钢筋→支模板→浇筑混凝土→拆模并设置横撑→导墙外侧回填土（如无外侧模板,可不进行此项工作）。

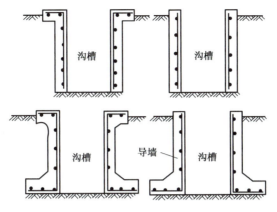

地下连续墙的
导墙

图6.9　导墙的几种断面形式

导墙的材料、平面位置、形式、埋置深度、墙体厚度、顶面高度应符合设计文件要求。当设计文件未规定时,应符合以下要求:

①导墙宜采用钢筋混凝土材料构筑。混凝土强度等级不宜低于C20。导墙形式根据土质情况可采用板墙形、"["形或"倒L"形。墙体厚度应满足施工要求。

②导墙的平面轴线应与地下连续墙轴线平行,两导墙的内侧间距宜比地下连续墙墙体厚度大40~60 mm。

③导墙应建造在坚实的地基上,如地基土较松散或较软弱时,修筑导墙前应采取加固措施。导墙底端埋入土内深度宜大于1 m。基底土层应夯实,遇有特殊情况须做妥善处理。导墙顶端应高出地面,遇地下水位较高时,导墙顶端应高于地下水位1.5 m以上,墙后应填土与墙顶齐平;全部导墙顶面应保持水平,内墙面应保持竖直。

④导墙应每隔1~1.5 m设置一道支撑。

2. 泥浆护壁

地下连续墙施工的基本特点是利用泥浆护壁进行成槽。泥浆除护壁外,还有携渣、冷却钻具和润滑的作用。常用护壁泥浆的种类及主要成分见表6.1。

表6.1　护壁泥浆的种类及其主要成分

泥浆种类	主要成分	常用的外加剂
膨润土泥浆	膨润土、水	分散剂、增黏剂、加重剂、防漏剂
聚合物泥浆	聚合物、水	—
CMC泥浆	CMC、水	膨润土
盐水泥浆	膨润土、盐水	分散剂、特殊黏土

泥浆的质量对地下连续墙施工具有重要意义,控制泥浆性能的指标有比重、黏度、失水量、pH值、稳定性、含砂量等。这些性能指标在泥浆使用前,在室内可用专用仪器测定。在施工过程中,泥浆要与地下水、砂、土、混凝土接触,膨润土等掺和成分有所损耗,还会混入土渣等使泥浆质量恶化,要随时根据泥浆质量变化对泥浆加以处理或废弃。处理后的泥浆经检验合格,后方可重复使用。

3. 挖掘深槽

挖掘深槽是地下连续墙施工中的关键工序,约占地下连续墙整个工期的一半。挖掘深槽通常使用挖槽机完成。挖槽机械应按不同地质条件及现场情况选用。

地下连续墙挖掘深槽

目前,国内外常用的挖槽机械主要有抓斗式、冲击式和回转式。我国当前应用最多的是吊索式蚌式抓斗、导杆式蚌式抓斗及回转式多头钻等。

地下连续墙施工时,预先沿墙体长度方向把地下连续墙划分为许多一定长度的施工单元,称为单元槽段。挖槽是以单元槽段逐个挖掘的,单元槽段长度的确定需要考虑设计要求和结构特点,还要考虑地质、地面荷载、起重能力、混凝土供应能力及泥浆池容量等因素。

当挖槽出现坍塌迹象时,如泥浆大量漏失、液位明显下降、泥浆内有大量泡沫上冒或出现异常的扰动、导墙及附近地面出现沉降、排土量超过设计断面的土方量、多头钻或蚌式抓斗升降困难等,应及时将挖槽机械提至地面,避免挖槽机械被塌方埋入地下。

对于槽壁严重大面积坍塌,应提出挖槽机械,填入较好的黏质土。必要时,可掺拌 10% ~ 20% 的水泥,回填至坍塌处以上 1 ~ 2 m,待沉积密实后再挖掘。对于局部坍塌,可加大泥浆相对密度和黏度,已塌入的土块宜清理后再继续挖掘。

4. 混凝土墙体浇筑

槽段挖至设计标高、清底后,应尽快浇筑墙段钢筋混凝土。其主要包括下列内容:
①吊放接头管或其他接头构件。
②吊放钢筋笼。
③插入浇筑混凝土的导管,将混凝土连续浇筑到要求的标高。
④拔出接头管。

混凝土拌合物应采用导管法灌注。可以将一个槽段划分为若干节段,依次浇筑混凝土。一个单元节段长度小于 4 m 时,可采用一根导管灌注;单元节段长度超过 4 m 时,宜采用 2 根或 3 根导管同时灌注。采用多根导管灌注时,导管间净距不宜大于 3 m,导管距节段端部不宜大于 1.5 m。各导管灌注的混凝土拌合物表面高差不宜大于 0.3 m。导管内径不宜小于 200 mm。

二、地下连续墙稳定性

1. 地下连续墙的破坏类型

地下连续墙作为基坑开挖施工中的防渗挡土结构,是由墙体、支撑及墙前后土体共同作用的受力体系。它的受力和变形状态与基坑形状、开挖深度、墙体刚度、支撑刚度、墙体入土深度、土体特性、施工程序等多种因素有关。

地下连续墙的破坏可分为稳定性破坏和强度破坏两种类型。稳定性破坏有整体失稳(整体滑动、倾覆)、基坑底隆起、管涌或流砂等;强度破坏是由于支撑强度不足或压屈、墙体强度不足等引起的。

2.地下连续墙的稳定性分析

地下连续墙的设计首先应考虑地下连续墙的应用目的和施工方法,然后确定结构的类型和构造,使其具有足够的强度、刚度和稳定性。

(1)作用在地下连续墙上的荷载

作用在墙体上的荷载主要是土压力和水压力,砂性土应按水土分算的原则计算,黏性土宜按水土合算的原则计算。当地下连续墙用作主体结构的一部分或结构物基础时,还必须考虑作用在墙体上的各种其他荷载。

①土压力。在地下连续墙设计计算中,一个重要问题是确定作用在墙体上的侧向土压力。它与墙体的刚度、支承情况、开挖方法、土质条件及墙高等有关。

②水压力。作用在地下连续墙上的水压力与土压力不同。它与墙的刚度及位移无关,按静水压力计算。一般情况下,地下水位以下土层土压力包括水压力在内,可以采用饱和容重,也可以采用水土压力分算的方法,视具体土质条件而定。

③地下连续墙作为结构物基础或主体结构时承担的荷载。地下连续墙作为结构物基础或承重结构时,其荷载根据上部结构的种类不同而有差异。一般情况下,它与作用在桩基础或沉井基础上的荷载大致相同。

(2)地下连续墙挡土结构的稳定性验算

通过对地下连续墙挡土结构的墙体稳定、基坑稳定及抗渗稳定的验算,确定地下连续墙插入土内的深度来保证挡土墙的稳定性。其主要验算下列内容:土压力平衡的验算、基坑底面隆起的验算和管涌的验算。有时,也进行控制隆起位移量的墙体插入深度的计算。

确定地下连续墙插入土体的深度非常重要。若深度太浅,将导致挡土结构物失稳,而过深则不经济,也增加施工困难,应通过前述验算来确定。

学以致用

上海地铁机场联络线浦东机场站于2023年开始施工,位于上海市浦东国际机场主进场路迎宾大道正下方,沿南北向布置。该站为地下2层单岛加越行站,预留城际列车和市域列车共线停靠功能。该站主体围护结构采用地下连续墙基础,套铣接头,墙深65~75 m,端头井墙厚1.2 m,标准段墙厚1.0 m,基坑平均开挖深度为23 m。要求成槽垂直度偏差不大于1/1 000,沉渣厚度不大于200 mm。

沿基坑开挖深度方向设置3道混凝土支撑+3道钢支撑(端头井设置4道钢支撑),其中第1、3、5道支撑采用钢筋混凝土支撑,第2、4、6道支撑采用ϕ800 mm×20 mm钢支撑,钢支撑均采用自动伺服系统。

该地下连续墙成槽采用液压双轮铣槽机,通过铣槽机铣轮将单元槽段内原状土体或岩石自上而下打碎、切削至设计标高,铣槽的同时在槽段口注入提前制备好的泥浆,维持槽段内外压力的平衡。通过铣轮中间自带的泵吸反循环设备,将槽段内的泥浆混合物通过回浆泵返回至地面后台泥浆处理系统,通过除砂机将槽段内的大颗粒物过滤后再泵送至内槽段内作为循环浆继续使用。

技能训练

　　江苏省扬州市瘦西湖隧道位于瘦西湖风景区之下,西起扬子江北路,下穿瘦西湖风景区,东至瘦西湖路,线路全长4.4 km,主线隧道全长2.63 km,道路为双层双向四车道,设计速度为60 km/h。该隧道采用盾构施工技术,自东向西掘进,东部入口处采用地下连续墙作为围护结构。该处地基含水率高,压缩性大,抗剪强度低,软黏土大量分布。地下连续墙段最小覆土厚度为7.4 m。土层主要分布:厚度为2.52 m的杂填土、厚度为2.22 m的粉土、厚度为2.68 m的粉砂、厚度为14.15 m的黏土。该隧道所在土层呈黄褐色,硬塑,含铁锰结核,具有中等膨胀性、中等压缩性,遇水易崩解。地下连续墙首幅槽段宽度为5.0 m,钢筋笼尺寸为42.5 m×5.5 m×1.1 m,质量为73.1 t。

　　请结合所学专业知识,查阅相关资料,分析说明该地下连续墙施工工艺及施工过程中可能遇到的难题。

知识检测

1.宜用于郊区距居民点较远的地铁基坑施工中的围护结构是(　　　　)。

A.地下连续墙　　　　　B.工字钢桩　　　　　C.SMW工法桩　　　　　D.灌注桩

2.(多选题)地下连续墙施工时,应对泥浆的主要技术性能指标(　　　　)进行检验和控制。

A.相对密度　　　　　B.黏度　　　　　C.含砂率　　　　　D.pH值

E.膨润土含量

3.什么是地下连续墙?其主要优缺点有哪些?

4.地下连续墙主要施工工序有哪些?

5.地下连续墙计算分析时,周围受到哪些力的作用?

项目七　地基处理

项目导入

在建筑物地基设计、施工中,时常遇到承载力低、含水率高、压缩性大、抗剪强度低的地基,如软弱土地基以及湿陷性黄土、冻土等特殊土地基。这种地基难以满足承载力和稳定性要求,不能作为建筑物的地基或道路的路基,需要处理以后才能符合土木工程对地基的承载力、沉降或者抗渗等要求。本项目主要介绍软弱土以及特殊土的地基处理。

软弱土是指淤泥、淤泥质土和部分冲填土、杂填土及其他高压缩性土。由软弱土组成的地基称为软弱土地基。

软土是指天然孔隙比大于或等于1.0,且天然含水率大于液限的细粒土,包括淤泥、淤泥质土、泥炭、泥炭质土等。

特殊土包括湿陷性黄土、冻土等。这些土质由于颗粒结构组成和连接的特殊性,决定了其土力学性能的异常,因而用作地基时需要特殊处理。

工程建设中,有时不可避免地遇到软弱土等地基。由于这样的地基不能满足工程结构对地基的强度及稳定性等方面的要求,故需先经人工处理加固,改善其力学性质,再建造结构物。经人工处理或加固后的地基称为人工地基。

学习目标

能力目标

◇具有对软弱土地基的判别能力。

◇具有制订实际工程软弱土地基处理方案的能力。

◇具有地基处理的检测能力。

知识目标

◇了解地基处理的检测方法。

◇理解各类软弱地基处理方法的基本原理。

◇掌握软弱土地基的特性。

素质目标

◇通过地基处理理论和方法的介绍,理解理论指导实践的道理。

◇通过地基处理方法的介绍,阐述创新的方法。

任务一　软弱地基处理

任务描述

土木工程中,如果遇到软弱地基达不到基础对承载力、稳定性、安全性的要求,则必须采取相应措施,改善其物理力学性能,达到基础的安全稳定要求。经过无数工程技术人员发挥专业知识和聪明才智,反复实验验证,发明、总结出多种地基处理方法。要根据土质条件、基础的需要等综合分析选定相应的地基处理方法。

那么,地基需要满足哪些条件才能符合基础的要求?特殊土的物理力学参数有哪些特点?地基处理有哪些方法措施?查阅相关资料,了解地基处理方法的发明过程。

理论知识

600 t垃圾变废
为宝建高速公路

一、地基处理概述

(一)地基处理的目的和作用

地基处理是为了避免在软弱土地基上建造结构物时可能产生的问题,采用人工的方法改善地基土的工程性质,以达到满足结构物对地基稳定和变形的要求。

地基处理的主要作用如下:

①提高地基土的抗剪强度,增加地基土的稳定性。

②降低地基土的压缩性,减少沉降和不均匀沉降。

③改善软弱土的渗透性,加速固结沉降过程。

④改善土的动力特性,提高其抗震性能。

⑤消除或减少特殊土的不良工程特性,如黄土的湿陷性、膨胀土的膨胀性等。

(二)需要处理的地基

需要处理的地基土主要有软土、冲填土、杂填土、湿陷性黄土、振动易液化土等。下面简要介绍软土、冲填土、杂填土。

1. 软土

软土一般是指第四纪后期在滨海、湖泊、河滩、三角洲、冰碛等静水或缓流环境中以细颗粒为主的沉积土。它是在静水环境中沉积的高含水率、大孔隙比、高压缩性和低强度的细粒土。软土属于一种特殊性土。软土地基是指主要由淤泥、淤泥质土、泥炭、泥炭质土或其他高压缩性土构成的地基。

软土具有以下特点:

①高含水率。软土含水率一般大于35%,最大可达到300%以上。软土高含水性的基本

特点,决定了其具有高压缩性和低强度等工程性质。

②低透水性。软土渗透系数一般较低,排水性能差,导致其沉降缓慢。

③高压缩性与固结速度缓慢。软土在应力增加时,土的体积减小幅度更大,表现为高压缩性。同时,沉降十分缓慢,导致修建于其上的建筑物竣工后十余年甚至数十年后沉降才能基本稳定。

④低强度。软土的强度低,承载能力低,通常不能直接作为地基或路基使用。

⑤触变性。当软土的结构未被破坏时,具有一定的结构强度,但是一经扰动或振动,就破坏了原有的结构,强度明显降低,甚至发生流动;而当静置一段时间后,强度又随时间逐渐得到恢复。

⑥有机质含量高。因软土的有机质含量一般小于10%,但泥炭和泥炭质土的有机质含量很大。所以,软土不宜作为回填土使用。

2.冲填土

冲填土(吹填土)是指在水利建设或江河整治中,用挖泥船或泥浆泵将江河或港湾底部的泥沙用水力冲填(吹填)形成的沉积土。冲填土的物质成分比较复杂,若以粉土、黏土为主,则属于欠固结的软土;若以中砂以上的粗颗粒为主,则不属于软土范畴。

3.杂填土

杂填土是指因人类活动而堆积形成的无规则堆积物,包括建筑垃圾、工业废料和生活垃圾等。其特性是强度低、压缩性高、均匀性差,不宜直接作为建筑物地基。

其他高压缩性土,如松散饱和的粉(细)砂、松散的亚砂土、湿陷性黄土、膨胀土和振动液化土以及在基坑开挖时有可能产生流砂、管涌等不良工程地质现象的土,都需要进行地基处理。

软弱土地基处理的方法有很多,包括换土垫层法、预压法、振密法、化学加固法、加筋法等,各有其优缺点和适用范围。

二、换土垫层法

换土垫层法是比较常用且较为简单的软土地基处理方法。其做法是将基础下一定深度内的软弱或不良土层挖去,回填强度较高的砂、碎石或灰土等,并夯至密实的一种地基处理方法。当建筑物荷载不大、软弱或不良土层较薄时,采用换土垫层法能取得较好的效果。

换土垫层法
施工

(一)换土垫层法的作用

目前,常用的垫层有砂垫层、砂卵石垫层、碎石垫层、灰土或素土垫层、煤渣垫层等。对于不同的地基和填料,垫层所起的作用是有差别的。其作用主要表现在以下4个方面:

(1)提高浅层地基承载力,减少沉降量

浅基础的地基如果发生破坏,一般是从基础底面开始,逐渐向深处和四周发展,破坏区主要在地基上部浅层范围内;在总沉降量中,浅层地基的沉降量占较大比例。工程中,以密实砂或其他填筑材料代替上层软弱土层,就可以减少这部分地基的沉降量。因此,用抗剪强度较高、压缩性较低的垫层置换地基上部的软弱土,可以防止地基破坏,并减小沉降量。

（2）加速软弱或不良土层的排水固结

如果渗透性低的软弱地基用砂、碎石等渗透性高的材料做部分换填处理,则垫层作为透水面可以起到加速下卧软弱层或不良土层排水固结的作用。但其固结效果常限于下卧层的上部,对深处的影响不大。

（3）防止冻胀

因为粗颗粒的垫层材料孔隙大,不易形成毛细管、产生毛细现象,因此可以防止寒冷地区土中水的冻结所造成的冻胀。

（4）消除膨胀土的胀缩作用

基础下的膨胀土换填为砂、石、三合土等非膨胀土垫层,可以消除胀缩作用,提高地基的稳定性。

（二）垫层厚度和宽度的确定

为使换土垫层达到预期效果,应保证垫层本身的强度和变形满足设计要求,同时垫层下地基所受压力和地基变形应在容许范围内,且应符合经济合理的原则。因此,其设计主要是确定垫层断面的合理厚度和宽度。

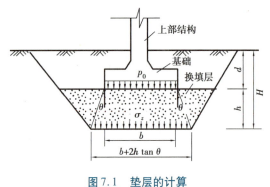

图 7.1 垫层的计算

1. 垫层厚度的确定

如图 7.1 所示,垫层厚度一般根据垫层底面处土的自重应力与附加应力之和不大于相应深度软弱土层的承载力来确定。

$$p_{gk} + p_{0k} \leqslant \gamma_R f_a \qquad (7.1)$$

式中　p_{gk}——垫层底面处土的自重应力;

　　　p_{0k}——垫层底面处土的附加应力;

　　　f_a——修正后的软弱地基承载力特征值;

　　　γ_R——地基承载力抗力系数。

垫层底面处的附加应力,按图 7.1 应力扩散图示计算。

条形基础:

$$p_{0k} = [(p_0 - \sigma_c)b]/(b + 2h \tan \theta) \qquad (7.2)$$

矩形基础:

$$p_{0k} = [(p_0 - \sigma_c)lb]/[(l + 2h \tan \theta)(b + 2h \tan \theta)] \qquad (7.3)$$

式中　p——基础底面平均压力设计值;

　　　σ_c——基础底面处的自重应力;

　　　l, b——基础底面的长度和宽度;

　　　h——垫层的厚度;

　　　θ——垫层的应力扩散角,按表 7.1 选取。

表 7.1 垫层应力扩散角 θ

h/b	换填材料
	中砂、粗砂、砾砂、圆砾、角砾、卵石、碎石
≤0.25	20°
≥0.50	30°

注：当 $0.25<h/b<0.5$ 时，θ 值可内插确定。

计算时，一般先初步拟订一个垫层厚度，再用式（7.1）验算。如不符合要求，则调整厚度，重新验算，直至满足要求为止。垫层的厚度一般不宜太薄。当垫层厚度小于 0.5 m 时，则其作用效果不明显；但也不宜太厚，当垫层厚度大于 3 m 时，施工较困难，且在经济、技术上不合理。故一般选择垫层厚度在 1～3 m。

2. 垫层宽度的确定

垫层宽度除要满足应力扩散的要求外，还应防止垫层向两边挤出。若垫层宽度不足，四周侧面土质又较软弱时，垫层就有可能部分挤入侧面软弱土中，使基础沉降增大。宽度计算通常可按扩散角法确定。例如，底宽为 b 的条形基础，其下的垫层底面宽度 b' 应为：

$$b' \geqslant b+2h \tan \theta \tag{7.4}$$

3. 基础沉降量计算

垫层断面确定后，对于比较重要的建筑物，还要按分层总和法计算基础的沉降量，以使建筑物的最终沉降量小于相应的允许值。砂砾垫层上的基础沉降量 s 包括砂砾垫层的压缩量 s_1 和软弱下卧层压缩量 s_2 两个部分。

$$s = s_1 + s_2 \tag{7.5}$$

式中，砂砾垫层的压缩量 s_1 一般较小，且在施工阶段已基本完成，可以忽略不计。软弱下卧层压缩量 s_2 可按土力学知识或《公路桥涵地基与基础设计规范》（JTG 3363—2019）第 9.1.6 条计算。

4. 施工要点

垫层施工应以级配良好、不均匀系数大于 5、质地较硬的中粗砂或砾砂为宜，也可采用砂和砾石的混合料，砾料粒径不大于 50 mm，黏粒含量不大于 5%，粉粒含量不大于 25%，含泥量不超过 5%，以利于夯实。

垫层必须保证达到设计要求的压实度。常用的压实方法有振动法、碾压法和夯实法等。这些方法都要求控制含水率在最佳含水率附近，分层铺砂厚 200～300 mm，分层振密或压实，并应将下层的密实度检查合格后，方可进行上层施工。

开挖基坑铺设垫层时，不要扰动垫层下的软弱土层，防止软弱土层被践踏、受冻、浸泡或暴晒过久。

换土垫层

三、预压法

地下水位以下的软土地基含水率很高,渗透系数很低,压力作用下沉降历时长,短时间内难以沉降稳定,影响建于其上建筑物的安全,需要采取措施加快沉降,从而降低工后沉降。饱和黏土地基土体的沉降伴随着孔隙水的排出,也称为固结沉降,或简称固结。

预压法就是在饱和软土地基土中,采用各种排水技术措施(设置竖向排水体和水平排水体)并施加压力,以加速饱和软黏土固结沉降的一种地基处理方法。根据排水体系的不同构造,可分为不同的处理方法。如竖向排水体的设置,可分为普通砂井、袋装砂井和塑料排水板等。

排水预压法主要适用于处理淤泥、淤泥质土及其他饱和软黏土。对于砂类土和粉土,因透水性良好,无须用此法处理。对于含水平砂夹层的黏性土,因其具有较好的横向排水性能,所以不用竖向排水体处理,也能获得良好的固结效果。根据压力施加方式、土体排水方式的不同,预压法分为堆载预压法、砂井堆载预压法、真空预压法、降水预压法等。

(一)堆载预压法

堆载预压法是在建筑物建造前,在地基表面分级堆土或其他荷重,使地基土压密、沉降、固结,提高地基强度,减少建筑物建成后的沉降量。

堆载预压法使用的材料、机具和方法简单直接,施工操作方便。但堆载预压需要较长时间,对厚度大的饱和软黏土,排水固结所需的时间较长;同时,需要大量堆载材料,工程应用受到一定限制。

堆载预压法适用于各类软弱土地基,包括天然沉积土层或人工冲填土层,如沼泽土、淤泥、淤泥质土以及水力冲填土;较广泛用于冷藏库、油罐、机场跑道、集装箱码头、桥台等沉降要求比较高的地基。

堆载材料一般以散料为主,如采用施工场地附近的土、砂、石子、砖、石块等。对于堤坝、路基等工程的预压,常以堤坝、路基填土本身作为堆载;对于大型油罐、水池地基,常采用充水作为预压荷载对地基进行预压。

堆载预压法施工时,需要注意堆载的速度不可过快;速度太快,将在软土地基内产生超孔隙水压力,进一步降低抗剪强度,地基土体向周围滑动挤出,导致堆载预压失败。堆载时,需要监测堆载土体以及附近地基的孔隙水压力和沉降,及时调整堆载速度。

(二)砂井堆载预压法

砂井堆载预压法是在软弱地基中,通过采用钢管打孔、灌砂、设置砂井作为竖向排水通道,并在砂井顶部设置砂垫层作为水平排水通道,形成排水系统;在砂垫层上部堆载,以增加软弱土中附加应力;使土体中孔隙水在较短的时间内通过竖向砂井和水平砂垫层排出,以加速土体固结,提高软弱地基土承载力(图7.2)。

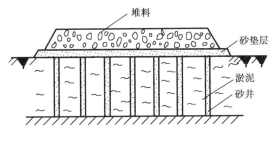

砂井堆载预压法

图 7.2　砂井堆载预压示意图

1. 砂井堆载预压法的特点

①提高软弱土地基的抗剪强度和地基承载力。

②加速饱和软黏土的排水固结速率(沉降速度可加快 2~2.5 倍)。

③施工机具和方法简单,施工速度快、造价低。

2. 砂井堆载预压法的适用范围

该方法适用于淤泥质土、淤泥和冲填土等饱和土地基的处理。其主要用于路基、路堤、土坝、机场跑道、工业建筑油罐、码头、岸坡等工程的地基处理,对泥炭等有机沉积地基则不适用。

3. 砂井的布置和尺寸

(1)砂井的直径和间距

砂井的直径和间距由黏性土层的固结特性和施工期限确定。砂井的直径不宜过大或过小,过大不经济,过小则在施工中易造成灌砂率不足、缩颈或砂井不连续等质量问题,常用直径为 300~500 mm。砂井的间距常为砂井直径的 6~9 倍,一般不小于 1.5 m。

(2)砂井深度

砂井深度主要取决于软土层的厚度及工程对地基的要求。当软土层不厚、底部有透水层时,砂井应尽可能穿透软土层;当软土层较厚,但间有砂层或透镜体时,砂井应尽可能打至砂层或透镜体;当软土层很厚,其中又无透水层时,可按地基的稳定性及建筑物变形要求处理的深度来确定。对于以地基沉降为控制条件的工程,砂井应穿过地基压缩层,使这部分土层通过预压得到良好的固结,有效减小建筑物的工后沉降。对于以地基的稳定性为控制条件的工程,如路堤、土坝、岸坡等,砂井应伸至最危险滑动面以下一定长度,使这部分土层通过预压得到良好的固结,提高抗剪强度。砂井长度一般为 10~20 m。

(3)砂井的平面布置

在平面上,砂井常按梅花形和正方形布置(图 7.3),设每个砂井的有效影响范围为圆形区域。若砂井间距为 L,则等效圆(有效影响范围)的直径 d_e 与 L 的关系如下:

梅花形布置时:

$$d_e = \sqrt{\frac{2\sqrt{3}}{\pi}}L = 1.05L \qquad (7.6)$$

方形布置时:

$$d_e = \sqrt{\frac{4}{\pi}}L = 1.13L \qquad (7.7)$$

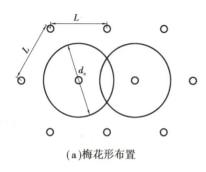

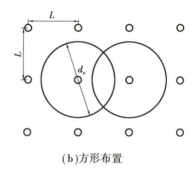

(a)梅花形布置　　　　　　　　　　　　　　(b)方形布置

图 7.3　砂井平面布置示意图

梅花形排列较正方形紧凑、有效,应用较多。砂井的布置范围应稍大于建筑物基础范围,以加固建筑物附加应力影响的周围地基土体,扩大的范围可由基础轮廓线向外增大 2 ~ 4 m。

(4)砂垫层的设置

为保证砂井排水畅通,在砂井顶部还应设置厚度为 0.4 ~ 0.5 m 的砂垫层,以便将砂井中引出的渗透水排到场地以外。

4.砂井堆载预压法施工要点

砂井分为普通砂井、袋装砂井、塑料排水板等。

普通砂井的施工方法有套管法、水冲成孔法和螺旋钻成孔法。套管法是将带有活瓣管尖或套有混凝土端靴的套管沉到预定深度,然后在管内灌砂,拔出套管,形成砂井。水冲成孔法是通过专用喷头,在水压力作用下冲孔,成孔后清孔,再向孔内灌砂,形成砂井。螺旋钻成孔法是以动力螺旋钻钻孔,提钻后灌砂,形成砂井。

袋装砂井,即采用土工编织布制成直径为 7 ~ 12 cm 的袋子,里面填满干砂;在设计砂井位置用桩机把导管沉入预定深度,导管内放入砂袋,灌水,拔出导管,砂袋留置于地基土内,就形成袋装砂井。

塑料排水板,即有凹槽的塑料芯板外面用滤膜覆盖,滤膜透水,芯板排水,形成厚 10 mm、宽 100 mm 左右的带状结构物,也称为塑料排水带。施工时,桩基导管内放入塑料排水板,导管连同塑料排水板一起沉入土体内,拔出导管,塑料排水板留置于土体内。打设塑料排水板时,严禁出现扭结断裂和撕破滤膜等现象。打入地基的塑料排水板宜为整板。

(三)真空预压法

真空预压法是先在需加固的软土地基表面铺设一层透水砂垫层或砂砾层,再在其上覆盖一层密封膜如塑料薄膜或橡胶布,将其周边埋入土中密封,使之与大气隔绝,并在砂垫层内埋设渗水管道,然后用真空泵通过埋设于砂垫层内的管道将密封膜下的空气抽出,达到一定的真空度,使排水系统中的气压维持在大气压以下 80 kPa 左右;在土与排水系统之间的压力差作用下,孔隙水向排水系统渗流,地基土发生固结,如图 7.4 所示。覆盖于地基上的密封膜外面的气压仍为大气压,在密封膜上下的压力差作用下,在地基上施加了很大的压力,使软土层得到压缩。

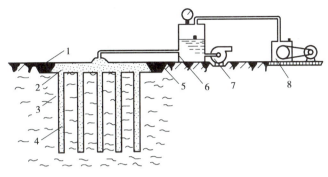

真空预压

图 7.4　真空预压示意图

1—薄膜;2—砂垫层;3—淤泥;4—砂井;5—黏土;6—集水罐;7—抽水泵;8—真空泵

在真空预压过程中,周围土体内孔隙水的渗流和土体的位移均朝向预压区,故无须像加载预压那样为防止地基失稳破坏而控制加载速率,可以在短时间内使薄膜下的真空度达到预定数值。真空预压有利于缩短预压工期,降低造价。但由于薄膜下能达到的真空度有限,其当量荷载一般不超过 80 ~ 90 kPa。如需更大荷载,可以与加载预压联合使用。

真空预压法的施工要点如下:

①待处理地基中打设塑料排水板等。

②地表铺设砂垫层作为水平排水通道。

③砂垫层内预埋排水管。

④在待处理地基四周打设水泥土搅拌桩作为止水帷幕,并开挖深度不少于 1 m 的密封沟,待处理地基表面铺设密封膜,伸入密封沟内,不得扭曲、褶皱或重叠,在密封沟内填入黏土。

⑤排水管同真空泵相连,开动真空泵,地基内形成真空,开始真空预压。

(四)降水预压法

降水预压法是借助井点抽水降低地下水位,以增加土的自重应力,达到预压目的。该方法降低地下水位的原理、方法和需要的设备基本与井点法基坑排水相同。

该方法适用于渗透性较好的砂或砂质土,或在软黏土层中存在砂土层的情况。施工前,应探明土层分布及地下水情况等。降水预压结合堆载,可使地基固结压实的效果更好。

四、振密法和挤密法

砂桩挤密

振密法和挤密法是指在软弱土层中挤土成孔,从侧向将土挤密,然后再将碎石、砂、灰土、石灰或炉渣等填料充填密实形成柔性的桩体,并与原地基形成一种复合型地基,从而改善地基的工程性能。挤密法主要介绍砂桩挤密法,振密法主要介绍夯实法和振动压实法。

(一)砂桩挤密法

松散中细砂土、松散细粒砂、炉渣、杂填土,以及液性指数 $I_L < 1$、孔隙比 e 接近或大于 1 的含砂量较多的松软黏土等松散土地基,若其厚度较大,用砂垫层处理将使垫层过厚,施工困难,

可考虑采用砂桩进行深层挤密,以提高地基强度,减少沉降。

1. 作用原理

砂桩挤密法是用振动、冲击或打入套管等方法在地基中成孔,孔径一般为 300～600 mm,然后向孔中填入含泥量小于 5% 的中粗砂,再夯击密实形成桩体,从而加固地基。其作用如下:

①对于松散的砂质土层,砂桩的主要作用是挤密地基土,减小孔隙比,增加容重,从而提高地基土的抗剪强度,减少沉降。

②对于松软黏性土,砂桩挤密效果不如在砂土中明显,但由于砂桩与土体组成复合地基,共同承担荷载,从而可以提高地基的承载力和稳定性。

③对于砂质土与黏性土互层的地基及冲填土,砂桩也能起到一定的挤密加固作用。

2. 砂桩的计算

砂桩的计算主要应解决以下问题:一是砂桩的加固范围;二是加固范围内所需砂桩的总截面积;三是砂桩的桩数及桩的排列;四是砂桩的长度及灌砂量的估算。下面主要介绍前 3 项,第 4 项可以参阅地基处理相关规范、规程。

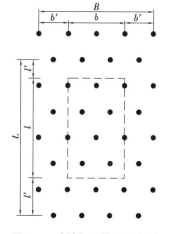

图 7.5 砂桩加固的平面布置

(1)砂桩加固范围的确定

砂桩加固的范围应比基底面积大,一般应自基础向外加大每边不少于 50 cm,如图 7.5 所示。加固范围平面面积为:

$$A = B \times L = (b + 2b')(l + 2l') \tag{7.8}$$

式中,各字母的含义参见图 7.5。图 7.5 中虚线框内为基础区域。

(2)加固范围内所需砂桩的总截面积

在加固范围内,砂桩占有的面积称为挤密砂桩的总截面积 A_1。A_1 所需要的大小除与需要加固的面积 A 有关外,主要与土层加固后需要达到的地基容许承载力相对应的孔隙比有关。

设砂桩加固前地基上的孔隙比为 e_0,地基土的面积为 A,加固后土的孔隙比为 e,地基土面积为 A_2,则 $A = A_1 + A_2$。加固后,砂土孔隙减小的体积等于加固所使用的砂桩的体积,由此可得挤密砂桩的总截面积为:

$$A_1 = \frac{e_0 - e}{1 + e_0} A \tag{7.9}$$

待处理地基的孔隙比 e 值可根据加固后地基的承载力要求,参照相关规范确定。

(3)砂桩的桩数及其排列

砂桩桩径不宜过小,桩径过小,则桩数增多,施工时机具移动频繁;但桩径也不宜过大,过大则需大型施工机具,故一般采用的砂桩直径为 300～600 mm。

设砂桩直径为 d,则一根砂桩的截面积为:

$$A_0 = \frac{\pi d^2}{4} \tag{7.10}$$

所需砂桩数为：

$$n = \frac{A_1}{A_0} = \frac{4A_1}{\pi d^2} \tag{7.11}$$

由此，可最后确定桩的间距和平面布置。

3.砂桩挤密法施工要点

砂桩加固地基所填的砂应为渗水率较高的中粗砂或砂与砾石的混合料，含泥量不超过5%。成孔机具宜采用振动打桩机或柴油打桩机等机具。

根据成桩方法确定砂的最佳含水率，所填入孔内的砂料应分层填筑、分层夯实，并保证桩体在施工中的连续密实性。实际灌砂量未达到设计用量时，应在原处复打，或在旁边补桩。为增加挤密效果，砂桩可以从外圈向内圈施打。

（二）夯实法

夯实法又称为动力固结法，是将重型锤（一般为 100～600 kN，600 kN 相当于 1 节满载火车皮的重量）提升到 6～40 m 高度后，自由下落，以强大的冲击能对地层强力夯实加固或置换形成密实墩体地基。夯实法可提高地基承载力，降低压缩性，减轻甚至消除砂土振动液化危险，消除湿陷性黄土的湿陷性等；同时，还能提高土层的均匀程度，减少地基的不均匀沉降。夯实法分为重锤夯实法和强夯法两种类型。其中，重锤夯实能量通常低于 1 000 kN·m，主要是处理和加固浅层地基；强夯法的夯击能量更大，通常大于 1 000 kN·m，既加固浅层地基，又加固深层地基。

1.夯实法的加固机理

土的类型不同，其夯实加固机理亦不相同。一般认为，夯实时地基在极短的时间内受到夯锤的高能量冲击，激发压缩波、剪切波和瑞利波等应力波传向夯点周围和地基深处。在此过程中，土颗粒重新排列而趋于更加稳定、密实。

2.有效加固深度

夯实法的有效加固深度 H 主要取决于夯锤重量 W 与夯锤落距 h 的乘积即单击夯击能量，也与地基的性质及其在夯实过程中的变化有关。当缺少试验资料或经验时，可按表 7.2 预估有效加固深度。

表 7.2 夯实的有效加固深度

单击夯击能/kN·m	1 000	2 000	3 000	4 000	5 000	6 000
碎石土、砂土等/m	4.0～5.0	5.0～6.0	6.0～7.0	7.0～8.0	8.0～8.5	8.5～9.0
粉土、黏性土、湿陷性黄土等/m	3.0～4.0	4.0～5.0	5.0～6.0	6.0～7.0	7.0～7.5	7.5～8.0

3.夯实法的特点及适用范围

夯实法具有以下特点：
①施工工艺、设备简单。
②适用土质范围广。

夯实

211

③加固效果显著，可取得较高的承载力，一般地基土强度可提高 2～5 倍，压缩性可降低到原来的 1/10～1/2，加固深度可达 6～10 m。

④土粒结合紧密，有较高的结合强度。

⑤工效高，施工速度快（一套设备每月可加固 5 000～10 000 m² 地基）。

⑥节省加固材料。

⑦施工费用低，节省投资，同时耗用劳动力少等。

夯实法适用于处理碎石土、砂土、低饱和度的黏性土、湿陷性黄土、杂填土及素填土等地基。但是，对于周围建筑物和设备有振动影响限制要求的地基加固，不得使用夯实法，必要时应采取防振、隔振措施。

（三）振动压实法

振动压实法是通过在地基表面施加振动把浅层松散土振实的方法，可用于处理砂土和由炉灰、炉渣、碎砖等组成的杂填土地基。

竖向振动力（50～100 kN）由机内设置的两个偏心块产生。振动压实的效果与振动力的大小、填土的成分和振动时间有关。当杂填土的颗粒或碎块较大时，应采用振动力较大的机械。一般来说，振动时间越长，效果越好。但振动超过一定时间后，振实效果将趋于稳定。因此，在施工前应进行试振，找出振实稳定所需要的时间。振实范围应从基础边缘放出 0.6 m 左右，先振基槽两边，后振中间。经过振实的杂填土地基，其承载力基本值可达 100～120 kPa。

五、化学加固法

化学加固法又称为胶结法，是指利用化学溶液或胶结剂，采用压力灌注或搅拌混合等措施，使土粒胶结起来，以加固软土地基。其加固效果主要取决于土的性质、采用的化学剂，亦与其施工工艺有关。化学加固法包括深层搅拌法、高压喷射注浆法等。

（一）深层搅拌法

深层搅拌法

深层搅拌法是利用水泥（或石灰）等材料作为固化剂，通过深层搅拌机械在地基深部就地将软土和浆体或粉体等固化剂强制拌和，固化剂和软土发生物理化学反应，使其凝结成具有整体性、水稳性好和强度较高的水泥加固体，与天然地基联合形成复合地基。所形成的加固体常称为深层搅拌桩。

1.加固机理

水泥加固土由于水泥用量很少，水泥水化反应完全是在土的围绕下产生的，凝结速度比混凝土缓慢。水泥与软土拌和后，水泥中的矿物和土中的水分发生水解和水化反应，生成水化物，有的自身继续硬结形成水泥石骨架，有的则因有活性的土进行离子交换、硬凝反应和碳酸化作用等，使土颗粒固结、结团，颗粒间形成坚固的联结，并具有一定的强度。

2.特点

深层搅拌法的特点如下：

①在地基加固的过程中无振动、无噪声，对环境无污染。

②对土壤无侧向挤压,对邻近建筑物影响很小。

③可按照建筑物要求做成柱状、壁状、块状和格栅状等加固形状。

④可有效提高地基强度。

⑤施工的工期较短,造价低,效益显著。

3. 适用范围

深层搅拌法适用于加固较深较厚的淤泥、淤泥质土、粉土和含水率较高、地基承载力不大于 120 kPa 的黏性土地基,对超软土地基的加固效果更为显著。其多用于大面积堆料厂房地基、墙下条形基础,深基坑开挖时防止坑壁及边坡坍塌、坑底隆起等以及作地下防渗墙等工程的地基处理。

4. 深层搅拌桩复合地基承载力

深层搅拌桩地基的承载力由搅拌桩和桩周土共同承担,可按下式计算:

$$f_{spk} = m(R_a/A_p) + \beta(1-m)f_{sk} \tag{7.12}$$

式中　f_{spk}——复合地基承载力标准值;

m——面积置换率,为桩体横截面与所处理地基面积的比值;

A_p——桩的截面积;

f_{sk}——桩间土承载力标准值;

β——桩间土承载力折减系数,当桩端土为软土时,可取 0.5 ~ 1.0;当桩端土为硬土时,可取 0.1 ~ 0.4;当不考虑桩间软土作用时,可取 0;

R_a——单桩竖向承载力标准值,应通过现场单桩载荷试验测定。当没有试验资料时,也可按下列两式计算,取其中较小的值:

$$R_a = \eta f_{cu} A_p \tag{7.13}$$

$$R_a = \bar{q}_s U_p l + \alpha A_p q_p \tag{7.14}$$

式中　f_{cu}——与搅拌桩桩身加固土配比相同的室内加固土试块(边长为 70.7 mm 的立方体,也可以采用边长为 50 mm 的立方体)的无侧限抗压强度平均值;

η——强度折减系数,一般取 0.35 ~ 0.5;

$\bar{q}_s$——桩周土的平均侧阻力,对淤泥可取 5 ~ 8 kPa,对淤泥质土可取 8 ~ 12 kPa,对黏性土可取 12 ~ 15 kPa;

U_p, l——桩截面周长和桩长;

q_p——桩端天然地基土的承载力标准值;

α——桩端天然地基的承载力折减系数,可取 0.4 ~ 0.6。

在设计时,一般根据要求达到的地基承载力,按式(7.12)求得面积置换率。

深层搅拌桩平面布置可根据上部结构特点及对地基承载力和变形的要求,采用柱状、壁状、格栅状、块状等处理形式。可只在基础范围内布桩,独立基础下的桩数不宜少于 3 根。柱状加固可采用正方形或等边三角形等布桩形式。

5. 施工要点

深层搅拌法加固软土的固化剂可选用水泥,掺入量一般为加固土质量的 8% ~ 16%,每加固 1 m³ 土体掺入水泥 120 ~ 160 kg;如用水泥砂浆作固化剂,其配合比为 1:1 ~ 1:2(水泥:砂)。

搅拌施工时,搅拌机沿导向架搅拌下沉,到达设计深度后,开启灰浆泵,待浆液到达喷浆口时,原地搅拌并喷浆,确保浆体到达桩尖;再边喷浆、边提升深层搅拌机;深层搅拌机喷浆提升至设计顶面高程时,关闭灰浆泵,此时集料斗中的浆液应正好排空。为使软土和浆液搅拌均匀,重复搅拌一次,搅拌机自地面搅拌下沉到桩底,至搅拌机再次搅拌提升至地面,结束这根桩的施工。

灰浆泵输浆必须连续,因故停浆,宜将搅拌机下沉到停浆面以下 0.5 m,待恢复供浆时,再喷浆提升。喷浆搅拌提升至距离地面还有 1 m 时,搅拌机宜用慢速;当喷浆口即将出地面时,宜停止提升、搅拌 30 s 左右,以确保桩头施工质量。对于设计要求搭接成壁状的排桩,应连续施工,相邻桩施工间隔时间不得超过 24 h。

(二)高压喷射注浆法

高压喷射注浆法又称为旋喷法,是 20 世纪 70 年代发展起来的一种先进的土体深层加固方法。它是利用钻机把带有特殊喷嘴的注浆管钻进至土层的预定深度,再用高压脉冲泵(工作压力在 20 MPa 以上)将水泥浆液通过钻杆下端的喷射装置向四周高速喷入土体,借助液体的冲击力切削土层,使喷流射程内的土体遭受破坏,与此同时钻杆以一定的速度(20 r/min)旋转,并以低速(15 ~ 30 r/min)徐徐提升,使土体与水泥浆充分搅拌混合,胶结硬化后即在地基中形成直径比较均匀、具有一定强度(0.5 ~ 8.0 MPa)的圆柱体,使地基得到加固(图 7.6)。

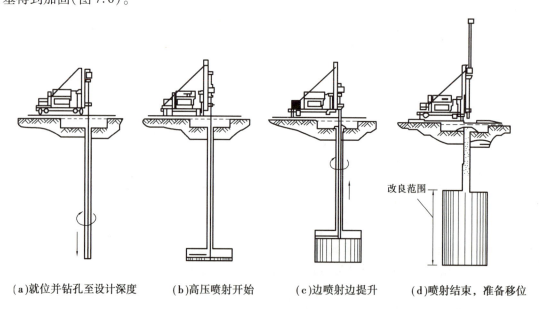

(a)就位并钻孔至设计深度　(b)高压喷射开始　(c)边喷射边提升　(d)喷射结束,准备移位

图 7.6　高压喷射注浆示意图

1.分类及形式

根据使用机具设备的不同,高压喷射注浆法可分为单管法、二重管法、三重管法。

①单管法:用一根单管喷射高压水泥浆液作为喷射流。由于高压浆液喷射流在土中衰减大,破碎土的射程较短,成桩直径较小,一般为 0.3 ~ 0.8 m。

②二重管法:用同轴双通道二重注浆管进行复合喷射流,一般成桩直径为1.0 m左右。

③三重管法:用同轴三重注浆管复合喷射高压水流和压缩空气,并注入水泥浆液。高压水射流的作用,使地基中一部分土粒随着水、气排出地面,高压浆流随之填充空隙。成桩直径较大,一般为1.0~2.0 m,但成桩的强度较低。

高压喷射注浆法按成桩形式可分为旋转注浆、定喷注浆和摆喷注浆3种类型,按加固形状可分为柱状、块状和壁状等。

2.特点

高压喷射注浆法主要具有以下特点:

①提高地基的抗剪强度,改善土的变形特性,使被加固地基在上部结构荷载作用下,不会产生破坏和较大的沉降。

②用于已有建筑物地基加固而不扰动附近土体,施工噪声低,振动小。

③利用小直径钻孔旋喷形成比钻孔大8~10倍的大直径固结体;可通过调节喷嘴的旋转速度、提升速度、喷射压力和喷射量形成各种形状桩体;可制成垂直桩、斜桩或连续墙,并获得需要的强度。

④设备比较简单、轻便,机械化程度高,全套设备紧凑,体积小,机动性强,占地少,能在狭窄场地施工。

⑤可用于任何软弱土层,便于控制加固范围。

⑥施工简便,操作容易,管理方便,速度快,效率高,用途广泛,成本低。

3.适用范围

高压喷射注浆法适用于淤泥、淤泥质土、砂土、黏性土、粉土、湿陷性黄土、人工填土及碎石土等地基加固,可以用于既有建筑和新建筑的地基处理、深基坑侧壁挡土或挡水、基坑底部加固防止管涌与隆起、堤坝的加固与防水帷幕等工程中。

但高压喷射注浆法在含有较多的大粒块石、坚硬黏性土、植物根茎或含过多有机质的土,以及地下水流速较大、喷射浆液无法在注浆管周围凝聚等情况下,不宜采用。

4.施工要点

高压喷射注浆最常用的材料为水泥浆,在防渗工程中使用黏土水泥浆。水泥浆液的水灰比应按工程要求确定,可取0.8~1.5,常用1.0。

高压喷射注浆施工时,先将喷管插入地层预定的深度,开始喷浆。在喷射注浆参数达到规定值后,随即分别按旋喷、定喷或摆喷的工艺要求,提升喷射管,由下而上喷射注浆。喷射管分段提升的搭接长度不得小于100 mm。对需要局部扩大加固范围或提高强度的部位,可复喷。在喷射注浆过程中,应观察冒浆情况,及时了解土层情况、喷射注浆的大致效果和喷射参数是否合理。

六、加筋法

对软土地基采用加筋处理,即在土体中加入筋材,以提高土体的抗剪能力,通常采用土工合成材料作为加筋材料。土工合成材料是以渗透性强的聚合物为原

加筋法

料,是岩土工程领域一种新型建筑材料。美国于 20 世纪 30 年代把土工合成材料用于渠道防渗。我国于 20 世纪 60 年代在水利工程中使用土工膜。随后,土工合成材料在我国的应用逐步得到推广,主要用于交通、岩土及环境工程领域。图 7.7 所示为部分土工合成材料。

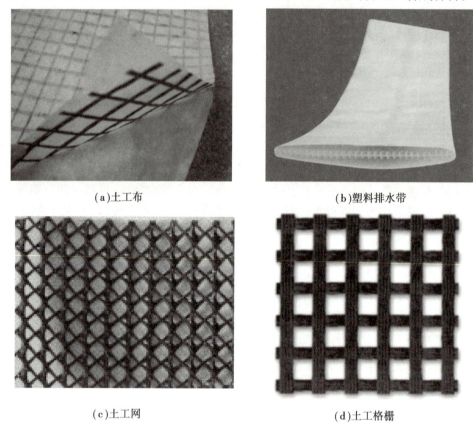

(a)土工布

(b)塑料排水带

(c)土工网

(d)土工格栅

图 7.7　土工合成材料

土工合成材料加筋法是由填土和土工织物、土工格栅等按照设计要求形成复合地基,能够有效地改善土体的抗拉能力和抗剪切能力,可以承担较大竖向荷载和水平荷载。

(一)工合成材料的类型和作用

土工合成材料

1. 土工合成材料的类型

根据加工制造工艺的不同,土工合成材料可分为土工织物、土工膜、土工塑料排水带、土工网、土工格栅、组合材料。

①土工织物是用合成纤维经纺织或经胶结、热压、针刺等无纺工艺制成的土木工程用卷材,也称为土工纤维或土工薄膜。土工织物的主要原料有聚丙烯、聚酯、聚酰胺等。土工织物又分为有纺型土工织物、编织型土工织物、无纺型土工织物。

②土工膜是以聚氯乙烯、聚乙烯、乙烯-酸酸乙烯共聚物等为原料制成的透水性极低的膜或薄片。其可以工厂预制,或现场制作,可分为加筋和不加筋两类。

③土工塑料排水带是由不同截面形状的连续塑料芯板外面包裹滤膜而形成的土工材料，也称为塑料排水板。芯板的原材料为聚丙烯、聚乙烯或聚氯乙烯等。芯板截面有多种形式，常见的有城垛式和乳头式等。芯板作为骨架，其内的沟槽用于通水，滤膜可滤土、透水，如图7.7(b)所示。土工塑料排水带通常打入地基土体中，用于地基土中水的排出。

④土工网由两组平行的压制条带或细丝按一定角度交叉(一般为60°~90°)，并在交点处靠热黏结而成的平面制品，如图7.7(c)所示。

⑤土工格栅由聚乙烯或聚丙烯通过打孔、单向或双向拉伸扩孔制成，孔格尺寸为10~100 mm的圆形、椭圆形、方形或长方形格栅，如图7.7(d)所示。

⑥组合材料由两种或两种以上的材料黏合而成，可以满足特定的要求。

2. 土工合成材料的作用

①用于加固土坡和堤坝。土工合成材料在路堤中可使边坡变陡，节省占地面积；防止滑动面通过路堤和地基土；防止路堤下面发生承载力不足而破坏；跨越可能的沉陷区等。

②用于加固地基。土工合成材料铺设在软土地基表面，利用其承受拉力和土的摩擦作用而增大侧向限制，阻止土体侧向挤出，从而减小变形、增强地基的稳定性。

③用于加筋垫层。在砂石垫层中增加一层或多层土工合成材料，可以提高垫层的抗拉能力、抗不均匀沉降能力和限制水平位移能力。

④用于加筋土挡墙。挡土结构土体中，布置一定数量的土工合成材料，可充分利用材料性能及土与拉筋的共同作用，使挡墙轻型化，节省占地面积，提高整体稳定性，降低工程造价。

⑤制作塑料排水带，置于土体中，加速土体固结，提高土体强度，节约施工时间。

⑥制作土工膜袋。土工膜袋是由上下两层土工织物制作而成的大面积连续袋状材料，袋内充填混凝土或水泥砂浆，凝固后形成整体混凝土板，适用于护坡。其可加快施工进度，降低工程造价。

(二)土工合成材料的加筋机理

土体一般具有一定的抗压能力，但抗剪强度较低，几乎没有抗拉能力。在土体中铺设一层或几层土工合成材料，再压实，土与土工合成材料密切结合形成复合土体。土与土工合成材料间的摩阻力，限制了土体的侧向位移。

20世纪60年代，法国工程师Herri Vidal进行了三轴试验和现场试验，证明在砂土中加入少量纤维后，土体的抗剪强度可提高4倍多。国内外关于土工合成材料加筋作用的研究很多。到目前为止，国内外筋-土相互作用的基本理论可归为两类：一是摩擦加筋原理；二是准黏聚力原理。下面主要介绍摩擦加筋原理。

土工织物加筋处理软土地基上的堤坝，一般是将土工织物铺设在一层碎石或砂垫层中，然后填土，如图7.8所示。

当加筋堤坝发生局部滑动，主动区的土体受到加筋的拉力，破坏面上受到阻碍滑动的切向抗滑力，主动区的滑动企图把土工织物拔出，而稳定区的土与筋带间的摩阻力阻止筋带被拔出。如果稳定区的摩阻力足够大，并且加筋体具有一定的强度，则堤坝就能保持稳定。

如图7.9所示，筋材与土的接触面由于受到压应力 σ 的作用产生摩擦力 T，该摩擦力阻碍筋材被拔出，从而保持被加固土体的稳定，这就是摩擦加筋原理。

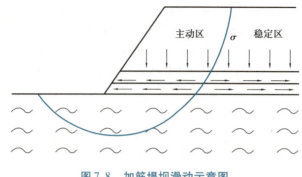

图 7.8　加筋堤坝滑动示意图

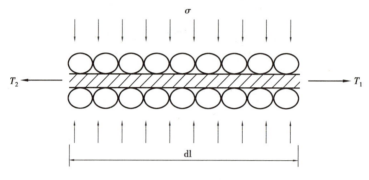

图 7.9　摩擦加筋机理

学以致用

【例】　某工程的基础为条形基础,基础宽度为 2 m,基础埋深位于地表以下 1.5 m,上部结构作用在基础顶面的荷载为:$P=200$ kN/m。地质条件:自地面至以下 6.0 m 均为淤泥质土,其天然重度为 17.6 kN/m³,饱和重度为 19.7 kN/m³,承载力基本容许值为 80 kPa,地下水位在地表以下 2.7 m。地基为软弱地基,采用换填法处理,换填材料为砾砂,垫层厚度为 1 m。问:作用于垫层底部的附加应力为多少? 下卧层承载力是否满足要求?

【解】　根据题意,$h/b=1.0/2.0=0.5$,查表 7.1,$\theta=30°$,由式(7.2)可知,作用于垫层底部的附加应力为:

$$p_{0k}=\frac{(p-\sigma_c)b}{b+2h\tan\theta}=\frac{2\times(200/2+20\times1.5-17.6\times1.5)}{2+2\times1.0\times\tan 30°}=65.7(\text{kPa})$$

由式(3.2),垫层底部处地基的承载力经深度修正后得到的承载力特征值为:

$$f_a=80+1.0\times2.5\times17.6\times(2.5-0.5)/2.5=115.2(\text{kPa})$$

垫层底部的总应力为自重应力和附加应力之和:

$$p_{0k}+p_{gk}=65.7+17.6\times2.5=109.7(\text{kPa})<f_a=115.2(\text{kPa})$$

故满足要求。

高速公路软土地基处治

某高速公路设计采用双向四车道,平原地区设计速度为 120 km/h,山岭地区设计速度为 100 km/h,路基宽度为 26 m。该高速公路路基第二合同段穿越多处鱼塘、沟渠,路基多为软土地基,土质主要为淤泥、全风化花岗岩、强风化花岗岩,软土层厚度为2.6～6.1 m,承载能力差。该标段地下水为第四系孔隙潜水,裂隙水不发育,主要靠地表水补给,土体多为高液限软土。该地区雨季降雨充沛,年降雨量为1 500 mm左右。

对软土地基深度低于3 m或软土地基深度在3～4 m,且局部分布的路段,采用换填法进行处治;若路基排水良好,可采用堆载预压法处治。软土地基深度在6 m以上时,采用0.50 m厚土工格栅加筋碎石桩复合地基进行处治,桩径为0.5 m,桩间距为1.3 m,桩长8.0 m。软土深度5～6 m范围内采用0.50 m碎石桩复合地基进行处治,桩径为0.5 m,桩间距为1.3 m,桩长7.0 m。如果软土路基上部设计采用挡土墙支挡的高路堤,则选用加筋土挡土墙进行支挡,以减少路基沉降。

技能训练

浅层平板载荷试验

1. 适用范围

确定浅部地基承压板下压力主要影响范围内土层的承载力,适用于天然地基、人工处理的复合地基。

2. 试验仪器

①承压板:面积通常不应小于0.25 m²。特殊情况下,应符合下列规定:对于软土地基,不应小于0.5 m²;对于复合地基,不应小于一根桩加固的面积;对于强夯处理后的地基,不应小于2.0 m²。

②液压千斤顶:量程不小于预估承载力特征值的2.4倍。

③位移测量仪:精度为0.01 mm,量程为50 mm。

3. 规范标准

《公路桥涵地基与基础设计规范》(JTG 3363—2019)。

4. 试样准备

工程现场以监理工程师制定的待测地基,作为承载力检测场地。

试验基坑宽度不应小于承压板宽度b或直径d的3倍;应保持试验土层的原状结构和天然湿度。宜在拟试压表面用厚度不超过20 mm的粗砂或中砂层找平。

5. 试验步骤

①加荷分级不应少于8级。最大加载量不应小于设计要求的2倍。

②每级加载后,第一个小时内按间隔10、10、10、15、15 min,测读沉降量后每隔30 min测读一次沉降量;当在连续2 h内,每小时沉降量小于0.1 mm时,则认为已趋稳定,可进行下一级加载。

③出现下列情况之一时,可以终止加载:

a. 承压板周围的土明显地侧向挤出。

b. 沉降 s 急剧增大，荷载-沉降(p-s)曲线出现陡降段。

c. 在某一级荷载下，24 h 内沉降速率不能达到稳定。

d. 沉降量与承压板宽度或直径之比大于或等于 0.06。

6. 结果整理

①地基承载力特征值 f_{a0} 的确定应符合下列规定：

a. p-s 曲线上有比例界限时，取该比例界限所对应的荷载值。

b. 满足"试验步骤"第③条前三款终止加载条件之一时，其对应的前一级荷载定为极限荷载；极限荷载小于对应比例极限荷载值的 2 倍时，取极限荷载值的 1/2。

c. 当不能按上述两款要求确定，压板面积为 0.25 ~ 0.50 m^2 时，可取 s/b（或 s/d）= 0.01 ~ 0.015 所对应的荷载，但其值不应大于最大加载量的 1/2。

②同一土层参加统计的试验点不应少于 3 点。试验实测值的极差不超过其平均值的 30% 时，取此平均值作为该土层的地基承载力特征值 f_{a0}。极差不满足要求时，应查明原因。必要时，重新划分地基统计单元进行评价。

编写复合地基承载力检测方案

江苏省某市政道路地基土层主要有淤泥质土、杂填土、粉土等，采用深层搅拌桩复合地基，桩长 15 m，桩径 0.4 m，单桩复合地基承载力特征值为 100 kPa。

编写该复合地基承载力检测方案。按《建筑地基检测技术规范》(JGJ 340—2015)进行检测。

1. 设备、仪器就位安装

①清理破除软弱桩头至设计标高。

②用粗砂或中砂找平，其厚度为 150 mm，安装符合设计置换率要求面积的承压板。

③安装千斤顶，要求其中心与承压板中心重合。

④搭设压重凭条(1 000 kN 级)。

⑤安装基准梁，一端固定在基准梁上，一端简支在基准桩上。

⑥在承压板上正交对称安装 4 只 0 ~ 50 mm 位移传感器。

⑦采用堆载-压重平台反力装置，压板与压重平台安装由专人负责，统一指挥，以确保安装工作安全可靠。安装时，将支座底部的土层填平夯实，以确保支座顶面在同一标高；各次梁也保持在同一水平面上，以确保压重平台水平，千斤顶所施加的合力沿着桩中心线传递。

安装完毕，经现场工程负责人全面检查后进行预压；预压卸载 1 h 后，经现场工程负责人再次复查确认无误后，方可进行试验。

2. 加载方式

现场试验采用慢速维持荷载法。最大试验荷载为单桩复合地基静载荷试验承载力特征值的 2 倍，将最大试验荷载分为 8 级，逐级加载。试验中，应及时维持荷载，每 5min 内荷载的变化幅度应控制在分级荷载的 -5% ~ +15%。

3. 荷载及沉降测量

①荷载值通过压力表测量,再由千斤顶的标定曲线换算给出。单桩复合地基沉降则通过正交对称布置于承压板上的位移传感器测量。所有位移传感器均用磁性表座固定于基准梁上,基准梁在独立的基准桩上安装,一端固定、一端简支。

②变形观测:每级荷载施加后立即记录一次,第10、20、30、45、60 min 各记录一次,以后每隔 30 min 记录一次。

③稳定标准:每级荷载作用下,若沉降增量连续两次都小于0.1 mm/h(从每级开始记录后的第 30 min 开始计算),则视为稳定。

4. 终止加载条件

①沉降急剧增大,土被挤出或承压板周围出现明显的隆起。

②承压板的累计沉降量已大于其宽度或直径的6%。

③当达不到极限荷载,而最大加载压力已大于设计要求压力值的2倍。

5. 卸载方式

卸载级数为加载级数的1/2,等量进行;每卸一级,间隔 30 min 读记回弹量,待卸载全部荷载后,间隔 3 h 读记总回弹量。

6. 资料整理及成果分析

①极差不超过平均值的30%时,取平均值为单桩复合地基承载力特征值。

②极差大于平均值的30%且基本值都达到或大于设计值时,单桩复合地基承载力为不小于最小的基本值。

按相对变形确定的承载力特征值不大于最大加载压力的1/2。

知识检测

1. 什么是软弱土? 常见软弱土包括哪几种类型的土?

2. 什么是人工地基? 地基处理的目的有哪些?

3. 常用的软弱土地基的处理方法有哪几种?

4. 换土垫层法中,垫层主要起到哪些作用?

5. 砂桩挤密法的作用原理有哪些方面?

6. 砂井堆载预压法的主要施工步骤是哪些? 其作用机理是什么?

7. 某小桥的桥台采用刚性扩大基础,尺寸为 2 m×8 m×1 m(宽×长×厚),基础埋深 1.2 m。地基土为流塑黏性土,液性指数 $I_L=1.1$,孔隙比 $e=0.8$,重度 $\gamma=18$ kN/m³,基底平均附加压应力为 170 kPa,拟采用砂垫层处理。请确定砂垫层厚度及平面尺寸,并简要说明施工质量控制方法。

任务二　湿陷性黄土地基处理

中国科学院院
士卢肇钧

任务描述

黄土是一种产生于第四纪地质历史时期干旱条件下的沉积物,它的内部物质成分和外部形态特征都不同于同时期的其他沉积物。一般认为,不具层理的风成黄土为原生黄土;原生黄土经过流水冲刷、搬运和重新沉积而形成的黄土称为次生黄土,它常具有层理和砾石夹层。

黄土外观颜色较杂乱,主要呈黄色或褐黄色。颗粒组成以粉粒为主,同时含有砂粒和黏粒。黄土还含有大量的可溶性盐类,往往具有肉眼可见的大孔隙,孔隙比大多为 $1.0 \sim 1.1$。

在一定压力下受水浸湿,土结构迅速破坏,并发生显著附加下沉的黄土称为湿陷性黄土,它主要属于晚更新世(Q_3)的马兰黄土以及属于全新世(Q_4)的黄土状土。这类土为形成年代较晚的新黄土,土质均匀或较为均匀,结构疏松,孔隙发育,有较强烈的湿陷性。

在一定压力下受水浸湿,土结构不破坏,并无显著附加下沉的黄土称为非湿陷性黄土,一般属于中更新世(Q_2)的离石黄土和属于早更新世(Q_1)的午城黄土。这类形成年代久远的老黄土土质密实,颗粒均匀,无大孔或略具大孔结构,一般不具有湿陷性或仅具轻微湿陷性。

非湿陷性黄土地基的设计和施工与一般黏性土地基无较大差异。下面讨论的均指与工程建设关系密切的湿陷性黄土。那么,湿陷性黄土有哪些工程特点？湿陷性黄土对地基基础工程有哪些不良影响？

理论知识

一、黄土的特征和分布

黄土

我国黄土分布非常广泛,面积约 64 万 km^2,其中湿陷性黄土约占 3/4,以黄河中游地区最为发育,多分布于甘肃、陕西、山西地区,青海、宁夏、河南也有部分分布,其他如河北、山东、辽宁、黑龙江、内蒙古和新疆等省(自治区)也有零星分布。我国西北的黄土高原是世界上规模最大的黄土高原,华北的黄土平原也是世界上规模最大的黄土平原。

我国黄土主要分布区域及其特点如下:

①陇西地区——湿陷性强烈。

②陇东陕北地区——湿陷性大。

③关中地区,即陕西中部——湿陷性中等。

④山西省——湿陷性中等。

⑤河南省——湿陷性较弱。

⑥冀鲁地区——湿陷性较弱或无。

⑦北部边远地区——湿陷性中等或弱。

二、黄土湿陷发生的原因及影响因素

1. 黄土湿陷发生的原因

黄土发生湿陷是由于渗漏或回水使地下水位上升而引起的。受水浸湿是湿陷发生所必需的外界条件。黄土的结构特征及其物质成分是产生湿陷的内在原因。

2. 黄土湿陷的影响因素

构成黄土的结构体系是骨架颗粒。它的形态和连接形式影响到结构体系的胶结程度,它的排列方式决定着结构体系的稳定性。湿陷性黄土一般都形成粒状架空点接触或半胶结形式,湿陷程度与骨架颗粒的强度、排列紧密情况、接触面积和胶结物的性质和分布情况有关。

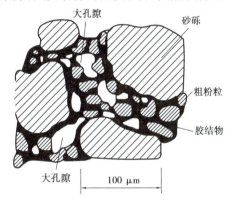

图 7.10　黄土微观结构示意图

黄土形成之初是极松散的,靠颗粒的摩擦和少量水分的作用略有连接,但水分逐渐蒸发后体积有所收缩,胶体、盐分、结合水集中在较细颗粒周围,形成一定的胶结连接。经过多次的反复湿润干燥,盐分积累增多,逐渐加强胶结而形成较松散的结构形式。季节性的短期降雨把松散的粉粒黏结起来,而长期的干旱气候又使土中水分不断蒸发,于是少量的水分连同溶于其中的盐分便集中在粗粉粒的接触点处,可溶盐类逐渐浓缩沉淀而形成胶结物。随着含水率的减少,土粒彼此靠近,颗粒间的分子引力以及结合水和毛细水的连接力也逐渐增大。这些因素都增强了土粒之间抵抗滑移的能力,阻止了土体的自重压密,形成了以粗粉粒为主体骨架的多孔隙结构(图 7.10)。

当黄土受水浸湿时,结合水膜增厚楔入颗粒之间,于是结合水连接消失;盐类溶于水中,骨架强度随之降低,土体在上覆土层的自重压力或在自重压力与附加压力共同作用下,其结构迅速破坏,土粒向大孔隙滑移,粒间孔隙减小,从而导致大量的附加沉陷。这就是黄土湿陷现象的内在过程。

黄土中胶结物的成分和多少,以及颗粒的组成和分布,对黄土的结构特点和湿陷性的强弱有着重要影响。胶结物含量大,可以把骨架颗粒包围起来,则结构致密。黏粒含量多,并且均匀分布在骨架之间,也起胶结物的作用。这些因素都会使黄土的湿陷性降低,并使力学性质得到改善。反之,粒径大于 0.05 mm 的颗粒增多,胶结物多呈现薄膜状分布,骨架颗粒多数彼此直接接触,则结构疏松,强度降低而湿陷性增强。此外,黄土中的盐类,如比较难溶解的碳酸钙为主而具有胶结作用时,湿陷性减弱;但石膏等易溶盐的含量增大,湿陷性增强。

黄土的湿陷性还与孔隙比、含水率以及所受压力的大小有关。天然孔隙比越大,或天然含水率越小,湿陷性越强。天然含水率和孔隙比不变时,随着压力增大,黄土的湿陷性增加。

三、黄土地基的湿陷性评价

正确评价黄土地基的湿陷性具有很重要的工程意义,便于针对性地采取措施,降低湿陷性的不利影响。评价黄土地基的湿陷性,首先需要查明黄土在一定压力下浸水后是否具有湿陷性以及湿陷性大小;其次,判别场地的湿陷类型,属于自重湿陷性黄土还是非自重湿陷性黄土;若属于湿陷性黄土,还需判定湿陷性黄土地基的湿陷等级,即强弱程度。

关于黄土地基湿陷性的评价标准,各国不尽相同。这里介绍《湿陷性黄土地区建筑标准》(GB 50025—2018)规定的标准。

1. 湿陷系数及黄土湿陷性的判别

黄土的湿陷量与所受的压力大小有关。黄土的湿陷性应利用现场采集的不扰动试样,按室内压缩试验测定一定压力下的湿陷系数来判定。

黄土的湿陷系数是指在一定压力下,单位厚度的土样下沉稳定后,浸水饱和所产生的附加下沉量。

工程中,主要利用湿陷系数 δ_s 来判别黄土的湿陷性。当 $\delta_s<0.015$ 时,为非湿陷性黄土;当 $\delta_s\geq0.015$ 时,为湿陷性黄土。

2. 建筑场地的湿陷类型

建筑场地的湿陷类型按自重湿陷量大小来判定。自重湿陷量是指湿陷性黄土在上覆自重压力作用下,发生浸水后的沉降量。当自重湿陷量不超过 7 cm 时,为非自重湿陷性黄土场地;当自重湿陷量超过 7 cm 时,为自重湿陷性黄土场地。

根据自重湿陷量和累计总湿陷量,湿陷性黄土地基的湿陷等级划分为轻微、中等、严重和很严重4个等级。黄土的累计总湿陷量是场地内湿陷性黄土相应压力作用下,完全浸水后所发生的总沉降量。黄土上作用的压力是指地基土体内自重应力和附加应力之和。对于基底下10 m 深度以内的黄土,近似取 200 kPa;对于基底下 10 m 深度以下的黄土,则近似取 300 kPa。

湿陷性黄土地基的湿陷等级,根据基底下各土层累计的总湿陷量和计算自重湿陷量的大小按表7.3判定。

表7.3　湿陷性黄土地基的湿陷等级

总湿陷量/cm	计算自重湿陷量		
	非自重湿陷性场地	自重湿陷性场地	
	$\Delta_{zs}\leq7$ cm	7 cm$<\Delta_{zs}\leq35$ cm	$\Delta_{zs}>35$ cm
$\Delta_s\leq10$	I(轻微)	I(轻微)	II(中等)
$\Delta_s\leq30$		II(中等)	
$30<\Delta_s\leq70$	II(中等)	II 或 III	III(严重)
$\Delta_s>70$	II(中等)	III	IV(很严重)

注:表中 Δ_{zs} 为计算自重湿陷量。

四、黄土地基的承载力

影响黄土地基承载力的因素主要包括黄土的堆积年代、土的含水率、密度和塑性等。不同时代堆积的黄土,承载力相差很大。含水率对湿陷性黄土的承载力有强烈的影响。含水率增大,黄土的抗剪强度迅速降低,承载力也会大幅度降低。

对于湿陷性黄土地基,通常用以下4种方法确定其承载力:

①地基承载力特征值的取值,应保证地基在稳定的条件下,使建筑物的沉降量不超过允许值。

②甲、乙类建筑的地基承载力特征值,可根据静载荷试验或其他原位测试、公式计算,并结合工程实践经验等方法综合确定。

③当有充分依据时,对于丙、丁类建筑,可根据当地经验确定。

④对于天然含水率小于塑限的土,可按塑限确定土的承载力。

基础底面积应按正常使用极限状态下荷载效应的标准组合,并按修正后的地基承载力特征值确定。当偏心荷载作用时,相应于荷载效应标准组合,基础底面边缘的最大压力值不应超过修正后地基承载力的1.2倍。

当基础宽度大于3 m或埋置深度大于1.5 m时,地基承载力特征值应按《湿陷性黄土地区建筑标准》(GB 50025—2018)中相应的公式进行修正。

五、湿陷性黄土地基的工程措施

在湿陷性黄土地区进行建设,地基应满足承载力、湿陷变形、压缩变形和稳定性的要求。针对黄土地基湿陷性特点和工程要求,采取以地基处理为主的综合措施,以防止地基湿陷,保证建筑物安全和正常使用。这些措施有地基处理措施、结构措施、防水措施。其中,地基处理措施是治本之举。

1. 地基处理措施

湿陷性黄土地基处理的目的是破坏湿陷性黄土的大孔结构,改善土的物理力学性质,使拟处理湿陷性黄土层的干密度增大、渗透性减小、压缩性降低、承载力提高,全部或部分消除地基的湿陷性。常用的处理方法见表7.4。

表7.4　湿陷性黄土地基常用的地基处理方法

名称	适用范围	可处理基底下湿陷性土层厚度/m
换填垫层法	地下水位以上	1～3
强夯法	地下水位以上,饱和度 $S_r \leqslant 60\%$ 的湿陷性黄土,局部或整片处理	3～12
挤密法	地下水位以上,饱和度 $S_r \leqslant 65\%$ 的湿陷性黄土	6～15
预浸水法	自重湿陷性黄土场地,地基湿陷等级为Ⅲ或Ⅳ级	可消除地面6 m以下湿陷性土层的全部湿陷性,地面下6 m以内的还可以采用其他方法处理
桩基础	基础荷载大,有可靠的持力层	≤30
单液硅化或碱液加固法	加固地下水位以上的已有建筑物地基	≤10,单液化硅加固的最大深度可达20 m

2. 结构措施

建筑平面力求简单、加强上部结构的整体刚度、预留沉降净空等可减小建筑物不均匀沉降,使结构物能适应地基的湿陷性变形。

3. 防水措施

防水措施的目的是消除黄土发生湿陷变形的外在条件。基本防水措施要求在建筑布置、场地排水、地面排水、散水等方面,防止雨水或生产生活用水渗入浸湿地基。严格防水措施要求对重要建筑物场地和严重湿陷地基,在检漏防水措施基础上,对防水地面、排水沟、检漏管沟和水井等设施提高设计标准。

击碾压技术处理湿陷性黄土路基

某关中平原高速公路全线长 100.184 km,路基宽度为 26.5 m,,所在区域以丘陵地貌为主,地势为东南低、西北高。该高速公路的典型湿陷性黄土段主要为风积粉质液限土,湿陷性突出。根据地质探勘及试验检测,该路段湿陷性黄土干密度为 1.31 ~ 1.43 g/cm³,压缩模量最大为 3.0 ~ 6.5 MPa,孔隙比为 0.896 ~ 1.066,黏聚力为 18 ~ 48 kPa、内摩擦角为 19.5° ~ 22.4°,渗透系数为 $1.634×10^{-6}$ ~ $8.536×10^{-6}$ cm/s,湿陷系数在 0.05 以上,总湿陷量达 46 ~ 70 cm。

为消除该路基段的湿陷性,采用冲击碾压施工技术对路基进行处理。其原理是利用冲击碾压机将土层颗粒充分碾压,各粒径组成料挤密压实,挤出内部空气与水分,降低土层孔隙比,加大土层的黏聚力和内摩擦角,提升路基的强度和稳定性。冲击压路机轮宽 0.9 m,夯击能为 24 kJ。路基填料选用砂土,在路基外侧 1 m 范围内填土压实,再持续向内展开,以免两侧失稳凹陷。初压在高温环境下展开,由外向内碾压;复压采用钢轮压路机,碾压 5 遍左右,确保不存在多余轮迹痕;终压施工选择静压方式,以消除剩余明显轮迹。冲击碾压施工中,及时检测平整度和压实度。

湿陷性黄土地基灰土挤密桩法处理

某工程项目地基地质条件为湿陷性黄土,处理面积约为 1 865.2 m²,要求湿陷性黄土的处理深度不低于 10 m,处理深度范围内存在粉质黏土、粉土等不良地质,场地自重湿陷约为 26.5 cm,属于典型的自重湿陷黄土长度,总湿陷量约为 40.6 cm,湿陷性黄土等级为 Ⅱ 级。采用灰土挤密桩法对其进行处理,设计灰土挤密桩桩径为 400 mm,桩距为 1.0 m,有效桩长 10 m。由 3∶7 灰土回填夯实成桩,要求平均挤密系数不低于 0.93,压实系数不低于 0.95,以消除黄土的湿陷性。

1. 做好施工前的准备工作

在灰土挤密桩正式施工前,需要按照地质水文勘察报告,选择合适的机械设备,以提高施工效率。该工程在施工中,采用 DZ90 型走管式振动沉管桩机、150 kg 油滴状夯锤机 4 台、3 kW 卷扬机 4 台。采用灰土挤密桩法的施工场地应平整,为大吨位桩机移动和调整机位提供便利条件,也要保证灰土挤密桩的垂直度符合要求,施工现场最大坡度不能超过 8%。机械设备运输到施工现场后,由厂家技术人员辅助经验丰富的技术人员组装,必须严格控制灰土挤密桩管的垂直度,对容易发生损坏和破坏的零部件进行维修更换,以保障后续施工的连续性。根据设计图进行测量,对每个压实的准确部位进行定位。该工程属于独立基础,基础底面为 2 m×2 m,处理宽度为 0.25×2＝0.5 m;按照设计要求,桩孔采用正方形布置,间距为 1.0 m,灰土挤密桩桩位布置如图 7.11 所示。桩径取 600 mm,桩长为 12～15 m。

灰土是 3∶7 的灰土(体积比),所用生石灰要通过筛分,灰粉的粒度不宜超过 5 mm。生石灰中不可掺入未熟化的生石灰块和过火石灰,且不能含过量的水分,以深挖时挖掘的土壤为主,但不能含有机物;使用之前,要先过滤,粒度不能超过 15 mm,含水率为 19%。

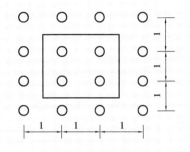

图 7.11　灰土挤密桩桩位布置(单位:m)

2. 振动沉管

启动振动锤,沉管振动到预定深度后,边振动边下料,拔管。如有需要,可进行适当倒置,以确保桩身直径不小于 400 mm。常用的夯实机有两种:一种是偏心轮夹杆式连续夯实机,另一种是卷扬机提升式夯实机。偏心轮夹杆式连续夯实机:采用两个对称的直径为 500 mm 左右的圆盘,圆盘上设有一个凹槽;在圆盘旋转时,两个圆盘夹持夯锤的垂直棒向上提起。当圆盘转到凹槽时,圆盘不能再夹住夯锤,夯锤自由下落,并将填料压实。用来充填桩孔的夯锤为铸钢,底部为倒抛物线锥或圆锥,锤质量为 300～400 kg,最大直径要比桩孔直径小 10～16 cm。这种振动沉管最大的优点是结构简单,在施工现场行走方便。其缺点是需要依靠摩擦力来提升夯锤,存在一定的局限性。

3. 压实和夯实

回填料灌入湿陷性黄土中后,停止继续振动,套上平底桩管靴,并启动加压卷扬机,通过桩机自身重力进行加压。在一些特殊位置或者比较重要的位置,可开启振动锤进行振动压缩,但要控制好压缩量,不应小于 5 m。在夯实前,需要进行夯填试验,以确定最佳的填料数量和夯击次数。严格按照设计要求和项目质量标准进行试验操作,以保证湿陷性黄土处理效果。压实后,经检验合格后及时进行充填,顺序为先下夯,确保有效处理深度,一般在 8 锤以上,直到听到清脆锤声,才能进行填筑。每次分层填料厚度、夯锤高度、夯锤锤数均按试桩获得的参数确定。每一层都能听见清脆的敲击声,然后在上面加一层填充剂。孔间土壤的平均挤密率达到设计指标,由专业人员按照规定的数量进行填充,不得随意填充,不得将材料直接灌入孔洞。夯填土的密实度达到设计要求,桩身必须比设计桩顶高。在拔出桩管后,桩机移动到下一桩位置,再将三脚支架支撑起来。首先在钻孔中放入泥土,再用填料将其分层压实。为确保所需要的击实功,分层的厚度应不超过 20 cm,锤击次数应不少于 40 次,落锤高度应不低于 4 m。夯的高度应比设计桩顶的标高高 10 cm 以上。

4. 灰土挤密桩施工质量检测

①施工前,对桩尖土进行标准灌浆试验,比较各个土层的强度状况,以此判断土体的承载力。

②对混合地基的承载力进行检查,其检查次数不得少于总桩数的 0.3%,且不少于 3 个,且每根桩承载力的检查比例不得少于 2%。

③工程完成后,每隔一段时间进行质量检查。在孔隙水压力消失后,每隔 28 d 以上才能进行饱和黏质土壤基础的检验,粉土、砂土和杂填土的基础应在 7 d 内完成。

④桩基现场检验主要检验桩径、桩距、桩长、桩土等,可以利用钢丝绳现场测定桩距和桩径,还可以利用钻孔取芯法对桩长和桩身土进行监测,也可以对桩间土壤进行手工探井采样。

湿陷性黄土地基处理室内土工试验结果见表7.5。

表7.5 湿陷性黄土地基处理室内土工试验结果

项目		干密度 /(g·cm⁻³)	孔隙比	压缩系数 /MPa⁻¹	湿陷系数
灰土挤密前	范围	1.33 ~ 1.70	0.19 ~ 1.02	0.08 ~ 0.41	0.001 ~ 0.066
	平均值	1.44	0.82	0.20	0.030
灰土挤密后	范围	1.40 ~ 1.85	0.55 ~ 0.85	0.10 ~ 0.27	0.001 ~ 0.026
	平均值	1.72	0.63	0.15	0.007

土工试验结果表明,经过灰土挤密桩法处理后的在湿陷性黄土地基的干密度、孔隙比、压缩系数、湿陷性系数等有了显著提升,各项指标均达到了工程设计的要求,挤密效果显著。

技能训练

黄土湿陷系数试验测定

1.试验目的

本试验的目的是测定黄土湿陷系数。

2.试验仪器

①固结仪:如图7.12所示,试样面积为30 cm² 和50 cm²,高2 cm。

②环刀:内外径为61.8 mm、79.8 mm,高度为20 mm。环刀应具有一定的刚度,内壁应保持较高的光洁度,宜涂一薄层硅脂或聚四氟乙烯。

③透水石:由氧化铝或耐腐蚀的金属材料组成,其透水系数应大于土体渗透系数一个数量级以上。采用固定式容器时,顶部透水石直径小于环刀内径0.2 ~ 0.5 mm;采用浮环式容器时,上下部透水石直径都与浮环内径相等。

④变形量测设备:量程为10 mm,最小分度为0.01 mm百分表或零级位移传感器。

⑤其他设备:天平、秒表、烘箱、钢丝锯、刮土刀、铝盒等。

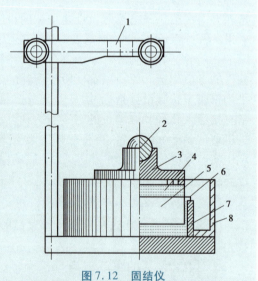

图7.12 固结仪

1—量表架;2—钢珠;3—加压上盖;4—透水石;
5—试样;6—环刀;7—护环;8—水槽

3. 规范标准

《公路土工试验规程》(JTG 3430—2020)。

4. 试样准备

切土时,应使土样受荷方向与天然土层受荷方向一致,并记录和描述土样的层次、颜色和有无杂质等。各试样间的密度差值不得大于 0.03 g/cm³,并测定试样含水率。

5. 实验步骤

①切取 5 个环刀试样,分别将切好的原状土样的环刀内壁涂一薄层凡士林,然后分别将刀口向下放入护环内。

②将底盘放入容器内,底盘上放透水石和滤纸,借助提环螺丝将护环放入容器中,土样上覆以滤纸和透水石,然后放下加压导环和传压活塞,使各部密切接触,保持平衡。

③将加压容器置于加压框架正中,密合传压活塞及横梁,预加 1.0 kPa 压力,使固结仪各部密切接触,装好百分表,并调整读数至零。

④对 5 个试样均在天然湿度下分级加压,分别加至不同的规定压力,按以下步骤进行试验,直至试样湿陷变形稳定为止:

a. 去掉预加荷载,立即加上第一级荷载 50 kPa,再加上砝码的同时开动秒表,按以下时间读百分表读数:10 min、20 min、30 min,以后每小时读数一次,直至达到稳定沉降为止。然后加第二级荷载。沉降稳定的标准是变形量不超过 0.01 mm/h。

b. 第二级荷载为 100 kPa,以后依次为 150、200、400 kPa。荷载加上后,按本试验前述第 a 条规定的时间记录百分表读数至稳定沉降为止。

c. 5 个试样分别在最后一级压力下达到沉降稳定,稳定标准为变形不大于 0.01 mm/h。

d. 自试样顶面加水,按本试验前述第 a 条规定的时间间隔记录百分表读数至再度达沉降稳定。

e. 记读最后一级荷载下达到假定沉降后的百分表读数。拆除仪器,取下试样,测定其含水率和干密度。

f. 试验完毕,放掉容器的积水,拆除仪器,取出土样。在试样中心处取土,测定其含水率。

6. 结果整理

按下式计算湿陷系数:

$$\delta_s = \frac{h_p - h_p'}{h_0} \tag{7.15}$$

式中　δ_s——湿陷系数,精确至 0.001;

h_p——在某级压力下试样变形稳定后的高度,mm;

h_p'——在某级压力下试样浸水湿陷变形稳定后的高度,mm;

h_0——试样初始高度,mm。

湿陷性黄土强夯处理施工技术

某项目场地局部有一黄土层。根据地质勘探资料,该黄土层的湿陷性系数为0.01 ~ 0.10,湿陷性起始压力为18 ~ 180 kPa。该项目工地试验室检测出该黄土层土质物理力学指标,结合地勘资料数据,该地层黄土具有一定的湿陷性,且湿陷等级为Ⅱ级。该项目为高速公路,施工时需对该地的湿陷性黄土进行特殊加固处理。查阅资料可知,高速公路、一级公路通过湿陷黄土压缩性较高的地段时,该地区地基最小处理深度为3 ~ 5 m。

1. 施工准备

清理、平整施工场地,确定强夯施工作业范围,在施工场地选择典型的区段进行试夯作业。试夯采用直径为2.25 m、质量为10 t的圆柱形铸铁夯击锤,夯锤的夯击能为1 500 kN·m。完成试夯后,根据试夯结果调整夯击参数。

2. 确定夯击遍数及夯点布置

对需要处理的地基范围夯实3遍。其中,第一、二遍进行点夯,夯点位置按间距6 m在场地中呈正方形布置;第三遍在800 kN·m夯击能的作用下进行满夯作业。作业时,由线路的中线夯点夯起,平行于中线向两侧夯击,直到夯击区夯击完成,前后两次夯击的夯点彼此重叠1/4以加固表层。应对夯击过程中的参数进行详细记录,以便后期数据处理。

3. 强夯孔隙水压力监测试验

孔隙水检测仪器采用钻机钻孔埋设,钻孔孔径为105 ~ 108 mm。埋设监测传感器时,传感器应紧贴测点土层,采用干膨胀土或高液限黏土球封孔,使测点土层孔隙水与上层土层完全隔绝。由于孔隙水压计的进水孔较大,如果不做处理,容易被封孔的泥沙堵塞,故埋设前应在孔隙水压计的进水孔设置过滤层,防止堵塞。孔隙水压计埋设完成后,应与数据采集仪连接,检查传感器状态并做以记录。钻孔回填完成3 ~ 4 d后,连续记录孔隙水压计的读数,直至基本稳定不变为止,最终以稳定读数作为初始数据。

4. 强夯作业

在强夯处理区,按照试验要求将夯机吊装到位,将夯锤放置于夯点上方预定位置处,使夯锤脱钩自由下落至夯点位置。落距与击数应经过反复试验后确定其最优组合。若发现夯击过程中因坑底倾斜导致夯锤不正时,应组织人员对坑底进行整平。根据试验参数规定的夯击要求,对每一个夯点进行强夯。当最后两次击实的平均击实沉降不超过5 cm、击实坑周围地面没有明显隆起、击夯坑的深度不存在锤击起锤困难的情况时,即可停止击实。重复前述步骤,完成所有夯击点的第一、二遍压实作业。

5. 完成地基强夯加固作业

在规定的时间间隔后,在强夯工区按照前述步骤进行全夯实,用推土设备对压实后的基坑进行填筑。经测量强夯后的湿陷性黄土地基的稳定性和承载力都有大幅度提升。

知识检测

1. 湿陷性黄土具有哪些特点?
2. 如何区分湿陷性黄土的湿陷性大小?
3. 湿陷性黄土的地基处理技术有哪些?

任务三 冻土地区的地基与基础

任务描述

在我国北方的青藏高原和东北大、小兴安岭,以及东部和西部地区的一些高山顶部,分布着冻土。这些冻土如果作为建筑物地基,具有一些特殊的特点,对建筑物的正常施工和使用产生影响。

那么,冻土就是冻结后的土?冻土对路基和建筑物有什么影响?我国冻土地区主要分布在哪些地方?

理论知识

一、冻土的特征及分布

温度不高于0 ℃、含有冰且与土颗粒呈胶结状态的土或岩石,称为冻土(图7.13)。它是由土的颗粒、水、冰、气体等组成的多相成分复杂体系。冻土按其冻结时间长短可分为瞬时冻土、季节性冻土和多年冻土3类。

冻土

图7.13 冻土

瞬时冻土的冻结时间短于一个月,一般为数天或几个小时(夜间冻结)。冻结深度为几毫米至几十毫米。这种冻土对建筑物基础的影响很小,通常不予考虑。

季节性冻土的冻结时间超过或等于一个月,冬季冻结,夏季融化,冻结时间一般不超过一个季节,冻结深度从几十毫米至一二米,其下的边界线称为冻深线或冻结线。它是每年冬季发生的周期性冻土。季节性冻土在我国分布很广,占我国领土面积的一半以上。厚度在0.5 m以上的季节性冻土主要分布在我国东北、华北、西北地区。

多年冻土是指冻结时间连续两年或两年以上的冻土。其表层受季节影响而发生周期性冻融变化的土层称为季节融化层。最大融化深度的界面线称为多年冻土的上限。当修筑建筑物后所形成的新上限称为人为上限。多年冻土在我国主要分布在青藏高原和东北大、小兴安岭,在东部和西部地区一些高山顶部也有分布。多年冻土占我国总面积的 20% 以上。我国多年冻土与季节冻土合计面积占全国总面积的 75% 以上,大约有 2/3 国土面积的地基基础设计和施工需要考虑冻土的影响。

冻土与未冻土的物理力学性质有着共性,但由于冻结时水由液态转变为固态,并对土体结构产生影响,使得冻土具有不同于一般土的特点,如冻结过程中水分的迁移、冰的析出、土的冻胀和融陷等。这些特点将导致冻土对建筑物产生不同程度的危害。所以,冻土地区基础工程除按一般地区的要求设计和施工外,还应该考虑其特殊要求。

二、季节性冻土

(一)季节性冻土的特点

季节性冻土地区建筑物的破坏主要是由于地基土冻结膨胀而造成的。含黏土和粉土颗粒较多的土在冻结过程中,由于负温作用使得土中的水分向冻结面迁移积聚,体积增加 9% 左右,造成冻土体积膨胀,对其上的基础产生不利影响。冻土周期性的冻结、融化,对地基的稳定性、上部结构的变形都有较大影响。

在冻结条件下,基础埋深若超过冻结深度,则冻胀力只作用在基础的侧面,称为切向冻胀力。在基础埋深比冻结深度小时,除基础侧面有切向冻胀力外,在基底上还作用着法向冻胀力。

地基冻融对结构物产生的破坏现象如下:

①基础产生不均匀的上抬,致使结构物开裂或倾斜。

②桥墩、电塔等结构物逐年上拔。

③路基土冻融后,在车辆的多次碾压下,路面变软,出现"弹簧"现象,甚至路面开裂,翻冒泥浆,即俗称"翻浆"。

(二)地基土冻胀性分类

季节性冻土的冻胀力与融陷性是相互关联的,常以冻胀性加以概括。影响地基土冻胀性的首要因素是气温。除气温条件外,还受到土的类别、冻前含水率和地下水位等因素的影响。

1. 土的类别对冻胀性的影响

土的冻胀性与土颗粒的粒径、矿物成分等因素有关,不同类别的土对冻胀的敏感程度不同,这是冻胀的内因。粗颗粒的土比细颗粒的土冻胀性低,土体中粉黏粒含量少的冻胀性低。易于形成冻胀机制的颗粒尺寸为 0.005 ~ 0.050 mm。在该范围内随着粒径的减小和分散性增大,土的冻胀性增大。另外,土中亲水性矿物含量较高时,土的冻胀性会显著增加。这是由于亲水性矿物吸水造成土的含水率增大而引起的。

2. 土的冻前含水率对冻胀性的影响

土中液态水可以分为结合水、重力水、毛细水。其中,重力水和毛细水也称为自由水,在 0 ℃ 或稍低于 0 ℃ 就冻结,而结合水一般要在 -1 ℃ 或更低的温度下才冻结。因此,土的冻胀主要是由于冻结前土中的自由水冻融引起的,自由水影响土的冻胀性的物理性质指标为含水率。也就是说,土的冻前含水率越高,决定着土的冻胀性。

3.地下水位对冻胀性的影响

地下水对土的冻胀性影响与各类土的毛细水高度有关。当地下水位低于某一临界深度时,可不考虑其对土的冻胀性的影响,仅考虑土中含水率的影响,此时为一个封闭系统。当地下水位高于某一临界深度时,由于毛细水的作用,地下水会随着土中水的冻结不断向土中补充水分,从而大大增强土的冻胀性。此时为一个开放系统,既要考虑土中含水率的影响,还要考虑地下水补给的影响。

对于各类土,影响地基土冻胀性的地下水临界深度取值:黏土、粉质黏土为 1.2 ~ 2.0 m;粉土为 1.0 ~ 1.5 m;砂土为 0.5 m。

《公路桥涵地基与基础设计规范》(JTG 3363—2019)根据土的类别、天然含水率大小、地下水位相对深度以及地面最大冻胀量的相对大小,将地基土划分为不冻胀、弱冻胀、冻胀、强冻胀和特强冻胀 5 类。

(三)季节性冻土的处理措施

在季节性冻土地区,冻害的治理应从分析地基土冻胀性的主要影响因素入手,找出控制冻害产生的主要因素,并根据实际情况采取相应的治理措施。常用的工程冻害处理措施如下:

①选择建筑物基础持力层时,尽可能选择在不冻胀土层上。

②要保证建筑物基础有相应的最小埋置深度,以消除基底的冻胀力。

③当冻结深度与地基的冻胀性都较大、基础选在不冻胀土层将导致埋深大幅增加时,可以采取减少或消除切向冻胀力的措施,如在基础侧面挖除冻胀土,回填中粗砂等不冻胀土。

④选用抗冻性的基础断面,利用冻胀反力的自锚作用,将基础断面改变,增加基础的抗冻胀能力。

⑤用较纯净的砂砾或中粗砂换填季节性冻土的路基。换土深度应至冻结深度以下,换土宽度应包括路肩在内的整个断面。

⑥修建减少路基基床含水率的排水设施。例如,修建具有抗冻防渗能力的地表排水设施,防止地表水入渗引起冻胀;修建渗沟、暗沟、截水沟等,截断、疏导地下水或降低地下水位,以防止因地下水补给而引起冻胀。

三、多年冻土

青藏铁路的冻土难题

(一)多年冻土的分布特点

多年冻土随纬度和垂直高度而变化。在北半球,其深度自北向南减小,厚度自北向南减薄以至于消失。例如,俄罗斯西伯利亚北部多年冻土的厚度为 200 m 左右,最厚处可达 620 m,活动层小于 0.5 m;向南到中国黑龙江省,多年冻土南界厚度仅 1 ~ 2 m,活动层厚达 1.5 ~ 3.0 m。多年冻土的厚度由高海拔向低海拔变薄,活动层也相应增厚。例如,中国祁连山北坡海拔 4 000 m 处多年冻土厚 100 m,海拔 3 500 m 处仅厚 22 m;在中国青藏高原北部的昆仑山区,多年冻土厚 180~200 m,向南厚度变薄。

无论在南北方向或者垂直方向上,多年冻土都存在 3 个区:连续多年冻土区、连续多年冻土内出现岛状融区、岛状多年冻土区。这些区域的出现都与温度条件有关。年均气温低于-5 ℃,出现连续多年冻土区;岛状融区的多年冻土区,年均气温一般为-5 ~-1 ℃。

(二)多年冻土的工程危害

在多年冻土地区修建道路有许多特殊的工程地质问题,其中常遇到的问题是冻胀。不仅路基、路面有冻胀病害,房屋、桥涵也有冻胀病害。多年冻土的突出问题是热融沉陷。凡是接近地表有厚层地下冰的地段,包括路基、桥涵、房屋的地基,都容易因冻土热融而发生沉陷。在有厚层地下冰的斜坡上,道路挖方极易导致土体热融,沿融冻界面一块块向下滑移,形成热融滑坍。

在冬季,冻结层上水由于土层冻结而承压,可形成冰丘或冰锥。冰丘是承压的冻结层上水使地表产生隆起,并未突破上覆土层。冰锥是承压的冻结层上水突破上覆土层,冻结堆积于地表。路基修筑时,如不注意冻结层上水的排除,往往产生冰丘和冰锥危害。

此外,多年冻层构成广泛的隔水层,使表土层难以下渗而过湿,在低地、缓坡等处形成沼泽,道路通过冻土沼泽容易产生冻胀、翻浆、热融沉陷等病害。

四、冻胀融沉防治措施

根据黑龙江省的调查情况,有不少小桥涵,尤其是下部采用桩基础、桥面为板式的小桥,冻胀上拔破坏的较多。其原因主要是小桥上部自重较轻,基础埋置较浅,冻胀上拔力大于自重力。为克服这种冻胀破坏,一是加深基础的埋置深度,二是加大上部自重,三是减小冻胀力。

一般工程防止地基冻胀融沉,可以采用类似于季节性冻土的处理措施,还可以采用以下处理措施:

①在多年冻土地区修建道路,根据冻土温度、冻土类型、道路等级、路面要求以及施工期限等情况,可以采用保护冻土或破坏冻土的不同措施。

②一般说来,路基应有足够的填土高度,以避免冻胀、翻浆和热融沉陷等病害。

③取土坑应远离路堤坡脚,并做好取土、排水的设计与施工工作,以避免路肩陷裂、热融滑坍和冰丘、冰锥等病害。

④在白色路面下稳定的路基,铺筑黑色路面会因黑色路面吸热而产生新的热融沉陷,应采取必要的措施。

⑤在有厚层地下冰的地段,应尽量避免挖方、低填和不填不挖断面,否则应采取专门的隔热防融和基底换填等措施。

学以致用

多年冻土区陡坡路基处治技术

青海省共和至玉树高速公路，穿越冰川冰缘构造侵蚀高山、冰缘水流构造侵蚀低山丘陵、侵蚀堆积河谷、冲洪积平原、山间河谷、高山河流宽谷等地貌类型，斜坡路基或陡坡路基路段众多。多年冻土地温变化使斜坡路基在冻融交界面处易发生滑坡事故。

在少冰、多冰冻土区陡坡路段，主要采用图 7.14 所示处治方案，即在陡坡地面线与上边坡交界以下 80 cm 处至下边坡与地面线相交处高度区间挖台阶逐层压实。填方高度大于5 m 或处于陡坡时，在开挖台阶碾压层从上到下连续铺设土工格栅。在富冰、饱冰冻土和含土冰层多年冻土区陡坡路段，采用图 7.15 所示处治方案，即陡坡开挖台阶后，采用洁净砂砾或石渣填筑并逐层压实，且铺设土工格栅，再设置片块石路基。

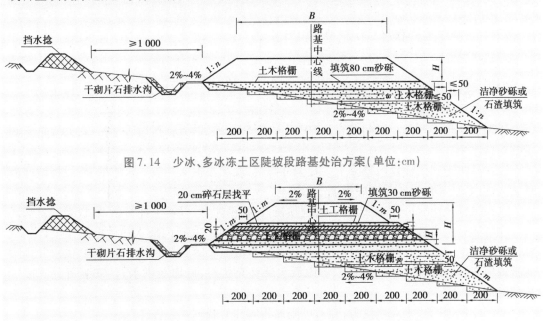

图 7.14　少冰、多冰冻土区陡坡段路基处治方案(单位:cm)

图 7.15　富冰、饱冰和含土冰层冻土区陡坡段路基处治方案(单位:cm)

技能训练

冻胀率试验

1. 试验目的及适用范围

本试验的目的是测定土冻结过程的冻胀率，从而计算表征土冻胀性的冻胀率。本试验适用于原状的及扰动的黏质土和砂质土。

2. 试验仪器

试验装置由试样盒、恒温箱、温度控制系统、温度监测系统、变形量测系统、补水系统及加压系统组成。

①试样盒:以外径 120 mm、壁厚 10 mm、高 100 mm 有机玻璃筒作为侧壁,沿高度每隔 10 mm 设热敏电阻温度计插入孔,底板和顶盖结构能提供恒温液循环和外界水源补充通道。

②恒温箱:容积不小于 0.8 m³,内设冷液循环管路和加热器(功率为 500 W),通过热敏电阻温度计与温度控制仪相连,使试验期间箱温保持在(1±0.5)℃。

③温度控制系统:由低温循环浴和温度控制仪组成,提供试验所需的顶底板温度。

④温度监测系统:由热敏电阻温度计、数字电压表组成,用以监测试验过程中土样、顶底板温度和箱温变化。

⑤补水系统:由恒定水位装置通过塑料管与顶板相连,水位应低于顶板与土样接触面 10 mm。

⑥变形监测系统:百分表或位移传感器(量程为 30 mm、分度值为 0.01 mm)。

⑦加压系统:由加压框架和砝码组成。

3. 规范标准

《公路土工试验规程》(JTG 3430—2020)。、

4. 试样准备

取出原状土样,按自然沉积方向放置,剥去蜡封和胶带,开启土样筒取出土样。

5. 试验步骤

①用切土器将原状土样削成直径 100 mm、高 50 mm 试样,称量后确定密度,并取余土测定初始含水率。

②在有机玻璃试样盒内壁涂上一凡士林薄层,放在底板上并放一张滤纸,然后将试样从顶装入盒内,让其自由滑落在底板上。

③在试样顶面放一张滤纸,然后放到顶板,并稍稍加力,以使土柱与顶、底板接触紧密。

④将盛有试样的试样盒放入恒温箱内,试样周侧、顶、底板内插入热敏电阻温度计。试样周侧包裹 5 cm 厚泡沫塑料保温。连接顶底板冷液循环管路及底板补水管路,供水并排除底板内气泡,调节供水装置水位(若考虑无水源补充状态,可切断供水)。安装百分表或位移传感器。

⑤若需模拟原状土天然受力状态,可施加相应的荷载。

⑥开启恒温箱、试样顶底板冷浴,设定恒温箱冷浴温度为 -15 ℃,箱内温度为 1 ℃;设定顶底板冷浴温度为 1 ℃。

⑦试样恒温 6 h,并监测温度和变形。待试样初始温度均匀达到 1 ℃后,开始试验。

⑧底板温度调节到 -15 ℃并持续 0.5 h,让试样迅速从底面冻结,然后将底板温度调节到 -2 ℃。黏质土以 0.3 ℃/h、砂质土以 0.2 ℃/h 速度下降。保持箱温和顶板温度均匀为 1 ℃,记录初始水位。每隔 1 h 记录水位、温度和变形量各 1 次。试验持续 72 h。

⑨试验结束后,迅速从试样盒中取出试样,量测试样高度并测定冻结深度。

6. 结果整理

按下式计算冻胀率:

$$\eta_f = \frac{\Delta h}{H_f} \times 100 \tag{7.16}$$

式中 η_f——冻胀率,精确至0.01%;

  Δh——试样总冻胀量,mm;

  H_f——冻结深度(不包括冻胀率),mm。

知识检测

1. 冻土具有哪些特点?

2. 冻土地基对于基础有哪些不利影响?

3. 冻土地基如何处理?

任务四 膨胀土的处理

膨胀土

任务描述

膨胀土在我国分布范围较广,遍及我国广西、云南、四川、陕西、贵州、新疆、内蒙古、山西、湖北、河南、安徽、山东、河北、海南、广东、辽宁、浙江、江苏、黑龙江、湖南等20多个省(自治区)的180多个市、县,总面积在10万 km² 以上。膨胀土因其特殊的颗粒组成,导致特殊的工程性质,因而需要采取相应的处理措施才能作为地基使用。

那么,膨胀土有哪些工程性质? 对其上的建筑物有什么影响?

理论知识

图7.16 膨胀土

一、膨胀土的工程特性

膨胀土是指黏粒成分主要由强亲水性矿物组成,吸水时明显膨胀和失水时明显收缩的高塑性黏土(图7.16)。引起胀缩特性的根本原因是其颗粒组成和微观结构。下面分别从膨胀土的物理力学指标、胀缩特性、工程危害等方面进行介绍。

1. 物理力学指标

膨胀土天然含水率通常为20%~30%,接近塑限,孔隙比一般为0.6~1.0,饱和度一般大于85%,塑性指数为17~35,液性指数较小。

2. 膨胀土的胀缩特性

膨胀土的膨胀是指在一定条件下其体积因不断吸水而增大的过程,是膨胀土中黏土矿物与水相互作用的结果。反映膨胀土膨胀性能的指标是自由膨胀率和不同压力下的膨胀率。自由膨胀率是一个与主要矿物成分有关的指标。对于不同矿物成分构成的膨胀土,自由膨胀率为40%~80%。自由膨胀率用于膨胀土的初步判别,区分土类,不用于评价地基土的胀缩特性大小。不同压力下的膨胀率是一个反映土在某压力下单位土体的膨胀变形指标。该指标与土的含水率关系密切,通常土的含水率越低,其膨胀率越高。

膨胀土的收缩是由于大气环境或其他因素造成土中水分减少,引起土体收缩的现象。收缩变形是膨胀土变形的另一个重要组成部分。收缩变形可用收缩系数表示。收缩系数定义为含水率减少1%时土样的竖向收缩变形率(即竖向线缩率)。收缩系数大,其收缩变形就大。

膨胀土的膨胀与收缩是一个互为可逆的过程。吸水膨胀,失水收缩;再吸水,再膨胀;再失水,再收缩。这种互为可逆性是膨胀土的一个主要属性。膨胀与收缩的可逆变化幅度用膨胀总率来表示。

3. 膨胀土的工程危害

膨胀土的膨胀、收缩、再膨胀的往复变形特征非常明显。建造在膨胀土地基上的建筑物,随季节性变化会反复不断地产生不均匀的抬升和下沉,导致建筑物破坏。膨胀土地基导致的建筑物和构筑物的破坏具有下列规律:

①建筑物的开裂破坏具有地区性成群出现的特点,建筑物裂缝随气候变化不停地张开和闭合,而且以底层轻型、砖混结构损坏严重。因为这类房屋自重小、整体性较差,且基础埋置浅,地基土易受外界环境变化影响而产生胀缩变形。

②房屋的垂直和水平方向均受弯和受扭,故在房屋转角处首先开裂,墙上出现对称或不对称的"八字形""X形"裂缝。外纵墙基础由于受到地基膨胀过程中产生的竖向切力和侧向水平推力的作用,造成基础移动而产生水平裂缝和位移,室内地坪和楼板发生纵向隆起开裂。

③膨胀土边坡不稳定,地基会产生水平向和竖直向的变形,坡地土的建筑物损坏要比平地土更严重。

④膨胀土的胀缩特性会使公路路基发生破坏,堤岸、路堑易产生滑坡,涵洞、桥梁等刚性结构物产生不均匀沉降,导致开裂等。

二、膨胀土地基的勘察与评价

(一)膨胀土的胀缩性指标

1. 自由膨胀率

自由膨胀率 δ_{ef} 是指研磨成粉末的干燥土样(结构内部无约束力)浸泡于水中,经充分吸水膨胀后所增加的体积与原体积的百分比。

$$\delta_{ef} = \frac{V_w - V_0}{V_0} \times 100\% \tag{7.17}$$

式中　V_0——试样原有体积;

　　　V_w——膨胀稳定后测得的试样体积。

2. 不同压力下的膨胀率

不同压力下的膨胀率 δ_{ep} 是指在某一压力作用下,处于侧限条件下的原状土样在浸水前后其单位体积的膨胀率(以百分数表示)。

$$\delta_{ep} = \frac{h_w - h_0}{h_0} \times 100\% \tag{7.18}$$

式中 h_0——试验开始未浸水时,某压力下试样的原始高度;

$\quad\quad h_w$——该压力作用下在侧限条件下土样浸水膨胀稳定后的高度。

3. 线收缩率

线收缩率 δ_s 是指土的垂直收缩变形与原始高度的百分比。试验时,把天然土样从环刀中推出后,置于 20 ℃ 恒温条件下或 15 ~ 40 ℃ 自然条件下干缩,测量试样收缩稳定时的高度 h,并同时测定其含水率 w。线收缩率 δ_s 按下式计算:

$$\delta_s = \frac{h_0 - h}{h_0} \times 100\% \tag{7.19}$$

(二)膨胀土地基的评价

膨胀土地基的膨胀程度判别,应基于建筑场地内膨胀土的分布及地形地貌条件,根据工程地质特征及土的自由膨胀率等指标进行综合评价。对于膨胀土地基的胀缩等级,我国规范规定以 50 kPa 压力下(相当于一层砖石结构房屋的基底压力)测定土的膨胀率 δ_{ef},计算地基分级变形量 S_c(计算方法参见膨胀土有关规范),作为划分胀缩等级的标准,见表 7.6。

表 7.6 膨胀土地基的胀缩等级

S_c/mm	$15 \leqslant S_c < 35$	$35 \leqslant S_c < 70$	$S_c \geqslant 70$
级别	I	II	III

三、膨胀土的地基承载力

膨胀土浸水后强度降低,其膨胀量越大,强度降低越多。膨胀土地基承载力的影响因素包括基础的大小、埋置深度、荷载大小以及含水率等。膨胀土地基上基础底面设计压力宜大于土的膨胀力,但不得超过地基承载力。膨胀土地基的承载力,可按下列方法确定。

1. 载荷试验法

对荷载较大或没有建筑经验的地区,宜采用浸水载荷试验方法确定地基的承载力,如图7.17 所示。先在压板周围打渗水井,井深大于基底以下 1.5 倍基宽。按压板面积开挖试坑,坑深不小于 1 m。先分级加荷至设计的基底压力,然后浸水,待膨胀稳定后加荷至破坏,取破坏荷载的 1/2 作为地基承载力特征值。

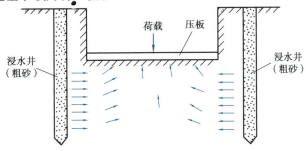

图 7.17 浸水载荷试验

2.计算法

由饱和三轴不排水快剪试验确定土的抗剪强度,再根据《建筑地基基础设计规范》(GB 50007—2011)或《岩土工程勘察规范》(GB 50021—2001,2009 年版)的有关规定计算地基承载力。

3.经验法

对已有建筑经验地区,可根据成功的建筑经验或地区的承载力经验值确定地基承载力。在无资料地区,对于一般工程,地基承载力的确定可参考表7.7。

表7.7　膨胀土地基承载力 f_k　　　　　　　　　　单位:kPa

含水比 α_w		<0.5	0.5 ~ 0.6	0.6 ~ 0.7
孔隙比 e	0.6	350	300	250
	0.9	280	220	200
	1.1	200	170	150

注:①含水比为天然含水率与液限的比值: $\alpha_w = w/w_L$。

②此表数值适用于基坑开挖时土的天然含水率小于或等于勘察时土的天然含水率。

③使用此表数值时,应结合建筑物的容许变形值考虑。

四、膨胀土地基的工程处理措施

在膨胀土地区,土层吸水膨胀、失水收缩的特性导致其不利于作为建筑物或构筑物的基础,应尽量避开。如果难以避开,可以从设计、施工、管理维护等方面采取措施,避免和降低膨胀或收缩对建筑物、构筑物产生的不利影响。

(一)建筑工程处理措施

1.设计措施

(1)建筑场地的选择

根据工程地质和水文地质条件,建筑物应尽量避免布置在地质条件不良地段(如浅层滑坡和地裂发育区,以及地质条件不均匀的区域)。同时,应利用和保护天然排水系统,并设置必要的排洪、截流和导流等排水措施,有组织地排除雨水、地表水、生活和生产废水,防止局部浸水、出现渗漏。

(2)建筑措施

建筑物的体型力求简洁,尽量避免平面凹凸曲折和立面高低不一。建筑物不宜过长,必要时可用沉降缝分段隔开。一般无特殊要求的地坪,可用混凝土预制块或其他块料,其下铺砂和炉渣等垫层。如用现浇混凝土地坪,其下铺块石或碎石等垫层,每3 m 左右设分隔缝。对于有特殊要求的工业地坪,应尽量使地坪与墙体脱离,并加填嵌缝材料。

(3)结构措施

建筑物应根据地基土胀缩等级采取下列结构措施:

a. 较均匀的弱膨胀土地基,可采用条形基础;

b. 基础埋深较大或条形基础基底压力较小时,宜采用墩基础;

c. 承重砌体结构可采用拉结较好的实心砖墙,不得采用空斗墙、砌块墙或无砂混凝土砌体;

d. 不宜采用砖拱结构、无砂大孔混凝土和无筋中型砌块等对变形敏感的结构;

e. 在Ⅱ级、Ⅲ级膨胀土地区,砂浆强度等级不宜低于 M2.5;

f. 为了加强建筑物的整体刚度,可适当设置钢筋混凝土圈梁和构造柱。

单独排架结构的工业厂房包括山墙、外墙及内隔墙,均采用与柱基相同的基础承重。端部的基础应适当加深,围护墙宜砌在基础梁上,基础梁底与地面应脱空 10～15 cm。在建筑物的角端和内外墙的连接处,必要时可增设水平钢筋。

基础埋置深度的选择应考虑膨胀土的胀缩性、膨胀土层埋藏深度和厚度以及大气影响深度等因素。基础不宜设置在季节性干湿变化剧烈的土层内。一般基础的埋深宜超过大气影响深度。当膨胀土位于地表以下 3 m 或地下水位较高时,基础可以浅埋。若膨胀土层较薄,则尽可能将基础穿越膨胀土层埋置在非膨胀土上。膨胀土地区的基础设计,应充分利用地基土的承载力,并采用缩小基底面积、合理选择基底形式等措施,以便增大基底压力,减少地基膨胀变形量。如果采用深基础,宜选用穿透膨胀土层的桩基等。

(4)地基处理

膨胀土地基处理可采用换土、砂石垫层、土性改良等方法。优选处理方法应根据土的胀缩等级、地方材料及施工工艺等,进行综合技术经济比较。

a. 换土:最简易的解决方法,可采用非膨胀性土或灰土。换土深度要考虑受到地面降水影响而使土体含水率急剧变化的深度,基本在 1～2 m,即强膨胀土为 2 m,中、弱膨胀土为 1～1.5 m。换土法处理膨胀土的优点是地基承载力稳定可靠,不需要特殊的施工设备,工期也比较短。

b. 砂石垫层:平坦场地上Ⅰ、Ⅱ级膨胀土的地基处理,宜采用砂、碎石垫层。垫层厚度不应小于300 mm。垫层宽度应大于基底宽度,两侧宜采用与垫层相同的材料回填,并做好防水。

c. 土性改良:主要包括石灰改良、水泥改良、化学剂改良。

石灰改良的传统工艺是将石灰和膨胀土混合、压实,或通过间距较密的钻孔,把石灰水浆高压注入土中。

近年来,有的以水泥取代石灰作为膨胀土改良剂。水泥的水化物包括硅酸钙水化物、铝酸钙水化物和水硬性石灰。在水泥水化过程中,产生的石灰与膨胀土混合,降低了土的膨胀性;同时,水泥与土混合生成水泥土,增强了土的强度。但是,采用水泥做改良剂比采用石灰的造价高,水泥均匀地渗入颗粒很细的土中的难度也比石灰大。

2. 施工措施

①膨胀土地区的建筑物应根据设计要求、场地条件和施工季节,做好施工组织设计。施工中,应尽量减少地基中含水率的变化,以减少土的胀缩变形。

②建筑场地施工前,应该完成场地土方、挡土墙、护坡、防洪沟及排水沟等工程,使排水畅通、边坡稳定。

③施工用水应该妥善管理,防止管网漏水。

④临时水池、洗料场、搅拌站与建筑物的距离不少于 5 m。

⑤应做好排水设施,防止施工用水流入基槽内。基槽施工宜采取分段快速作业。施工过程中,基槽不应被暴晒或浸泡。被水浸湿后的软弱层必须清除。

⑥雨期施工应有防水措施。

⑦基础施工完毕,应将基槽和室内回填土分层夯实。填土可用非膨胀土、弱膨胀土或掺有石灰的膨胀土。

⑧地坪面层施工时,应尽量减少地基浸水,并宜用覆盖物湿润养护。

3. 维护措施

使用单位应认真对膨胀土厂区内的建筑、管道、地面排水、环境绿化、边坡、挡土墙等进行维护管理。定期检查管线漏水、阻塞情况,检查挡土结构及建筑物的位移、变形、裂缝等;必要时,应该监测地形、地温、含水率和岩土压力等变化情况;严禁破坏坡脚和墙基;严禁在坡肩大面积堆载;应经常观察有无出现水平位移的情况,如坡体表面出现通长水平裂缝,应及时采取措施预防坡体滑动。

(二)公路工程处理措施

在公路路基工程中,膨胀土处理主要有以下 3 个方面:对填方路基、膨胀土填料处理及路堤边坡防护;对挖方路基、路床稳定和路堑边坡防护;排水措施。

(1)路床处理

一般应挖除地表下或超挖 30 ~ 60 mm 的膨胀土,用改性的膨胀土或者非膨胀土及时分层回填、压实。

(2)土料稳定与压实

膨胀土不应作为路基填料,若不得已,应尽量选择膨胀潜势较弱的土料,并加以改良。改良的方法有掺石灰、水泥、砂砾石等,常用的方法是掺石灰,掺灰比一般为 6% ~ 8%。膨胀土作为路基填料压实时,采用高含水率和较高密实度的控制标准。

(3)路基设计

路基填、挖高度不得过大,一般宜选择浅路堑、低路堤,其高度不宜大于 3 m。对于大于 3 m 的路堤,必须考虑变形稳定问题,并考虑加宽路基。路堑高时,应考虑台阶式断面和坡脚稳定措施。路基面横坡应较一般土质路基大些,以利于排水。路肩应较一般土质路肩适当加宽。路堤边坡可按普通黏土边坡适当放缓。边沟适当加宽,并尽可能采用深沟排水。路侧不宜种树。

(4)边坡防护

路堤边坡可采用改性土质处理或非膨胀土外包封闭;对路堑边坡应进行全封闭防护,可采用浆砌片石、浆砌混凝土预制护坡或浆砌挡土墙。高等级公路的膨胀土边坡应考虑膨胀土的强度特点,分析滑坡稳定性。

(5)排水措施

所有路基均应设置排水设施,并形成排水网,使地表水及地下水能够畅通排泄,防止浸入路基。路肩、中央分隔带应设置与路面相同的不透水基层。边沟应加宽加深,并采取防渗措施,路堑边坡外侧必须设平台以保护坡脚免受浸湿,同时防止坡面剥落物堆积堵塞边沟。路堑顶部应设截水沟,防止水流冲蚀坡面、渗入坡体,截水沟的位置视上部坡面汇水情况而定,一般应距堑缘 1.0~1.5 m 以外。对于台阶式高边坡,应在每一级平台内侧设排水沟。边沟、截水沟、排水沟、平台应全封闭,严防渗漏和冲刷。

膨胀土路堑边坡支护

河北坝上玄武岩地区路堑边坡最大挖深约 38 m,设 5 级边坡,每级坡高 8 m 左右,各级间设 2 m 宽平台,典型工程地质横断面如图 7.18 所示。原设计坡面防护方案为:上部玄武岩地层采用挂网防护,下部膨胀土地层采用浆砌片石护面墙防护。地层岩性主要为第三系渐新统汉诺坝组玄武岩,灰黑色,部分具气孔状结构,块状构造,呈强风化~中风化;下伏为第三系膨胀性黏土层。项目区地质构造不发育,无活动断裂通过。项目区位于东亚大陆性季风气候中温带干旱区,总体特点为气温低而温差大,雨量少而集中。

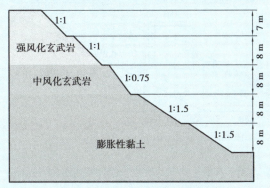

图 7.18　典型工程地质横断面

在开挖路床过程中,边坡发生初次滑塌,滑坡范围沿路线长约 80 m;在清理滑塌体过程中,亦即初次滑塌约 15 d 后发生第 2 次滑塌,滑坡体沿路线向边坡高的一端延伸约 100 m;于 6 d 后发生第 3 次滑塌,继续延伸约 50 m;最终滑坡体影响的边坡长度为 230 m。路堑边坡滑塌段落全貌如图 7.19 所示。

图 7.19　路堑边坡滑塌全貌

通过试验检测该膨胀土,自由膨胀率标准值大于 90%,属于强膨胀土。膨胀土"失水收缩、遇水膨胀"引发的裂隙发展是导致滑坡的主要原因,上硬下软的不稳定地层结构、开挖引起的应力条件变化是次要原因,气候环境的变化则是直接诱发因素。

采取的处治措施主要有:采用回填土加土工格栅对路堑膨胀土部分进行覆盖处理,根据当地大气影响深度,将回填土厚度定为3.0 m;回填土与膨胀土之间设置碎石排水层和纵向渗沟,以便及时将坡体内水排出;对坡面进行植草美化,以减少坡面雨水渗入;在坡脚采用桩板式支挡结构,如图7.20所示。经过一年的雨季和冬季后,该路堑边坡始终保持稳定状态。

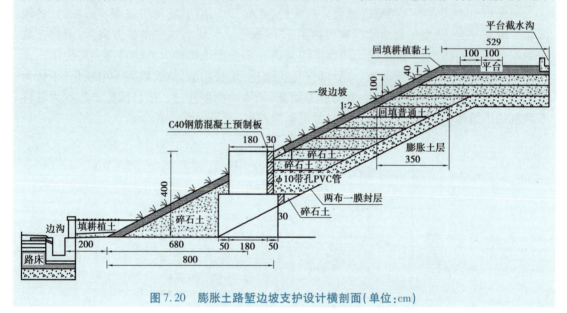

图7.20 膨胀土路堑边坡支护设计横剖面(单位:cm)

技能训练

自由膨胀率试验

1.适用范围

本试验适用于细粒土,尤其是膨胀土。

2.试验仪器

①玻璃量筒:容积为50 mL,最小刻度为1 mL。

②量土杯:容积为10 mL,内径为20 mm,高度为32.8 mm。

③无颈漏斗:上口直径为50~60 mm,下口直径为4~5 mm。

④搅拌器:由直杆和带孔圆盘组成(图7.21)。

⑤天平:称量为200 g,感量为0.01 g。

⑥其他设备:烘箱、平口刀、支架、干燥器、0.5 mm筛等。

3.规范标准

《公路土工试验规程》(JTG 3430—2020)。

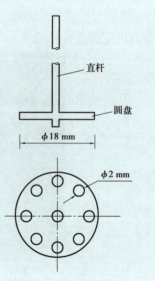

图7.21 搅拌器示意图

4.试样准备

5%纯氯化钠溶液。

5.试验步骤

①取代表性风干土样碾碎,使其全部通过
0.5 mm筛。混合均匀后,取约50 g放入盛土盒内,
移入烘箱,在105～110 ℃温度下烘至恒量,取出,放
在干燥器内冷却至室温。

②将无颈漏斗装在支架上,漏斗下口对正量土杯
中心,并保持距杯口10 mm距离,如图7.22所示。

③从干燥器内取出土样,用匙将土样倒入量土杯
中,盛满后沿杯口刮平土面,再将量土杯中土样倒入
匙中,将量土杯按图7.22所示放在漏斗下口正中处。
将匙中土样一次倒入漏斗,用细玻璃棒或铁丝轻轻搅

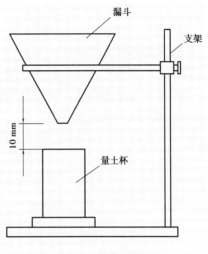

图7.22　量样装置

动漏斗中土样,使其全部漏下,然后移开漏斗,用平口刀垂直于杯口轻轻刮去多余土样(严
防震动),称记杯中土质量。

④按本试验第③条规定,称取第二个试样,进行平行测定,两次质量差值不得大于0.1 g。

⑤将量筒置于试验台上,注入纯水30 mL,并加入5 mL 5%分析纯氯化钠溶液,然后将
量土杯中的土样倒入量筒内。

⑥用搅拌器搅拌量筒内悬液,搅拌器应上至液面下至底,搅拌10次(时间约10 s),取出
搅拌器,将搅拌器上附着的土粒冲洗入量筒,并冲洗量筒内壁,使量筒内液面约至50 mL刻
度处。

⑦量筒中土样沉积后,每隔2 h记录一次试样体积,体积估读至0.1 mL。读数时,要求
视线与土面在同一平面上;如土面倾斜,取高低面读数的平均值。两次读数差值不大于
0.2 mL时,即认为膨胀稳定。用此稳定读数计算自由膨胀率。

⑧底板温度调节到-15 ℃并持续0.5 h,让试样迅速从底面冻结,然后将底板温度调节
到-2 ℃。黏质土以0.3 ℃/h、砂质土以0.2 ℃/h速度下降。保持箱温和顶板温度均匀,为
1 ℃,记录初始水位。每隔1 h记录水位、温度和变形量各1次。试验持续72 h。

⑨试验结束后,迅速从试样盒中取出试样,量测试样高度并测定冻结深度。

6.结果整理

按下式计算土样的自由膨胀率:

$$\delta_{ef} = \frac{V-V_0}{V_0} \times 100 \qquad (7.20)$$

式中　δ_{ef}——自由膨胀率,精确至1%,%;

　　　V——土样在量筒中膨胀稳定后的体积,mL;

　　　V_0——量土杯容积,即干土自由堆积体积,mL。

知识检测

1. 膨胀土具有哪些特征？
2. 膨胀土地基对土木工程有哪些不利影响？
3. 膨胀土路基膨胀性大小如何判别？
4. 如何处理膨胀土路基？

项目八　岩土工程抗震

项目导入

　　地震是地壳在内部或外部因素作用下应力的突然释放产生的地震波,在一定范围内引起地面震动的自然现象。全球每年发生地震约 500 万次,几乎是每时每刻都有地震发生。但是人们能感受到的地震并不多,绝大多数地震是人们难以感觉到的。人们能够感觉到的地震称为有感地震,只占全球地震总数的 1%。

　　地震,特别是强烈地震会给人类带来巨大灾难,造成人员伤亡和经济损失。1556 年,我国陕西省华县发生地震。《明史·嘉靖实录》记载,"压死官吏军民奏报有名者八十三万有奇……其不知名未经奏报者复不可数计",破坏的严重性在世界地震史上绝无仅有。1976 年唐山大地震、2008 年汶川大地震造成了巨大的人员伤亡及财产损失。自 2009 年起,每年 5 月 12 日为全国防灾减灾日。

　　随着社会及经济的发展,我国的城镇化进程加快,人口密集的大中城市增多。据统计,我国 3/4 的城市处于地震区。地震灾害造成的后果可能更加严重,抗震减灾的必要性凸显。

学习目标

能力目标

◇具有路基抗震能力大小的判别能力。

◇具有提高桥梁基础抗震能力的初步分析能力。

知识目标

◇理解地震的类型和引起建筑物、构筑物破坏的机理。

◇了解我国地震带的分布特点,掌握地震对地基和基础产生的震害特点,掌握不同的地质条件发生震害的不同程度。

◇掌握公路路基和桥梁基础的常见抗震措施。

◇了解建筑抗震原理和常见措施。

素质目标

◇介绍地震灾害带来的严重后果,理解人类认识的局限性及尊重自然规律的重要性。

◇通过工程抗震专业知识学习,理解地震时自救的措施,增强抗震自觉性。

任务一　地震基本概念

任务描述

为了准确表述地震的大小和破坏程度,采取科学合理的措施避免和降低地震带来的危害和破坏,最大限度保护人民群众的生命财产安全,有必要对地震进行分类和分析。

那么,引起地震的原因有哪些?如何划分地震的大小?地震将引起哪些破坏?其破坏程度怎样衡量?地震引起的地震波在地球中传播具有哪些特点?

理论知识

一、地震类型和成因

1.按成因分类

地震按其成因可分为构造地震、火山地震、陷落地震和诱发地震4种类型。

①构造地震是地壳运动的过程中岩层的薄弱部位发生断裂错动而引发的地震。构造地震分布广、危害大、发生次生灾害多,是主要的地震类型,占全球地震发生总数的90%。

②火山地震是指由火山爆发,岩浆猛烈冲击地面而引起的地面震动,一般影响较小。这类地震只占全世界地震的7%左右,在我国很少见。

③陷落地震是指由地表或地下岩层发生大规模陷落和崩塌时所引起的地震。这类地震的震级很小,造成的破坏很小,次数也很少,约占3%。

④诱发地震是指由水库蓄水、放水以及地下注水抽水、采矿和地下核爆炸等引起的地震。1962年3月19日,在广东河源新丰江水库坝区发生了迄今我国最大的水库诱发地震,震级为6.1级。

2.按震源深度分类

地震的发源处称为震源。震源在地表的垂直投影称为震中。震源至地面的垂直距离称为震源深度(图8.1)。按震源深度分为:浅源地震,震源深度小于70 km;中源地震,震源深度为70~300 km;深源地震,震源深度大于300 km。

浅源地震距地面近,对震中造成的危害大,但波及范围较小。深源地震波及范围大,但地震能量在长距离传播中消耗较大,破坏程度较轻。全球每年地震释放能量的85%来自浅源地震,12%来自中源地震,3%来自深源地震。

1960年2月29日发生于摩洛哥艾加迪尔城的5.8级地震,震源深度为3 km。震中破坏极为严重,但破坏仅局限在震中8 km内。2002年6月29日发生于我国吉林省的7.2级地震,震源深度为540 km,无破坏。目前,观测到的最深地震发生在地下720 km左右。

3.按地震序列分类

每次大地震发生,在一定时间内,在震区相继发生一系列大小地震,称为地震序列。在一个地震序列中,最大的一次地震称为主震。主震之前发生的地震称为前震。主震之后发生的

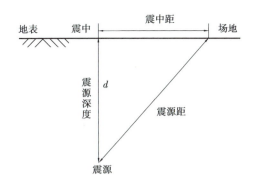

图8.1 地震术语示意图

地震称为余震。

（1）主震型地震

在一个地震序列中，若主震震级很突出，其释放的能量占全序列中的绝大部分，称为主震型地震，这是一种破坏性地震类型。这种地震发生的数量约占总地震数量的60%，如海城地震、唐山地震。

（2）震群型或多发型地震

在一个地震序列中，若主震震级不突出，主要地震能量是由多个震级相近地震释放出来的，称为震群型或多发型地震。这种地震发生的数量约占总地震数量的30%，如1966年邢台地震。

（3）孤立型或单发型地震

在一个地震序列中，若前震和余震都很少，甚至没有，绝大部分地震能量都是通过主震一次释放出来的，称为孤立型或单发型地震。这种地震发生的数量占总地震数量的10%左右，如1976年内蒙古和林格尔地震。

二、地震波动理论

地震引起的振动以波的形式从震源向各个方向传播，这就是地震波。地震波是一种弹性波，包含体波和面波两种类型。

1. 体波

在地球内部传播的波就是体波，分为纵波和横波（图8.2）。当质点的振动方向与波的传播方向一致时称为纵波，又称为压缩波（P波）。纵波振动方向与传播方向一致，主要引起地面竖向振动，在地面上反应为上下跳动（颠簸），其特点是周期短、振幅小。当质点的振动方向与波的传播方向垂直时称为横波，又称为剪切波（S波）。地震横波主要引起地面水平方向振动，在地面上表现为左右摇晃，其特点是周期较长、振幅较大，破坏力更强，是建筑物破坏的主要原因。地震纵波和横波引起的地面反应如图8.3所示。纵波传播的速度比横波快，一般地震发生后先感觉到上下跳动，然后是左右摇晃。

2. 面波

纵波与横波在地表相遇后激发产生的混合波，称为面波。其波长大、振幅强、衰减慢、传播远，只能沿地表面传播，是造成建筑物强烈破坏的主要因素。

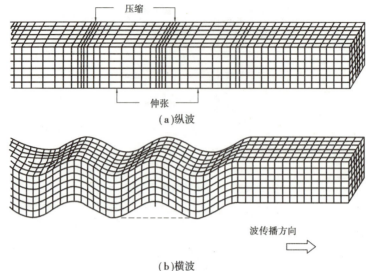

图 8.2　纵波和横波示意图

（a）地震横波的地面反应

（b）地震纵波的地面反应

图 8.3　地震纵波和横波引起地表反应示意图

地震时,对某一点来说,纵波最先到达,横波较迟,面波最后到达。但是面波振幅大、能量强,给建筑物及地表面造成的破坏最大。

三、震级与烈度

1. 震级

地震震级是对地震时震源释放出的能量大小的一种度量,用符号 M 表示。一般是按里希特（Richter）于 1935 年建议的方法确定,故称为里氏震级。根据震级 M 的大小,可将地震分为微震、有感地震、破坏地震、强烈地震、特大地震 5 种类型。其中,有感地震 $M = 2 \sim 4$ 级,人能感觉到;破坏地震 $M \geq 5$ 级,能够引起不同程度破坏;特大地震 $M \geq 8$ 级,破坏力巨大。一次地震释放的能量越大,震级越高,每差一级能量相差 32 倍。一次 6 级地震所释放的能量,相当于 1945 年投掷于日本广岛的 2 万吨级的原子弹爆炸所释放能量的大小。

1960 年 5 月 22 日发生在智利的 9.5 级地震,是记录到的世界最大震级地震。它所释放出的地震能量是空前的,海啸规模巨大,地面形状变化非常显著。其破坏性之大,在世界地震史上罕见。

2. 地震烈度

地震烈度是指某一区域的地面和各类建筑物遭受一次地震影响的强弱程度,是衡量地震引起后果的一种度量,用符号 I_0 表示。对于一次地震来说,只有一个震级,但对不同区域有不同的地震烈度。一般来说,震中区域地震影响最大,烈度最高;距震中越远,地震影响越小,烈度越低。影响烈度的因素除了震级、震中距,还与震源深度、地震的传播介质、表土性质、建筑物的动力特性和施工质量等许多因素有关。

为评定地震烈度,就需要建立一个标准,这个标准称为地震烈度表。它以描述震害宏观现象为主,即根据建筑物的损坏程度、地貌变化特征、地震时人的感觉、家具的动作反应等方面进行区分。各个国家的地震烈度划分并不相同,我国的地震烈度划分为 12 度,分别用罗马数字 Ⅰ,Ⅱ,Ⅲ,Ⅳ,…,Ⅻ表示。我国目前使用的地震烈度表可以查阅《中国地震烈度表》(GB/T 17742—2020)。

震中烈度与震级之间的大致对应关系见表 8.1。

表 8.1　震中烈度与震级的大致对应关系

震级 M	2	3	4	5	6	7	8	8 以上
震中烈度 I_0	1 ~ 2	3	4 ~ 5	6 ~ 7	7 ~ 8	9 ~ 10	11	12

为了不同地区便于抗震分析和设计,把某一地区在今后 50 年内一般场地条件下可能遭遇的超越概率为 10% 的地震所对应的烈度称为基本烈度。基本烈度的确定是地震主管部门以我国的地震危险区为基础,考虑了地震烈度随震中距增加而衰减的统计分析,结合历史地震调查,制定了我国的地震烈度区划图。烈度区划图中划定的烈度即为基本烈度。

建筑物和构筑物的重要性是不同的,抗震设防标准理应有所不同。抗震设防烈度是考虑建筑物的重要性或场地的特殊条件而将基本烈度进行调整后的烈度。设防烈度是区域抗震设防的依据。对于多数建筑,设防烈度就等于基本烈度。

地震知识问答

1. 怎样粗略判断地震的远近与强弱?

地震时,震中区的人们感到先颠后晃;随着震中距离的加大,颠与晃的时间差会逐渐加长,颠与晃的强度会逐渐减弱;在一定范围以外,人们就感觉不到颠动,而只感到晃动。若地震时,你感到颠动很轻或者没有感到颠动,只感到晃动,说明该地震离你比较远;颠动和晃动都不太强时,说明这个地震不是很大。

2. 地震时是跑还是躲?

地震时就近躲避,震后迅速撤离到安全的地方,是应急避震较好的办法。这是因为,震时预警时间很短,人又往往无法自主行动,再加之门窗变形等,从室内跑出十分困难;如果是在高楼里,跑出来更是不太可能的。但若在平房里,发现预警现象早,室外比较空旷,则可尽量跑出避震。

3.我国最早的地震台和地震遥测台网建于何时何地?

1930年,我国第一个地震台——北京市西山鹫峰地震台,在李善邦和秦馨菱主持下成立。1966年,北京遥测台网建成,有8个子台。1975年,海城地震后进行第一次扩充,有21个子台,分布在京、津、唐、张地区。1980年,进行第二次扩充,实施加密工程。1990年,大同地震后进行第三次扩充,实施"华北台网联网"工程。

4.为什么说我国是一个多地震的国家?

据统计,我国大陆地震约占世界大陆地震的1/3。我国处在世界上两大地震带之间,有些地区本身就是这两个地震带的组成部分,并且广大地区都受它的影响。

5.我国历史上最大的地震水灾发生于何时何地?

1933年,四川叠溪发生7.5级地震,地震时山体崩塌堵塞岷江,形成4个堰塞湖,大震后45天,湖水堵体溃决,造成下游水灾。洪水纵横泛滥,长达千余里,淹没2万多人,冲毁良田5万余亩。

6.我国的地震预报水平?

在现有的科学水平下,还不可能对多数破坏性地震作出预报。但在充分和合理地应用现有实践经验和研究成果的前提下,在某些有利条件下,对某种类型的地震有可能作出一定程度的预报。

我国和世界各国一样,当前的地震预报尚处于低水平的探索阶段。与日本、美国等国相比,我国在观测技术的先进性及地震预报的基础理论研究方面,尚有一定的差距,但我国在震例资料和现场预报经验的积累方面具有优势。我国频繁发生的中强以上地震为我国地震工作者提供了较多实验预报的实践机会。在20世纪70年代中期,我国曾成功预报过辽宁海城7.3级地震等破坏性地震。20世纪90年代以来,我国取得过1995年云南孟连7.3级地震,1997年新疆伽师强震群中6.3级、6.4级等地震,1998年11月云南丽江宁蒗县6.2级等4次5级以上地震,1999年12月辽宁岫岩枣海城5.6级地震等一系列成功的短临预报。这在世界上是绝无仅有的。

总体而言,我国地震预报水平处在世界先进行列。

技能训练

撰写地震调研报告

1.任务描述

查阅相关资料,查询自己所在地区的抗震设防烈度及与相邻地区抗震设防烈度的区别,了解抗震设防烈度的设置原则和依据。

2.解决问题

通过查阅教材相关内容、图书馆借阅抗震方面的专业书籍,以及中国地震局、中国地震灾害防御中心、国家地震科学数据中心等网站,分析自己所在地区的抗震设防烈度,撰写调研报告,学习相关专业知识。

知识检测

1. 什么是震源、震中、震中距？
2. 根据成因，地震分为哪几类？
3. 什么是震源深度？何谓浅源地震、深源地震、中源地震？
4. 何谓地震烈度？影响烈度的因素有哪些？
5. 地震横波与纵波有何区别？

任务二　地基基础震害

任务描述

地震波通过地基基础输入给建筑物，导致建筑物发生破坏。不同类型场地组成的地基、不同类型的基础，其对地震的反应是不同的，产生的破坏亦有差异。通过调整和改良地基、优化基础设计和施工，将有助于降低地震带来的破坏，有效保护人民群众生命财产安全。

那么，地震对地基和基础带来什么样的危害？地震时，哪些情况下产生的灾害更严重？

理论知识

一、我国地震活动

（一）我国的地震区域及地震带分布

我国东邻环太平洋地震带，南接欧亚地震带，地震分布相当广泛。地震活动主要分布在 5 个地区的 23 条地震带上。这 5 个地区如下：

①台湾及其附近海域；

②西南地区，主要在西藏、四川西部和云南中西部；

③西北地区，主要在甘肃河西走廊、青海、宁夏、天山南北麓；

④华北地区，主要在太行山两侧、汾渭河谷、阴山—燕山一带、山东中部和渤海湾；

⑤东南沿海的广东、福建等地。

我国的主要地震带有两条：

①南北地震带：北起贺兰山，向南经六盘山、穿越秦岭沿川西至云南省东北，纵贯南北。地震带宽度各处不一，大致在数十至百余千米，分界线是由一系列规模很大的断裂带和断陷盆地组成，构造相当复杂。

②东西地震带：主要的东西构造带有两条，北面的一条沿陕西、山西、河北北部向东延伸，直至辽宁北部的千山一带；南面的一条自帕米尔高原起，经昆仑山、秦岭，直到大别山区。

我国台湾位于环太平洋地震带上，西藏、新疆、云南、四川、青海等省、自治区位于喜马拉

抗震救灾

雅—地中海地震带上,其他省区处于相关的地震带上。

(二)我国地震活动的主要特点

1.地震活动分布范围广

我国绝大部分省份都曾发生过 6 级以上地震,地震基本烈度 6 度及以上地区的面积占国土面积的 79%。我国地震活动范围广,震中分散,科学技术存在不足,以致难以集中采取防御措施,地震防范工作任务艰巨。

2.地震活动频繁

我国是全球大陆地震活动频发的国家。20 世纪,我国发生 7 级以上地震 116 次,约占全球的 6%。其中,大陆地震 71 次,约占全球大陆地震的 29%。

3.地震活动具有时空分布不均匀性

我国的强地震活动在时间上具有活跃—平静的交替出现特征。活跃期和平静期的 7 级以上地震年频度比为 5∶1。1901—2000 年的 100 年间,我国大陆经历了 5 个地震活动相对活跃期和 4 个地震活动相对平静期,其时段划分大致为:1901—1911 年、1920—1937 年、1947—1955 年、1966—1976 年和 1988—2000 年为相对活跃期,1912—1919 年、1938—1946 年、1956—1965 年和 1977—1987 年为相对平静期。

4.强震活动分布相对集中,震源较浅

台湾地区是我国地震活动最为强烈的地区。20 世纪,台湾地区发生 7 级以上地震 41 次,占我国 7 级以上地震总数的 35%。在我国大陆地区,以东经 107° 为界,以西地区由于直接受到印度洋板块的强烈挤压,地震活动的强度和频度均大于东部地区。20 世纪,我国大陆发生 7 级以上浅源地震 64 次。其中,东经 107° 以西地区 56 次,占 87.5%,其释放的地震能量占 95% 以上,且地震绝大多数是震源深度为 20~30 km 的浅源地震,对地面建筑物和工程设施的破坏较严重。

5.位于地震区的大中型城市多,建筑物抗震能力低

我国 450 个城市中,位于地震区的占 74.5%,其中有一半位于地震基本烈度 7 度及其以上地区;28 个百万以上人口的特大城市,有 85.7% 位于地震区。特别是一些重要城市,如北京、昆明、太原、西安、海口、台北等,都位于地震基本烈度为 8 度的高烈度地震区。

二、地震灾害

地震灾害的特点

21 世纪以来,全世界破坏性强的地震平均每年 18 次,造成经济损失巨大。地震灾害影响因素包括震级、震中距、震源深度、发震时间、发震地点、地震类型、地质条件、建筑物抗震性能等自然因素,以及地区人口密度、经济发展程度和社会文明程度等社会因素。地震灾害具有突发性、不可预测性、频度较高、次生灾害严重、社会影响大等特点。地震灾害是可以预防的,良好的综合防御工作可以最大限度地减轻地震灾害。

1.原生地震灾害

地震直接造成的地表破坏为原生地震灾害。其主要形式有山石崩裂、滑坡、地面开裂、地陷、喷水冒砂等,分为以下4类:

①地面破坏,如地面裂缝、错动、塌陷、喷水冒砂等。

②建筑物与构筑物的破坏,如房屋倒塌、桥梁断裂脱落、水坝开裂、铁轨变形等。

③山体等自然物的破坏,如山崩、滑坡等。

④海啸,海底地震引起的巨大海浪冲上海岸,可造成沿海地区的破坏。

2004 年 12 月 26 日,印度尼西亚北部苏门答腊岛海域发生 8.9 级地震,并引发强烈海啸,造成至少 28 万人死亡。2011 年 3 月 11 日,日本东部海域发生 9.0 级地震,震源深度为 10 km,引发强烈海啸,导致 14 万余人死亡,1 万余人失踪。

2.次生地震灾害

强烈地震发生后,自然以及社会原有的状态被破坏,造成山体滑坡、泥石流、水灾、瘟疫、火灾、爆炸、毒气泄漏、放射性物质扩散等一系列严重威胁生命财产安全的灾害,统称为次生地震灾害。

1966 年 3 月 8 日,河北省邢台隆尧县东发生 6.8 级强烈地震,出现了滑坡、崩塌、涌泉、喷水冒砂等现象。水井向外冒水,淹没了农田和水利设施,山崩飞石撞击引起火灾造成烧山。

2008 年 5 月 12 日,四川汶川发生 8.0 级地震,地震引发滑坡、泥石流堵塞河道形成堰塞湖。唐家山堰塞湖是汶川大地震后形成的最大堰塞湖,是北川灾区面积最大、危险最大的一个堰塞湖,威胁着下游数万人的安危。

2011 年 3 月 11 日,日本东部海域发生 9.0 级大地震,造成世界最大的福岛核电站第一核电站 1、2、3、4 号机组反应堆相继发生爆炸,放射性物质泄漏到外部,使周边海域及空气受到了严重的核辐射污染。

三、地基和路基的震害

地震时,地基土的物理力学性质发生根本变化,以致地基失效而导致建筑物破坏。地基受震失效主要表现为失稳、震陷、次生灾害。

（1）失稳

由于土体承受了瞬时过大的地震荷载,或由于土体强度瞬时降低,这都会使地基失稳。砂土液化、河岸或斜坡的滑移都是地基失稳的例子。填土路基如果填料采用砂土、砾石土等黏聚力低的填土,或者压实度较低,地震荷载作用下更容易发生路基滑移,影响道路正常使用。

（2）震陷

在半挖半填地基、软土地基、液化地基、松散黄土地基等易发生此类破坏。不均匀路基或者局部有软土层的地基,地震荷载作用下软土层的沉降量较大,导致差异震陷。

（3）次生灾害

地震带来的次生灾害主要有崩塌、滑坡、泥石流、堰塞湖等。高、陡边坡和岩石破碎带附近更容易发生次生灾害,导致道路路面受损或堵塞道路,破坏挡土结构物如道路挡土墙,阻碍交通,影响道路正常使用。不同类型挡土墙或路堤墙的抗震能力有很大差别。其中,锚杆或锚索

地震导致地基失效

挡土墙的抗震能力较强,而重力式挡土墙比挂网喷浆挡土墙的抗震能力略强。

四、基础的震害

1. 沉降、不均匀沉降和倾斜

观测资料表明,一般黏性土地基上的建筑物由地震产生的沉降量通常不大;而软土地基则可产生 10 ~ 20 cm 的沉降,也有达 30 cm 以上者。如地基的主要受力层为液化土或含有厚度较大的液化土层,强震时则可能产生数十厘米甚至一米以上的沉降,造成建筑物倾斜和倒塌。例如,1970 年云南通海地震时,一孔 10 m 的石拱桥由于两桥台地基的不均匀沉降(相对沉降量达 30 cm),造成了拱圈错断。

2. 水平位移

水平位移常见于边坡或河岸边的建筑物,其常见原因是土坡失稳和岸边地下液化土层的侧向扩展等。1975 年海城地震、1976 年唐山地震时,部分地区由于地基液化、河岸滑移,桥墩普遍向河心位移或向河岸倾斜或折断,导致交通中断。

3. 受拉破坏

地震时,受力矩作用较大的桩基础的外排桩受到过大的拉力,桩与承台的连接处产生破坏。杆、塔等高耸结构物的拉锚装置也可能因地震产生的拉力过大而破坏。

五、工程地质条件对震害的影响

1. 局部地形条件的影响

孤立突出的山梁、山包、条状山嘴、高差较大的台地、陡坡及故河道岸边等,均对建筑物的抗震不利。一般来说,当局部地形高差大于 30 ~ 50 m 时,震害就会有明显的差异,位于高处的建筑震害加重。

例如,1920 年宁夏海原发生 8.5 级地震时,处于渭河谷地姚庄的地震烈度为 7 度,而 2 km外的牛家山庄因位于高出百米的黄土梁上,其地震烈度则达 9 度。1975 年辽宁海城地震时,在大石桥盘龙山高差达 58 m 的两个测点的加速度记录均表明,孤立突出地形上的地面最大加速度较山坡脚下的地面加速度平均高出 1.84 倍。

2. 局部地质构造的影响

局部地质构造主要是指断层。断层为地质构造的薄弱环节,分为发震断层和非发震断层。具有潜在地震活动的断层为发震断层,多数浅源地震与发震断层有关。在发震断层及其邻近地段,地震烈度有明显增高的趋势。在强烈地震时,发震断层往往引起地表错动。因此,在选择公路路线、构筑物和建筑物的场地时,应尽量远离断层及其破碎带。

例如,1970 年云南通海地震时,地震引起的地裂缝所经之处,道路严重坍塌,桥梁完全倒塌。再如,美国加利福尼亚州南太平洋铁路 3 ~ 6 号隧道洞身都穿过活动断层,1952 年克斯郡地震时,在地层裂缝处洞身都产生错移;日本丹郡隧道的超前排水隧洞经过断层,1936 年地震后,由于断层错动,隧洞洞身横向错开 2.28 m,导致隧洞废弃。

3.地下水位的影响

地下水位越浅震害越重,地下水位深度在 5 m 以内时,对震害影响最为明显。对于不同类别的地基土,地下水位的影响程度也有所差别。例如,软弱土层,如粉砂、细砂、淤泥质土等,其影响程度最大,黏性土影响次之,碎石、角砾等影响较小。

高速公路桥梁的常见抗震措施

高速公路普遍穿越山区等地段,受地形地势的影响,墩型的选择至关重要,其直接与桥梁的稳定性相关。在高速公路常规桥梁中,通常采用独柱墩、双圆柱墩、双矩形墩等墩型。

在桥梁减隔震措施中,常重视支座形式和阻尼器类型的选择。

板式橡胶支座的应用较为普遍,其剪切刚度较低,应用于桥梁工程后可降低桥梁的整体刚度,从而达到隔震的效果。此类支座的耗能也较低,且存在较小的附加阻尼,因此不宜在高抗震设防烈度下使用,通常以 8 级以下较为合适。

为减小支座剪切变形量,可采用四氟滑板橡胶支座,其以板式橡胶支座为基础经优化后所得,在顶面设置厚度为 2~3 mm 的四氟滑板,从而形成完整的四氟滑板橡胶支座,宜将其布设在桥台或过渡墩处。展开抗震分析计算工作时,宜优先采用理想双线性模拟的方式。

以特制橡胶为基础材料,在与钢板硫化后制得橡胶支座,得益于橡胶材料黏性较大的特点,其可有效吸收能量。尽管处于强烈的地震环境中,支座阻尼依然可消耗大部分能量,从而削减结构的内力,以免其出现损坏。根据高阻尼隔震橡胶支座的应用特性,可用双线性恢复力模型加以模拟。根据现阶段的应用状况,高阻尼隔震橡胶支座可取得较好的减震效果,在绝大部分的中小跨度连续梁桥中均可应用。

以普通叠层橡胶支座为基础结构,向其中插入铅芯,通过此优化手段后形成铅芯橡胶支座,除具有效承受结构重力外,变形后的滞后阻尼还具备高效吸能的特点。根据铅芯橡胶支座的应用特点,较为适宜采用双线性恢复力模型模拟。实际应用中,由于支座的减震耗能表现良好,因此可在高烈度地震区的多数桥梁中取得应用,如简支梁、中等跨度连续梁等。

拉索减震支座在日常使用阶段以及小震状态下,其性能表现与常规支座几乎一致,但遇 E2 大地震时,可同时发挥出摩擦支座和限位拉索的作用,有效避免位移现象。桥梁下部结构所受外力相对较小,安全性得到保障。根据支座的体系转换特性,其力学模型应由两个部分构成,即双线性理想弹塑性弹簧单元模型和多段线弹簧单元模型,对两者采取叠加的处理方法。

球形滑动表面发生运动,在其带动作用下使上部结构呈单摆运行形态。通过对滑动表面曲率半径的调整,可以实现对摩擦摆式支座的优化,使其在摆动周期和刚度方面发生改变,在调整动摩擦系数后则可以实现对支座阻尼的控制。在正常使用或小震状态时,支座无滑动现象,此时隔震桥梁结构与常规的结构形式并无差异;而在大地震作用下,限位滑动螺栓受到外力作用,被迫剪断,可见支座存在位移并具有恢复力。在应用场景方面,常见于高烈度地震区的连续梁桥中,布设位置普遍集中在中间桥墩处。

阻尼器的形式多样化,现阶段以软钢阻尼器较为典型、屈服强度钢材为重点材料。通过钢材软硬特性的改变,所对应的模型类型也随之变化。对于双线性模型而言,其显著特征在于具有较强的恢复力,可提高桥梁整体的抗震水平。防屈曲耗能支撑是软钢阻尼器中较为典型的形式。此外,粘滞阻尼器也是较为重要的形式。总体来看,阻尼器均具有较好的滞回耗能效果,将其应用于桥梁结构中可减小地震力和梁体位移,但局限之处在于成本较高,主要被应用于高烈度地震区且普遍以连续梁桥居多。

汶川地震堰塞湖的形成及其处治

堰塞湖是在一定的地质、地形条件下,河谷岸坡在动力地质作用下产生的崩塌、滑坡、泥石流等堆积物、冰川融雪活动所产生的冰碛物、火山喷发物等形成自然堤坝,横向阻塞山谷、河谷或河床,导致原有水系被强行堵塞,上游段壅水而形成的湖泊。堵塞河道的自然坝体(堆积体)称为堰塞体(堰塞坝)。由于受堰塞湖水体的冲刷、渗流和侵蚀,堰塞坝发生溶解、崩塌进而溃坝产生的冲击力极其危险,这就是"堰塞湖效应"。

唐家山堰塞湖是汶川大地震后形成的面积最大、危险最大的一个堰塞湖,位于湔江上游,距北川县城约 6 km 处,库容为 1.45 亿 m^3。地震后山体滑坡阻塞河道形成的唐家山堰塞湖,坝体顺河长约 803 m,横河最大宽约 611 m,顶部面积约 30 万 m^2,由石头和山坡风化土组成,湖上游集雨面积达 3 550 km^2。

2008 年 5 月 19 日下午,四川省"5·12"抗震救灾指挥部相关领导及专家紧急前往绵阳市抗震救灾指挥部,研究北川县唐家山堰塞体处治方案。

经会商认为,由于唐家山堰塞坝集雨面积大、水体大、水位上涨快、地质结构差,溃坝的可能性极大。处治方案:修整加固堰塞坝,开挖形成排水通道,即"疏通引流,顺沟开槽,深挖控高、护坡填脚",加强观测和管理,及时疏散周边群众。

由于附近道路地震受损严重,机械设备无法陆运到现场,决定由武警水电部队空运挖土机、推土机、运输车等机械设备及油料、钢筋、水泥等建筑材料。采用 6 架直升飞机执行这次"空中通道"飞行任务。

至 5 月 31 日 22 时,唐家山应急疏通工程任务完成,共完成土石方开挖 13.55 万 m^3,钢丝笼护坡 4 200 m^3,道路疏通 17 km,场地平整 140 m^3,树木清障 35 000 m^2;投入兵力 1 021人(前方 621 人、后方 400 人),反铲挖土机 14 台,推土机 26 台,汽车 4 辆。开挖形成泄流槽总长为 475 m,进口段底高程为 740 m,底宽大于 7 m,边坡为 1∶1.5;中间段长 740 m,底宽大于 7 m,边坡为 1∶1.45;出口段长 739 m,底宽大于 10 m,边坡为 1∶1.35。

2008 年 6 月 10 日 17 时左右,唐家山堰塞湖泄流槽高程降到 720 ~ 721 m。这标志着唐家山堰塞湖抢险取得决定性胜利,唐家山堰塞湖危险基本解除。唐家山堰塞湖抢险工作取得决定性胜利,下泄的洪峰顺利通过绵阳城区,没有造成人员伤亡。

技能训练

地震灾害影响

1.问题描述

2008 年 5 月 12 日,四川汶川发生 8.0 级地震,给我国人民群众生命财产造成重大损失。

其中,次生灾害是造成损失的一个主要原因。请结合所学专业知识,查阅文献资料,举例说明这次地震所引起的次生灾害带来了哪些不利影响?可采取哪些措施来降低这些次生灾害的不利影响?

2.分析及措施

受"5·12"地震的影响,汶川县域内斜坡土堆积物进一步松散化,部分裸露于地表的基岩强风化带在地震后发生了不同规模的崩塌,加剧了斜坡变形。"

八平方千米的汶川县城中,80%的区域属于"高危地带",许多表面看来并无损坏的房屋其实已是"内伤"深重,危机四伏。阿坝州震后发生地质灾害2 200多起,仍有2万多处隐患;处于应急状态的"生命交通线",随时可能被滑坡和塌方阻断……

村子后面的大山到处裂开缝隙,山体已经松动,周围不时传来岩石垮塌滚落下来的可怕声音。山头都被剖开了一样,地面裂缝最宽的有1 m,滚石遍地。只要下一场大雨,肯定要发生泥石流。

为把地震导致的次生灾害损失降到最低,阿坝州各受灾县迅速成立受灾群众安置和紧急避险工作领导机构。首先分析当地地形特点,在相对平坦开阔地段设置临时安置点,搭设帐篷,配备基本生活物资。然后分解任务,逐村、逐组、逐户转移群众。距汶川县城10余千米的绵虒镇板桥村是龙溪乡紧急避险群众的"新家",也是此次阿坝州大转移的最大安置点之一。沿213国道,北起汶川县雁门乡,南至绵虒镇,延绵20千米的河谷平坝地带,成为11万转移群众的"生命长廊"。

公路选线适宜性分析

根据所学专业知识,查阅相关资料,分析说明下面的勘察资料,作为二级公路的选线经过地段,从抗震的角度,分析说明其适宜性。

拟建场地地处长江下游冲积平原区,微地貌属岗丘地貌单元,经人类活动改造,地势不平坦,沿线分布有河、塘、农田等,地面标高在12.54~54.90 m,地表相对高差42.36 m。

据钻探揭露,勘察深度范围内地基土:①②层属第四系全新统(Q4)沉积,③层属第四系上更新统(Q3)沉积,④⑤层属第四系中更系(Q2)沉积,⑥层属第三系(N2)。土层主要由素填土、一般黏性土、中粗砂、含碎石粉质黏土、圆砾、第三系粉砂质泥岩等组成。按其工程特性从上到下可分为13个工程地质(亚)层。

勘探深度内地下水按照埋藏条件为孔隙水,主要为赋存于①层土中的上层滞水和⑤层土中的微承压水,孔隙潜水赋水性一般,与地表水(邻近的河水)联系紧密,主要接受大气降水渗透补给,以蒸发、迳流方式排泄,微承压水赋水性好,受季节影响不明显,以蒸发、越流方式排泄。

据调查,场地及附近无影响拟建工程稳定性的其他不良地质作用。

根据《中国地震动参数区划图》(GB 18306—2015),该地区地震基本烈度为7度,设计基本地震加速度值为0.10g,设计地震分组属第一组,即该工程的抗震设防烈度为7度。

场地土类型为软弱土,且有软土发育,结合剪切波速,属抗震不利地段。

知识检测

1. 我国地震活动有哪些特点?
2. 地震导致的原生灾害、次生灾害有哪些类型?
3. 地震导致地基、基础的震害有哪些类型?

任务三　公路、桥梁基础工程抗震

任务描述

公路与桥梁是我国交通路网的重要组成部分,在我国的经济建设与社会生活中起着至关重要的作用。我国处于地震多发区域,公路与桥梁时刻受到地震威胁,对抗震的要求相当严格。当遇到地震时,有效的抗震措施能显著减轻公路桥梁的地震破坏,保障人民生命财产的安全,减少经济损失,更好地发挥公路桥梁运输及其在抗震救灾中的作用。

公路桥梁工程抗震是建筑抗震的一部分,其中公路桥梁基础工程抗震是公路桥梁工程抗震的重要组成部分。它们都遵循建筑工程抗震设计的基本原理及分析方法,在不同的细分工程中又遵照相应的工程抗震规范。

那么,我国公路工程的抗震有哪些目标? 什么样的场地条件适宜作为路基? 公路路基需要采取哪些抗震措施? 桥梁基础如何抗震设防?

理论知识

一、公路路基工程抗震

(一)公路路基工程抗震要求及目标

抗震设防水平越高,安全性越高,相应的工程造价也越高。结合我国地震发生和分布情况以及经济实力,我国的抗震设防总体原则是:"多遇地震不坏,设防地震可修,罕遇地震不倒",或简单叙述为"小震不坏,中震可修,大震不倒"。

我国公路工程抗震设防的目标是:在发生与之相当的基本烈度地震影响时,位于一般地段的高速公路、一级公路工程,经一般整修即可正常使用;位于一般地段的二级公路工程及位于软弱黏性土层或液化土层上的高速公路、一级公路工程,经短期抢修即可恢复使用;三、四级公路工程和位于抗震危险地段、软弱黏性土层及液化土层上的二级公路以及位于抗震危险地段的高速公路、一级公路工程,保证不发生严重破坏。

我国公路工程抗震设计要求主要如下:

①选择对抗震有利的地段布设路线、选择桥位;
②避免或减轻在地震影响下因地基变形或地基失效对公路工程造成的破坏;
③本着减轻震害和便于修复(抢修)的原则,确定合理的设计方案;

④加强路基的稳定性和构筑物的整体性；

⑤适当降低路基和构筑物的高度，合理减轻构筑物的自重；

⑥在设计中提出保证施工质量的要求和措施。

(二)场地与路基的选择

公路工程场地选择时，应避开抗震不利地段，选择抗震有利地段。

抗震不利地段如下：

①软弱黏性土层、液化土层和地层严重不均的地段；

②陡峭、孤突的地形，河岸和边坡的边缘，岩土松散、破碎的地段；

③平面分布上成因、岩性、状态明显不均匀的土层(如故河道、疏松的断层破碎带、暗埋的塘浜沟谷等)；

④含高含水率的可塑黄土，地表存在结构性裂缝等；

⑤地下水位埋藏较浅、地表排水条件不良地段。

抗震有利地段是指建设地区及其邻近无近期活动性断裂，地质构造相对稳定，同时地基为比较完整的岩体、坚硬土或平坦、开阔、密实的中硬土等。

路线宜绕避下列地段：

①地震时，可能发生滑坡、崩塌的地段。

②地震时，可能塌陷的暗河、溶洞等岩溶地段和已采空的矿穴地段。

③河床内基岩具有倾向河槽的构造软弱面被深切河槽所切割的地段。

④地震时，可能坍塌而严重中断公路交通的各种构筑物。

对河谷两岸在地震时可能因发生滑坡、崩塌而造成堵河成湖的地段，应估计其淹没和堵塞体溃决的影响范围，合理确定路线的标高；当可能因发生滑坡、崩塌而改变河流流向、影响岸坡以及路基的安全时，应采取适当的防护措施。

当路线无法避开因地震而可能严重中断交通的地段时，应备有维护交通的方案。例如，尽量与邻近公路连通；当有旧路、老桥、渡口等可供利用时，宜养护备用；当有特殊需要时，可考虑修建一段抗震备用的低标准辅道等。

(三)公路路基抗震措施

路基填方造成的震害，主要是由于地震造成填土的力学强度降低。填土的力学强度与填料的性质以及填土的密实度有关。黏粒含量越多，密实度越高，抗震能力越强。路基填方宜采用碎石土、一般黏性土、卵石土和不易风化的石块等材料填筑，不宜采用砂类土填筑。对于压实度，高速公路、一级公路和二级公路的上路堤不低于94%，三、四级公路的上路堤不低于93%，下路堤可以略低一些。当采用砂类土填筑路基时，应采取措施将其压实，并对边坡坡面适当加固。

高速公路和一级公路的路堤边坡坡度不能太大。一般细粒土和粗粒土路堤边坡上部(坡高 $H \leqslant 8$ m)的坡度不能大于 1∶1.5(坡面对水平面的坡角为33.7°)，路堤下部的坡度不大于1∶1.75(坡面对水平面的坡角为29.7°)。巨粒土填筑的路堤边坡的坡角可以略大一些，路堤边坡上部的坡度不大于1∶1.3(坡面对水平面的坡角为37.6°)，下部的坡度不大于1∶1.5。

填筑路堤的地面横坡较陡时,地震荷载作用容易发生沿基底面的坍塌。地面横坡为1:5～1:2.5时,原地面应挖台阶,再填土。

在软弱黏性土层和液化土层上填筑的路基,地震时随着地基的变形和失稳而发生沉陷和坍塌,如1975年海城地震就由于地基沉陷导致公路发生严重破坏。地基加固可有效消除和降低地震危害。可根据具体情况采取适当措施,如换土、反压护道、降低填土高度、取土坑和边沟浅挖宽取并远离路基、保护路基与取土坑之间的地表植被和地基加固(砂桩、碎石桩、石灰桩、强夯)等。

当石质破碎或有倾向路基的软弱面时,应视具体情况进行边坡加固。山坡岩体破碎或上部覆盖层受震易坍塌时,应采取支挡加固措施。

在岩体严重风化地段,当基本烈度为9度时,路基挖方不宜采用大爆破施工。

公路挡土结构大量采用浆砌挡土墙。当这种挡土墙的高度不超过5 m时,8度及以下的地震带来的震害很小。当震级更高时,这种挡土墙容易在接缝处发生开裂。所以,对于浆砌挡土墙及混凝土挡土墙,应在接缝处设置榫头或短钢筋,以提高抗震能力。

二、桥梁基础工程抗震

(一)场地和地基的选择

调查发现,震害不仅与地震的大小、结构类型有关,还与场地的工程地质条件及土层埋藏情况有关。把影响建筑物、构筑物地震情况的部分区域称为场地,其范围相当于一个厂区、居民点、自然村或不小于1 km²的范围。场地下的土层既是地震波传递的介质,又是结构物的地基。

一般情况下,影响场地条件的两个主要因素为场地土刚性(土的坚硬和密实程度)和场地覆盖土层厚度。一般情况下,土质越软,覆盖土层越厚,其上的建筑物、构筑物的震害越大。

桥位选择应充分利用对抗震有利地段。在抗震不利地段布设桥位时,宜对地基采取适当的抗震加固措施。当桥位无法避开发震断裂时,宜将全部墩台布置在断层的同一盘上,最好布置在下盘上。

(二)桥梁地基液化判别及处理措施

1. 天然地基液化现象

在地下水位以下,砂土或粉土的土体颗粒处于饱和状态,在强烈地震作用下,孔隙水压力(u)急剧增大且来不及消散,地震期间上覆压力(σ)基本保持不变,导致土体颗粒间的有效压应力($\sigma'=\sigma-u$)减小甚至消失。此时,土体颗粒将处于悬浮状态,抗剪强度大幅度降低。由于下部水压力较大,水在上涌的同时,将土粒带出地面,形成喷水冒砂现象,这就是地基液化现象。

2. 危害

砂土和粉土液化时,其强度完全丧失,从而导致地基失效。场地液化会使建筑整体倾斜、下沉、不均匀沉降、墙体开裂、地面喷水、冒砂、斜坡失稳、滑移、淤塞渠道,淘空路基;沿河岸出现裂缝、滑移,造成桥梁破坏。

唐山地震时,严重液化地区喷水高度达 8 m,厂房沉降达 1 m。天津地震时,海河故道及新近沉积土地区有近 3 000 个喷水冒砂口成群出现,一般冒砂量为 0.1~1 m³,最多可达 5 m³。有时,地面运动停止后,喷水现象还可持续 30 min。

3. 液化影响因素

（1）土层的地质年代和组成

较老的沉积土,经过长时间固结作用和历次大地震的影响,使土的密实度增大,具有一定胶结紧密结构。土层的固结度、密实度和结构性较好,抵抗液化的能力较强。地质年代越古老,越不易液化。

（2）土中黏粒含量

黏粒是指粒径不大于 0.005 mm 的土颗粒。当粉土内黏粒含量超过某一限值时,就不会液化。随着土的黏粒的增加,使土的黏聚力增大,从而抗液化能力增强。

（3）土层的相对密度

砂土和粉土的密实程度是影响土层液化的一个重要因素。例如,1964 年日本新潟地震现场资料分析表明,密实度小于 50% 的砂土,普遍发生液化;密实度大于 70% 时,则没有发生液化。土的密实程度越大,越不易液化。

（4）地下水位的深度

地下水位高低是影响喷水喷砂的一个重要因素。实际震害调查表明,当砂土、粉土的地下水位超过 7~9 m 时,未发生土层液化现象。地下水位越深,越不易液化。

（5）地震烈度和地震持续时间

烈度越高,地面运动强度越大,土层越容易液化,一般在 6 度及以下地区很少发生液化;而在 7 度及以上地区,则液化现象较普遍。另外,持续时间越长,越容易导致液化。地震烈度越高,持续时间越长,饱和砂土越易液化。

（6）上覆非液化土层厚度

构成覆盖层的非液化层除天然地层外,还包括堆积 5 年以上或地基承载力大于 100 kPa 的人工填土层。当覆盖层中夹有软土层,对抑制冒砂喷水作用很小,该土层应该从覆盖层中扣除。有现场宏观调查表明,砂土和粉土上覆盖层厚度超过 6~8 m 限值时,未发生液化现象。上覆非液化土层越厚,越不易液化。

4. 液化的判别

土层的液化判别是非常复杂的,目前国内外都在进行研究。《公路桥梁抗震设计细则》（JTG/T B02-01—2008）在广泛收集资料、多种方案对比的基础上,给出了一个两阶段判别方法,即初步判别和标准贯入试验判别。

初步判别主要根据土层的地质年代、地貌单元、黏粒含量、地下水位深度、上覆非液化土层厚度等与液化的关系,对土层液化进行初步判别。初步判别的目的是排除大批不液化的工程,减少标准贯入试验。凡初步判别为不液化或不考虑液化影响的地基,可不进行第二步判别。

当初步判别还不能排除地基土液化可能性时,可以初步确定为液化地基。再采用标准贯入试验进行第二步判别。第二步判别的作用是判别液化程度和液化后果,为采取的处理措施提供科学依据。

存在饱和砂土或粉土的液化土层地基,应根据桥梁的抗震设防类别、地基的液化等级,结合具体情况采取相应措施。

5.抗液化措施

地基抗液化措施应根据建筑抗震设防类别、地基液化等级,结合具体情况综合确定。

①全部消除地基液化沉降的措施,应符合以下规定:

a.采用桩基时,桩端应伸入液化土层以下稳定土层一定长度。

b.采用深基础时,基础底面应埋入液化深度以下的稳定土层中不小于 1 m。

c.采用加密法加固时(如振冲、振动加密、挤密碎石桩、强夯等),应处理至液化深度下界,处理后复合地基的标准贯入锤击数不宜小于液化判别标准贯入锤击数临界值。

d.用非液化土换填全部液化土层。

采用加密法或换土法处理时,在基础边缘以外的处理宽度,应超过基础底面下处理深度的 1/2 且不小于基础宽度的 1/5。

②部分消除地基液化沉降的措施应符合以下规定:

a.处理深度应使处理后的地基液化指数减小,其值不宜大于 5。

b.加固后,复合地基的标准贯入锤击数不宜小于液化判别标准贯入锤击数临界值。

c.基础边缘以外的处理宽度,同前述"全部消除地基液化沉降措施"的 d 条。

③减轻液化影响的基础和上部结构处理,可综合采用以下措施:

a.选择合适的基础埋置深度。

b.调整基础底面积,减少基础偏心。

c.加强基础的整体性和刚度。

d.减轻荷载,增强上部结构的整体刚度和均匀对称性,避免采用对不均匀沉降敏感的结构形式等。

三、桥梁基础抗震措施

由于工程场地可能遭受地震的不确定性,以及人们对桥梁结构地震破坏机理的认识还不完备,因此桥梁抗震实际上还不能完全依靠定量的计算方法。历次大地震的震害表明,一些从震害经验中总结出来的或经过基本力学概念启示得到的构造措施被证明可以有效减轻桥梁的震害。为了满足抗震要求与标准,公路与桥梁基础要进行抗震设计并选择合适的抗震措施。

①允许桥梁结构各构件间发生对抗震性能有利的相对运动,以减小地震时构件内部的地震力。

②对于进行隔震、耗能设计的桥梁,必须保证隔震、耗能装置发挥作用所需的位移量。

③任何桥梁抗震措施的使用不应导致桥梁主要构件设计发生大的改变。

④对于 7 度区,拱桥基础宜设置于地质条件一致、两岸地形相似的坚硬土层或岩石上。实腹式拱桥宜减小拱上填土厚度,并宜采用轻质填料,填料必须逐层夯实。在软弱黏性土层、液化土层和不稳定的河岸建桥时,对于大桥、中桥,可适当增加桥长,合理布置桥孔,使墩、台避开地震时可能发生滑动的岸坡或地形突变的不稳定地段。否则,应采取措施增强基础抗侧移的

刚度、加大基础埋置深度。对于小桥,可在两桥台之间设置支撑或采用浆砌片石(块石)满铺河床。

⑤对于8度区,除要符合7度区的要求外,石砌或混凝土墩(台)的墩(台)帽与墩台身连接处、墩台身与基础连接处、截面突变处、施工缝处,均应采取提高抗剪能力的措施。基础宜置于基岩或坚硬土层上。基础底面宜采用平面形式。当基础置于基岩上时,可采用阶梯形式。

⑥对于9度区,除要符合7度、8度区的要求外,桥梁墩台采用多排桩基础时,宜设置斜桩。桥台台背和锥坡的填料不宜采用砂类土,填土应逐层夯实,并采取排水措施。

⑦可以使用前面各节以外的用于减轻地震影响的构造或装置,但应保证这些装置功能的发挥,不应减弱其他抗震设计的能力。

学以致用

公路填方路基抗震措施

某国省干线总四线长泰段工程,二级公路,双向两车道,10 m 路基布置,设计速度为40 km/h。项目位于山区,除常规填方路基外,存在半填半挖、陡坡路基及高填方路基的段落较多。

1. 半填半挖路基

半填半挖路基由于填挖地基的材料及稳定性不同,地震时容易在填挖交界处发生开裂。需要在交界处设置土工格栅进行加强,并设置渗沟,确保地基的稳定性。在陡坡路基中,尤其是在自然地面坡度陡于 1∶2.5 时,须在斜坡上设置土质台阶,台阶宽度不小于 2 m,并在台阶上设置土工格栅,提高交界面处的强度,提高路基的整体稳定性(图8.4)。

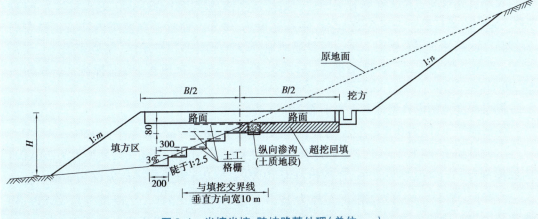

图 8.4　半填半挖、陡坡路基处理(单位:cm)

2. 高填方路基

高填方路基,若地面横坡陡于 1∶5,土质或软质岩地段应先清除表层植被土,底部开挖成台阶状;岩质地段覆盖层较薄时,应将其完全清除后将岩石凿成台阶,台阶宽不小于 200 cm,向内倾斜 2% ~ 4%(图8.5)。

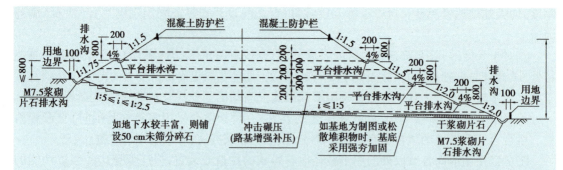

图 8.5　高填方路基抗震措施(单位:cm)

为保证高路堤的压实度,沿线填高 8 m 以上连续长度不小于 80 m 的填土、填石路堤均进行冲击碾压补强处理。每填高 2 m 采用冲击碾压 20 遍补强,局部地段补强至 40 遍;特殊路段可视具体情况在 1.5～2.5 m 范围内调整厚度。

稳定安全系数不满足设计要求时,除加强路床部位的补强外,根据需要在路堤中部及底部分别铺设多层钢塑复合双向土工格栅,使路堤整体稳定性满足设计要求。若仍不满足,则设置支挡结构以提高路堤的整体稳定性。填土路基一般采用拱形骨架防护,填石路基采用 2 m 厚边坡码砌。

技能训练

阅读以下工程勘察报告,结合所学专业知识,分析说明可以采取哪些措施提高道路的抗震能力。

本项目路线起点位于江苏省某国道起始处,起点桩号为 K0+000.000,终点桩号为 K13+983.000。该项目采用三级公路标准,路基宽度为 22 m。勘察道路范围内涉及道路部分 13.983 km、箱涵 3 座及桥梁 7 座。拟建场地地处长江下游冲积平原区,微地貌属岗丘地貌单元,经人类活动改造,地势不平坦,沿线分布有河、塘、农田等,地面标高为 12.54～54.90 m。

勘察深度范围内典型地基土自上而下依次为:

①淤泥质土:厚约 0.5 m,含部分生活垃圾,重度为 18 kN/m³,含水率为 42%。

②粉质黏土:厚 1.2 m,软塑,潮湿,重度为 20 kN/m³,孔隙比为 0.65,凝聚力为 20 kPa,内摩擦角为 13°,含水率为 20%,压缩模量为 10 MPa,地基承载力特征值为 60 kN/m²。

③黏土:厚 3.5 m,可塑,稍湿,重度为 19.4 kN/m³,孔隙比为 0.58,凝聚力为 25 kPa,内摩擦角为 23°,含水率为 20%,压缩模量为 8.2 MPa,地基承载力特征值为 100 kN/m²。

④砂土:厚 2.7 m,孔隙比为 0.41,凝聚力为 0 kPa,内摩擦角为 32°,含水率为 40%,压缩模量为 15.0 MPa,地基承载力特征值为 170 kN/m²。

⑤强风化砂质泥岩:厚 3.0 m,地基承载力特征值为 210 kN/m²。

⑥中风化砂质泥岩:厚 4.0 m,地基承载力特征值为 420 kN/m²。

⑦石英砂岩:厚度未钻透,地基承载力特征值为 960 kN/m²。

知识检测

1.我国地震带的分布特点有哪些?

2.地震的震级和烈度有什么区别?

3.地震有哪些类型? 各有哪些特点?

4.地震产生的破坏力与哪些因素有关? 这些因素对地震的破坏作用各有哪些影响?

5.我国公路抗震设防的原则是什么? 公路路基的抗震措施有哪些?

6.地震常常导致地基液化,地基液化产生的机理是怎样的? 地基液化有哪些影响因素?如何消除或降低液化?

7.建筑抗震设防的原则有哪些? 什么是基本烈度? 什么是抗震设防烈度?

8.抗震有利地段、抗震不利地段的地质条件分别是怎样的?

9.软土地基抗震措施有哪些?

项目九 岩土工程 BIM 技术应用

项目导入

BIM（Building Information Modeling）即建筑信息模型，是一种应用于工程设计、建造、管理的数据化工具，通过对建筑的几何尺寸、材料性能、施工运营等的数据化、信息化模型整合，在项目策划、运行和维护的全生命周期过程中进行共享和传递，使工程技术人员对各种建筑信息作出正确理解和高效应对，为设计团队以及建设、施工、运营等单位的各方建设主体提供协同工作的基础，在提高生产效率、节约成本和缩短工期方面发挥重要作用。

学习目标

能力目标

◇运用现代信息技术进行施工管理的能力。

◇查阅相关资料自学分析总结建筑新技术的能力。

知识目标

◇掌握 BIM 技术的使用场景和方法。

◇理解 BIM 技术的产生过程。

素质目标

◇通过 BIM 新技术的介绍，理解科技创新交叉融合突破所产生的新质生产力的力量。

◇通过建筑工程技术的创新，理解终身学习的必要性和重要性。

任务描述

BIM 技术的核心是通过建立虚拟的建筑工程三维模型,利用数字化技术,构建完整、反映实际情况的建筑工程信息库。该信息库不仅包含描述建筑物构件的几何信息、专业属性及状态信息,还包含非构件对象(如空间、运动行为)的状态信息。借助该三维模型,为建筑工程项目的相关利益方提供一个工程信息交换和共享的平台。

那么,BIM 技术将会给施工管理带来哪些变化? 如何使用 BIM 技术提升施工管理质量和水平?

理论知识

港珠澳大桥工程
背后的BIM技术

一、BIM 技术简介

BIM 技术具有可视化、服务全生命周期、更新方便、仿真模拟等特征。

(1)可视化

BIM 改变以往的二维平面图和剖面图的表现形式为三维立体图形,读图简便,交流方便,沟通更加顺畅。同时,便于设计阶段即发现构件之间相互碰撞问题,及时修改设计,节省返工成本;便于直观显示建筑物内部的空间布局、管线布置等,保证建筑设计更加美观、实用。

(2)服务全生命周期

BIM 设计成果既可以服务于设计阶段,优化设计方案,还可应用于建设工程项目运营和维护甚至报废回收阶段,即 BIM 技术可以服务建筑物全生命周期。

(3)更新方便

BIM 的数据库是动态变化的,在应用过程中不断地更新、丰富和充实,向使用者及时提供全面的数据支持。

(4)仿真模拟

基于 BIM 强大的数据支撑,在三维图像基础上,增加时间维度,可以模拟施工进度安排,优化施工方案,方便技术交底和竣工验收。

二、岩土工程采用 BIM 技术带来的革新

(一)传统岩土工程技术的不足

地质环境是矿产、建筑、桥梁、道路等工程的基础。掌握地下岩土层分布特点,才能准确开展建筑、桥梁及采矿等工程活动。过去,人们通过地球物理钻探等勘察手段,汇集资源数据,研究资源开采利用和保护措施。地质信息通常通过钻孔等手段获取基本数据,利用钻孔柱状图、剖面图和勘察报告作为信息的主要表现形式。这种地质报告的二维图形展示方式,导致勘探成果不直观,立体感不强,读图和理解难度较大。同时,传统的地基基础工程设计,采用平面图、剖面图的形式来表达设计意图。随着深基坑、复杂地基基础工程的涌现,时常出现构件之间(如桩基础与锚杆等)相互交叉碰撞的问题,导致施工无法实现,迫不得已,修改设计,延误

工期,增加成本。

(二) BIM 技术应用于岩土工程的优势

运用 BIM 技术于岩土工程勘察,可以充分完整展现地下岩土层、地下水位、特殊地层和不良地层等的空间分布情况。虽然传统的地质勘查通过钻探、坑探、槽探、物探以及室内试验等手段获取的资料,可以绘制出能够准确反映该剖面地质信息的地质剖面图,但是如果希望了解和掌握整个场地的地质信息,则需要综合所有剖面图所表达的地质参数。采用 BIM 技术,根据不同位置、不同深度土层的地质参数,绘制平面位置-深度的三维分布图,可以自动显示所分析场地的任意点的地质信息,直观简洁,读图更加简单方便,提高了地质资料的使用范围和效率。BIM 技术可以优化基础工程施工中的材料、人员、机械等的管理,提高管理效率。利用 BIM 技术,可以在技术交底期间,提取设计信息,得到工程施工任一时刻的材料、人员、机械、资金等信息。项目管理人员据此可以方便地制订现场工程管理进度计划,避免窝工和浪费,提高现场管理效率。

基于 BIM 的三维可视化技术,可以发现地基基础工程构件碰撞问题,优化设计方案,增强图纸和施工方案的可操作性。目前,大型复杂地基基础工程不断涌现,桩基础、锚杆、地下连续墙、基坑内支撑、外锚拉等基础工程构件众多,且周围地层中可能存在如桩基础、浅基础等原有结构物,地下可能存在如自来水管道、雨水污水管道、地下电缆、地下光纤等原有管线。这些众多构件和管线,采用传统的平面图、剖面图难以及时发现碰撞问题,而采用三维立体可视化的 BIM 技术,可以及时发现碰撞,并根据三维视图修改设计,从而提高设计方案的可实现性。

三、BIM 技术在岩土工程中的应用

(一) 勘察图纸 BIM 可视化

构建基于地质钻孔的三维地质模型,形成仿真三维表达。地质要素包括采集点、线、面、体、类,其中心要素为地面采集点、地质钻孔点等。线状要素为各地层界面线,面状要素为各种地质结构面、地层面、地下水位面等。体状要素为地质实体、地质变量等。建立前述要素之间的拓扑关系,构成三维地质模型。

在地质勘察中,BIM 的应用一般按以下 4 个步骤进行。

(1)数据库生成三维地质模型

在项目设计过程中,基于 Revit 平台,通过导入地形坐标高程数据,生成各岩土层表面,包括顶面和底面,实现二维地形数据到三维模型的转化。通过 txt 数据库作为转换平台,实现勘察与建筑数据互通,形成信息高度集成化的三维模型。

(2)数据信息生成

将基于三维地质信息生成的各岩土面层,从上到下按次序放置,建立完整的地形数据三维模型。

(3)赋予模型岩土层信息

将各岩土层的种类对应材质的颜色、表面图案、截面填充图案赋予各岩土层。岩土层的材质在三维显示模式下为着色模式,截面显示为填充图案。将各岩土层的材质明确清晰地区分

开来,便于之后的分析。

(4)真实材质显示模式

利用 Revit 丰富的材质工具将各岩土层实体附上真实的材质贴图,更直观地表达岩土层的物理特性。

例如,某滨海地区临海区域,基坑开挖深度为 14～15 m,考虑周边环境及施工空间等条件,采用单排桩+锚索、双排桩+锚索、放坡联合支护形式,地下水控制采用止水帷幕。拟建场地表层为素填土,其下依次为杂填土、素填土、黏土、含黏性土角砾、碎石土、全风化斜长角闪岩、强风化斜长角闪岩、中风化斜长角闪岩。拟建场区地下水类型为:孔隙潜水及微承压水。

将原始勘察数据导入勘察三维地质软件中,形成三维地质模型建模数据,然后采用 Civil 3D 形成三维地质模型,结合卫星地图,形成地表影像。建立三维地质模型,反映该场地的整体地质结构组成情况,如图 9.1 所示。

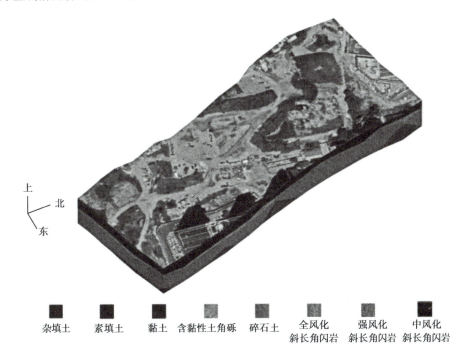

图 9.1 某工程层状三维地质模型

(二)建立工程基础数据库

基于前述岩土工程勘察三维地质图,根据所在工程基础类型,进一步建立相应的基础数据库。如果需要抽取其中任一位置的钻孔数据、岩土分层赋存形状和厚度、基础参数如桩基础的位置、长度等信息,可以按照下列步骤完成:

(1)岩土层钻孔取样

在项目文件中输入所需取样点的坐标高程数据,运用竖井工具可在岩土模型上相应位置打洞,实现抽取岩土样本定位点,不局限于取样点。

（2）采样成果自动识别

运用 Revit 楼板结构编辑工具赋予各岩土层颜色、材质、厚度等信息，读出各柱状土层样本的材质和三维空间坐标，整理出一套完整的地质取样数据，从而实现模型信息到数字信息的又一次转化。

（3）精准定位桩基

运用 Revit 的三维坐标定位功能，在模型中精确定位出桩基设置的位置，并记录下数据。在工程现场施工中，将三维坐标结合 GPS 定位系统，定位出桩基的位置，方便现场放样。三维模型精确模拟实现精准定位，取消放样数据计算，提高放样精度和效率。

四、基础参数设计

杯形基础绘制

通过 Revit 软件完成模型创建，出具相应基础的参数，如桩长、基础持力层选择以及工程量清单。图 9.2 所示为前述滨海地区临海区域基于 BIM 地质模型的确定桩基持力层位置的三维布置图。根据该三维布置图容易确定桩长，研究桩基施工方法。

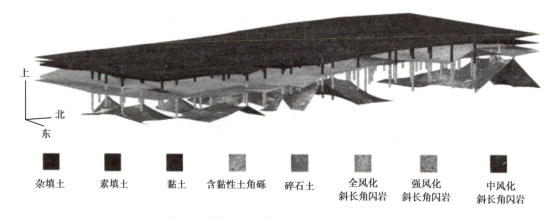

| 杂填土 | 素填土 | 黏土 | 含黏性土角砾 | 碎石土 | 全风化斜长角闪岩 | 强风化斜长角闪岩 | 中风化斜长角闪岩 |

图 9.2　基于 BIM 模型的桩基持力层的确定

另外，基于三维地基基础布置图，在基槽、基坑工程施工之前，还可以估算所有工程材料需求量，便于建设单位、施工管理人员制订材料调配计划。材料购置满足施工进度要求，节省现场堆放空间，防止窝工或材料供应不及时导致延期。基于 BIM 技术的材料清单统计，使项目效益得到优化。

五、基于 BIM 技术的碰撞检查

碰撞检查功能是 BIM 技术中常用的核心功能之一，利用 BIM 软件可以迅速而准确地检查出设计中有冲突的单元。常用的建模软件都自带碰撞检查功能。

碰撞检查贯穿整个协同设计过程，使多专业协同设计、有效联系，在设计中将不同专业设计同步更新与优化。任何一个专业的设计均影响其他专业的设计，并且受到其他专业设计的制约。

碰撞检查在多专业协同设计中担当制约与平衡的角色，使多专业设计"求同存异"。随着设计深入，定期地对多专业的设计进行协调审查，可以解决设计过程中存在的冲突，使设计日趋完善与准确。这样,各专业设计的碰撞冲突得以在图纸设计阶段解决,避免日后项目施工阶段返工,从而有效缩短项目的建设周期,降低建设成本。

图 9.3 所示为前述滨海地区临海区域基于地质 BIM 模型的基坑,采用地下连续墙作为围护结构,锚索提供地下连续墙拉力。由于锚索众多,存在与周边既有建筑抗浮桩的碰撞问题,采用 BIM 技术及时发现该问题。据此修改设计模型,出具变更图纸。

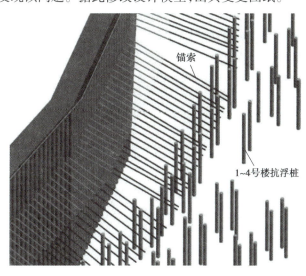

图 9.3 基于 BIM 的基坑地下连续墙锚索支护的碰撞检查

六、基于 BIM 技术虚拟仿真施工

BIM 虚拟施工管理的优势在于可以创建、分析以及优化施工进度,其可视化的施工过程可以完全展现将投入使用的施工方案的可行性,从而做到提前发现问题,合理安排施工顺序,为实际工程施工管理提供参考。项目管理者通过 BIM 软件,可以具体形象地理解工程范围,有效管理设计变更,使得工程施工按时完成,且保证工程质量。BIM 虚拟仿真施工的优势体现在以下两个方面:

(1)施工方案可视化

将施工模拟动画与实际进展对比,协调各类用工。施工、监理、建设单位可以通过虚拟施工,准确掌握现场情况,缩短交流时间。各方技术人员均可以参与质量、安全、进度、成本管理和控制。

(2)施工方法可验证

动画模拟整个施工过程,可使项目施工、技术、管理等人员了解施工全程,针对发现的问题提出改进方案,在工程实施之前识别施工风险,并及时解决。施工组织是对施工活动实行科学管理的重要手段,运用 BIM 技术可对一些重要、复杂施工环节进行模拟,通过电脑预演来提高复杂建筑体系的可施工性。

七、基于 BIM 技术的进度管理

当前建筑工程中,常用横道图表示进度计划,表达各项施工任务的工作期限和先后关系。

采用 BIM 技术,通过时间轴对应 BIM 模型,动画展示建筑施工过程,实时追踪当前进度状态,分析影响进度因素,寻找关键线路,提出优化方案,缩短工期。通过 4D 施工进度模拟,能够完成以下内容:基于 BIM 的施工组织,对重点施工环节进行剖解演示,制定切实可行的对策,依据模型确定方案、排定计划、划分流水段,做到对现场施工进度的每日管理。

目前,各软件公司的 BIM 软件基本都有施工模拟功能,操作方法也较为相似。施工进度模拟大致分为以下 5 个步骤:

①将 BIM 模拟进行材质赋予。

②制订 Project 计划。

③将 Project 文件与 BIM 模型链接。

④制订构建运动路径,并与时间链接。

⑤设置动画视点并输出施工模拟动画。

BIM应用–泵房漫游

八、可视化交底及模拟

建筑工程中,建筑信息模型主要是建筑方面的建模,而 BIM 技术在岩土工程勘察中的应用集中体现在岩土工程勘察成果的三维可视化,并与建筑、结构等专业进行协同工作。

从广义上来说,岩土工程勘察成果的三维可视化从属于三维地质建模范畴。所谓三维地质建模,是以各种原始数据(包括钻孔、剖面、地震数据、等深图、地质图、地形图、物探数据、化探数据、工程勘察数据、水文监测数据等)为基础,建立能够反映地质构造形态、构造关系及地质体内部属性变化规律的数字化模型。通过适当的可视化方式,该数字化模型能够展现虚拟的真实地质环境。更重要的是,基于模型的数值模拟和空间分析,能够辅助用户进行科学决策和规避风险。

岩土工程是三维地质建模的一个重要应用领域,在城市岩土工程勘察、设计、施工的全过程中,三维地质模型可以直观地将地质体及其构造形态展现在规划设计师和岩土工程师面前,方便工程设计人员和施工人员间的交流,使其能够准确地分析实际地质问题、开展工程设计与施工,减少工程风险。因此,三维地质建模也越来越受到城市管理、规划、建设部门和工程施工单位的重视。

学以致用

BIM 技术用于山区高速公路勘察设计

1. 工程概况

房县至五峰高速公路神农架段工程位于湖北省西北部,北起神农架林区麻湾村,与房县至五峰高速公路房县段对接;南止于神农架林区观音河,与房县至五峰高速公路兴山段对接,途经神农架林区松柏镇、阳日镇、新华镇。路线全长约 46.5 km,桥隧比例高达 90%。设计速度拟采用 80 km/h,按双向四车道高速公路标准建设。

该项目位于鄂西生态旅游圈,地处山岭重丘区,区域地形地质条件复杂,走廊狭窄;存在断裂带、滑坡、堆积体、崩塌、岩溶等不良地质;沿线区域环境敏感点多,生态环保要求高;路网、电站水渠交叉复杂;桥隧密集,隧道弃渣量大,互通、服务区及弃渣场设置困难等。

2.采用 BIM 技术勘察设计

（1）地模构建

激光点云数据实测地形,数字高程模型叠加正射影像,全方位分析地形、地质、地貌特征（图9.4）。

图9.4 BIM 地面模型

（2）外业调查与选线

采用 BIM 外业调查软件,实现外业调查资料的电子化、数字化。外业调查数据实时上传到云端,内业管理人员可同步查看跟进,及时指导外业工作。外业调查的资料成果共享到路基路面、桥梁、隧道等专业设计子系统中,指导设计和方案优化。利用激光雷达点云数据及正射影像,形成与真实环境高度吻合的场地电子沙盘,叠加不良地质、环境敏感点及外业调查信息后,大范围智能选线得出多条路线方案,避免遗漏有价值路线方案的可能（图9.5）。

图9.5 BIM 选线

（3）路线与路基设计

在三维可视化的设计环境下,布线过程中自动匹配合理的缓和曲线,智能考虑圆曲线、偏角、超高长度等因素,平、纵、横联动设计,实现桥隧自动布置（图9.6）、各专业数据共享。通过路线专业共享的数据,导入路基防护排水设计标准化模块,快速生成路基 BIM 模型。设计过程中,三维视图和横断面窗口实时联动,自动更新相关数据并可动态查看路基横断面（图9.7）。三维可视化设计可有效解决弃渣数量大、高填深挖问题。

图 9.6　路线参数匹配

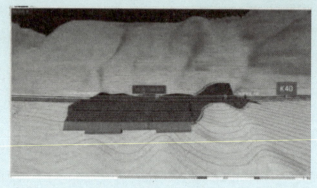

图 9.7　路基路面三维可视化设计

（4）桥梁、隧道设计

通过路线专业共享的数据，结合地形进行桥梁孔跨的布置，快速生成三维桥梁模型；结合外业调查数据，实时调整桥台、桥墩的类型，方案确定后生成设计图纸。通过路线专业共享的数据和三维地形，准确确定隧道段落及进出口位置、洞门类型、衬砌形式。根据设定好的位置，一键创立交变速车道，自动根据断面类型及车道平衡原则，自动计算分合流、对接偏移值、端部等信息，自动完成接坡及横坡计算。三维可视化结合智能布设解决了互通设置难点（图 9.8）。对互通预测交通量进行交通仿真模拟，通过速度监测与冲突监测的结果显示车辆是否能达到设计速度、有无冲突点存在及通行安全性能；通过 BIM 技术的交通仿真，检查互通的形式与指标等是否满足交通需求（图 9.9）。

图 9.8　智能互通布设

图 9.9 交通模拟

技能训练

BIM 技术的特点及要求

1. 任务描述

根据所学专业知识,查阅相关文献资料,特别是学术期刊,举例说明 BIM 技术用于地基基础工程的特点及其优势,将对专业人才提出哪些新要求。

2. 解决问题

复习 BIM 技术知识,查阅《公路》《地基处理》《建筑技术》《施工技术》等学术期刊,分析总结 BIM 技术给地基基础工程带来的新变化,阐述其优势,进一步分析将来人才需求情况。

识读 BIM 基础施工动画

BIM设计在奔牛水利工程应用过程

1. 基础资料

观看"BIM 设计在奔牛水利工程应用过程"视频,根据该 BIM 设计视频,完成任务。

2. 任务要求

基于"BIM 设计在奔牛水利工程应用过程"视频,说明 BIM 技术用于工程设计的方法步骤及优缺点。

知识检测

1. 与传统方法相比较,BIM 技术有哪些优势?

2. 在岩土工程中,如何使用 BIM 技术生成空间三维图形?

3. 根据所学专业知识,在地基基础工程施工管理过程中,运用 BIM 技术可以帮助我们解决哪些问题?

参考文献

[1] 魏进,王晓谋.基础工程[M].5版.北京:人民交通出版社,2021.

[2] 中华人民共和国交通运输部.公路桥涵地基与基础设计规范:JTG 3363—2019[S].北京:人民交通出版社,2019.

[3] 中华人民共和国交通运输部.公路桥涵设计通用规范:JTG D60—2015[S].北京:人民交通出版社,2015.

[4] 中华人民共和国交通运输部.公路桥涵施工技术规范:JTG/T 3650—2020[S].北京:人民交通出版社,2020.

[5] 袁聚云,李镜培,楼晓明,等.基础工程设计原理[M].上海:同济大学出版社,2001.

[6] 中华人民共和国住房和城乡建设部.冻土地区建筑地基基础设计规范:JGJ 118—2011[S].北京:中国建筑工业出版社,2011.

[7] 中华人民共和国交通运输部.公路路基设计规范:JTG D30—2015[S].北京:人民交通出版社,2015.

[8] 中华人民共和国交通运输部.公路桥梁抗震设计细则:JTG/T B02-01—2008[S].北京:人民交通出版社,2008.

[9] 中华人民共和国住房和城乡建设部.建筑抗震设计规范(2016年版):GB 50011—2010[S].北京:中国建筑工业出版社,2016.

[10] 务新超.土质学与土力学[M].北京:机械工业出版社,2013.

[11] 吕凡任.基础工程[M].2版.北京:机械工业出版社,2015.

[12] 杨永文,王晓君,王峰.BIM技术在某岩土工程案例中的应用[J].地基处理,2020,12(4):307-311.

[13] 牛瑞祥.灰土挤密桩法在湿陷性黄土地基处理中的应用分析[J].四川建材,2023,49(10):68-70.

[14] 王勋,王沙.典型湿陷性黄土地基强夯处理施工技术研究[J].黑龙江科学,2023,14(18):119-121.

[15] 王力伟,吕玉蓉,王德富.基于BIM技术的山区高速公路勘察设计数字化应用[J].中国勘察设计,2023(10):84-88.

[16] 杨志民.基于公路填方路基抗震性能研究[J].低碳世界,2018(7):301-302.